W0269120

Applied Mineralogy
Technische Mineralogie

Edited by
Herausgegeben von

V. D. Fréchette, Alfred, N.Y.
H. Kirsch, Essen
L. B. Sand, Worcester, Mass.
F. Trojer, Leoben

6

Springer-Verlag
Wien New York 1973

P. Ney

Zeta-Potentiale und Flotierbarkeit von Mineralen

Springer-Verlag
Wien New York 1973

Dr. Paul Ney, Mineralogisch-Petrographisches Institut der Universität Köln, Bundesrepublik Deutschland

Mit 82 Abbildungen

ISBN-13:978-3-7091-8325-0   e-ISBN-13:978-3-7091-8324-3
DOI: 10.1007/978-3-7091-8324-3

Meiner lieben Frau
in Dankbarkeit
gewidmet

Vorwort

Die Flotation ist, obwohl sie das in größtem Umfang angewandte Verfahren
zur Mineraltrennung darstellt, ein dem Mineralogen leider noch recht fremdes
Gebiet der Forschung und Technologie. Spezielle Angaben über das Verhalten
von Mineralen bei der Flotation, ihre Flotierbarkeit, fehlen in allen mineralogischen Lehrbüchern. Sie sind noch an keiner Stelle aus der Sicht des Mineralogen
und im Hinblick auf ihre Verwendbarkeit bei geochemischen, petrogenetischen
oder erdgeschichtlichen Untersuchungen zusammengestellt worden. Das riesige
Tatsachenmaterial über die Flotierbarkeit, sei es rein empirisch und oft wider-
sprüchlich, verschleiert oder höchsten wissenschaftlichen Ansprüchen gerecht
werdend, findet sich weit verstreut in einem für den Geowissenschaftler nur
schwierig zugänglichen Schrifttum. Aus dem Literaturverzeichnis, das mühelos
zu verdoppeln oder zu verdreifachen gewesen wäre, ist nicht nur die auch für
Mineralogen sehr interessante Thematik einschlägiger Veröffentlichungen mit
ihren vielfältigen Querverbindungen erkennbar, sondern es ist auch zu ersehen,
welche Bücher und Zeitschriften als besonders ergiebige Informationsquellen in
Frage kommen.

Die Beschäftigung mit der Flotation ergab sich für mich aus dem Bedürfnis
und auf der Suche nach einem ergänzenden Verfahren zur Mineraltrennung im
Labormaßstab bei den geochemischen Arbeiten des Mineralogisch-Petrographi-
schen Institutes der Universität zu Köln. Nach mehr als 4000 Flotationsversuchen
an etwa 100 Mineralarten wurde die Möglichkeit ihrer flotativen Anreicherung
oder Abtrennung an 40 Gesteinen aus unterschiedlichen Bildungsbereichen er-
probt und ihre Brauchbarkeit für diesen Zweck sichergestellt, sofern gewisse
Voraussetzungen erfüllt sind.

Da dem Geowissenschaftler mit einer bloßen Aneinanderreihung empirischer
Befunde nicht gedient ist, wurde versucht, die Flotierbarkeit der Minerale sowohl
mit deren bekannten strukturellen und chemischen Eigenschaften zu verknüpfen
als sie auch unter einem Gesichtspunkt zu betrachten, der mit diesen Eigenschaften in engster Beziehung steht, allgemeinere Gültigkeit beanspruchen darf und
wissenschaftlich vertretbar ist, nämlich mit den Eigenschaften der elektrischen
Doppelschicht. Aussagen über diese sind aus elektrokinetischen Messungen über
die Zeta-Potentiale zu erhalten. Eine wesentliche Anregung hierzu verdanke ich
Herrn Prof. Dr. J. Kašpar, Prag. Über Zeta-Potentiale liegen bereits sehr viele
Einzeluntersuchungen von anderen Forschern vor, aber eine breiter angelegte
Darstellung, wie sie hier versucht und durch über 3000 eigene Zeta-Potential-
Messungen unterstützt wird, ist noch nicht erfolgt.

Während meiner sich über mehrere Jahre erstreckenden Untersuchungen nahm
nicht nur die Bedeutung der „Angewandten Mineralogie" in Forschung und Lehre

zu, sondern sie wurde auch zum Wirkungsfeld und zur Existenzgrundlage des immer größer werdenden Anteiles der in der Industrie tätigen Mineralogen. Für die Zeta-Potentiale ergeben sich über die Flotations- und Aufbereitungsforschung hinaus lohnende und für Mineralogen zugängliche Anwendungsgebiete in solchen Zweigen der Technik, in denen die Eigenschaften von in Wasser oder anderen Flüssigkeiten suspendierten feinteiligen Mineralen oder allgemein von Feststoffen eine maßgebliche Rolle spielen, so z. B. in der Tontechnologie, Bau- und Werkstoffkunde und im Umweltschutz.

Mein Dank gilt zunächst Herrn Prof. Dr. K. JASMUND, der mir die Freiheit zur Durchführung der Versuche in einem eigenen Labor gewährte und sie durch Beschaffung des „Zeta-Meters" zum Teil erst ermöglichte, sodann der Deutschen Forschungsgemeinschaft für die Bereitstellung einer Laborflotmaschine und einer Anzahl von Firmen für die Überlassung von Flotationsreagentien: American Cyanamid Co., Chemische Werke Witten, Decryl Chemie, Degussa, Deutsche Hydrierwerke GmbH., Dow Chemical Co., Farbwerke Hoechst AG., Hercules Powder Co., Marchon Products, Meyhall Co., Noury und Van der Lande.

Dem Springer-Verlag in Wien danke ich für sein Entgegenkommen und die sorgfältige Gestaltung dieses Buches.

Mein innigster Dank gilt aber meiner lieben Frau, ohne deren mehrjährige aufopfernde, gewissenhafte Mithilfe die Bewältigung der gestellten Aufgabe nicht möglich gewesen wäre.

Köln, im Juni 1973   PAUL NEY

Inhaltsverzeichnis

1. Einführung

Zeta-Potentiale werden seit mehreren Jahrzehnten vorwiegend von Kolloidchemikern beim Studium des Verhaltens feinteiliger Feststoffe in Flüssigkeiten verwendet. Ihre lange Zeit schwierige und problematische Messung ist, nachdem die theoretischen Grundlagen gesichert wurden, seitdem handelsübliche Geräte verfügbar sind und besonders in den USA in großer Zahl eingesetzt werden, wesentlich verbessert worden. Mehrere Gründe sprechen dafür, sie stärker in das Blickfeld des Geowissenschaftlers, aber auch des Aufbereitungs- und Chemie-Ingenieurs zu rücken:

a) Das Zeta-Potential liefert bei allen in Wasser oder anderen Flüssigkeiten und Lösungen suspendierten oder von ihnen benetzten körnigen bis kolloidfeinen Feststoffen, z. B. reinen Mineralen, anorganischen oder organischen Veredlungs- oder Abfallprodukten wertvolle Aussagen über die elektrische Doppelschicht. Diese ist von großer Bedeutung bei der Flotation und bei den teilweise noch in Erprobung befindlichen Trennverfahren für feinteilige Stoffe wie selektive Agglomeration, Koagulation oder Polymer-Flockung und Ultraflotation. Die wichtige Rolle der Zeta-Potentiale für diese Vorgänge ist schon frühzeitig erkannt worden, erstmalig wohl von BULL, ELLEFSON und TYLOR [47]; einen wichtigen Beitrag haben GAUDIN und SUN [137] geliefert. In neuerer Zeit hat in Europa vor allem STEINER [377] auf sie hingewiesen. Zahlreiche, in Originalfassung leider nicht erhältliche Veröffentlichungen, z. B. [25, 393], lassen erkennen, daß diesen Zusammenhängen auch in der Sowjetunion große Aufmerksamkeit gewidmet wird.

b) Das Zeta-Potential spielt sehr oft, wenn auch nicht immer oder ausschließlich, eine entscheidende Rolle, wenn feinstteilige Feststoffe in Flüssigkeiten dispergiert, aus ihnen ausgeflockt, auf Festkörperoberflächen fest haftend abgeschieden werden sollen oder wenn Flüssigkeiten durch poröse Feststoffschichten wandern.

c) Da die Eigenschaften der elektrischen Doppelschicht auch bei der Verwitterung, bei Stoffanreicherungen im sedimentären Bildungsbereich, allgemein bei Stoffwechselvorgängen unter Beteiligung flüssiger Phasen in Gesteinskörpern ins Spiel kommen, kann ihre Kenntnis und damit die Messung von Zeta-Potentialen auch für den Geochemiker und Hydrologen wichtig sein.

Ganz ähnliche Zusammenhänge ergeben sich bei der Wechselwirkung von Gasen (Immissionen), Stäuben oder Schlämmen mit den Gewässern, Böden, Gesteinen, Bau- und Werkstoffen, also bei Fragen der Korrosion, der Umweltverschmutzung und des Umweltschutzes.

d) Es ist sehr wahrscheinlich, daß Zeta-Potentiale auch für die „Grün"-Festigkeit von technischen Agglomeraten [383], Granulaten, Mörteln und Betonen wichtig sind.

Auch die Flotation verdient in mehrfacher Hinsicht das erhöhte Interesse des Geowissenschaftlers, insbesondere des Mineralogen:

a) Sie ist, da gegenwärtig mehr als 1 Milliarde Tonnen von Erzen, Salzen und Gesteinen alljährlich flotiert werden, das bei mineralischen Rohstoffen im größten Umfang durchgeführte Trennverfahren und wird dies auch für absehbare Zukunft bleiben. In Anbetracht der zu erwartenden Steigerung der Gewinnung von Metallen und Industriemineralen, der Verwendung immer geringerhaltiger Erze oder neuartiger Rohstoffe und der mit dieser Entwicklung verbundenen stärkeren Ausrichtung geowissenschaftlicher Tätigkeiten auf praktische, zweckgebundene Aufgaben wird es unerläßlich sein, daß die Eigenschaften und das Reaktionsvermögen von Mineraloberflächen allgemeiner bekannt und eingehender erforscht werden.

b) Die Flotation kann im Kornbereich von 36 bis 360 µm die Anreicherung oder Abtrennung von geochemisch oder petrogenetisch interessierenden Mineralen aus komplexen Paragenesen, vor allem, wenn sie in diesen nur in kleinen Mengen (10 ppm bis 1%) enthalten sind, in vielen Fällen wesentlich beschleunigen oder vereinfachen und oft die üblichen Verfahren zur Gewinnung reiner Mineralfraktionen ergänzen. Eine durch sie verkürzte und verbesserte Probenaufbereitung als Grundlage jeglicher Analyse ist durch die Entwicklung auf dem Gebiet der Elektronenmikrosonden keineswegs überflüssig geworden, sondern kommt vielmehr deren Anwendungen zugute, weil an die Stelle weniger untersuchbarer Einzelkörner auf großen Schliffflächen ein selbst bei sehr kleinen Gehalten aus Hunderten von Körnern bestehendes Konzentrat tritt.

c) Die Flotation kann auch auf andere, nichtmineralische und sogar organische Feststoffe angewandt werden.

Bei der Flotation handelt es sich im wesentlichen um eine bewußte, geschickte Ausnützung der *Unterschiede* im pH-abhängigen Verhalten der einzelnen Minerale der jeweils vorliegenden Paragenese gegenüber einer größeren Anzahl von Flotationsreagenzien, die in verschiedenartigen Konzentrationen und Einwirkzeiten angewandt werden. Sie wird zwangsläufig um so schwieriger, je mehr Minerale zu berücksichtigen sind. Ihre Anwendung setzt damit, wenn sie auf einer rationellen und nicht lediglich auf einer empirischen Grundlage ruhen soll, voraus, daß nicht nur das Verhalten des gerade aus wirtschaftlichen oder wissenschaftlichen Gründen interessierenden Minerals bei der Flotation bekannt ist, sondern auch dasjenige aller anderen Minerale der Paragenese. Bei der großen Vielfalt mineralischer Rohstoffe oder Gesteinsarten bedeutet das, daß das Verhalten aller wichtigeren Erz-, Industrie- und gesteinsbildenden Minerale bekannt sein muß, bevor die Flotation auf einen neuen Rohstoff oder eine noch nicht untersuchte Paragenese angewandt wird.

Bei jeder Flotation sind an den Grenzflächen von Mineral und Lösung, Mineral und Luft, Lösung und Luft bestimmte physikalisch-chemische Vorgänge in einer gleichartigen Reihenfolge wirksam:

1. Erzeugung reaktionsfähiger Oberflächen auf den Mineralkörnern während der Zerkleinerung (meist Naßmahlung).

2. Hydratation, Dissoziation, Hydrolyse, Oxydation von Gitterbausteinen auf den Mineraloberflächen.

3. Adsorption von Hydronium- oder Oxhydryl-Ionen und von gelösten Ionen, die aus dem Mineral selbst, aus Begleitmineralen, dem verwendeten Wasser, dem

oxydierten Metallabrieb der Mühle oder Hilfsstoffen vorhergehender Aufbereitungsprozesse stammen können.

4. Entstehung und Neuverteilung von Ladungen auf den Mineraloberflächen und Bildung einer elektrischen Doppelschicht um die Mineralkörner in der Lösung bzw. Suspension („Trübe").

5. Verdrängung hinreichend vieler Wassermolekeln von der Mineraloberfläche durch adsorbierte hydrophobierende Ionen oder Molekeln der „Sammler" oder Unterdrückung der Hydrophobierung durch Festigung der Wasserhülle mit Hilfe von „Drückern" während des „Konditionierens" der „Trübe" (der Durchmischung der Suspension).

6. Beladung der in die „Trübe" eingebrachten und fein verteilten Luftblasen mit hydrophobierten Mineralkörnern.

7. Erzeugung eines Dreiphasenschaumes durch zugesetzte „Schäumer" und stetige Entfernung des mit dem erwünschten hydrophobierten Mineral beladenen Schaumes während der eigentlichen Flotation.

8. Mehr oder weniger weitgehende Desorption der Flotationsreagenzien beim Auswaschen der Konzentrate und Rückstände.

Bei der Flotation treten also die Oberflächen der einzelnen Mineralarten in eine für sie jeweils spezifische Wechselwirkung mit Wasser, Gasen, Ionen- und Molekülarten. Zur Mineraltrennung müssen bevorzugt die qualitativen Unterschiede dieser Wechselwirkungen bekannt sein, deren Gesamtheit die „*Flotierbarkeit*" ergibt.

Da sehr viele technisch oder geochemisch wichtige Minerale Glieder von Mischkristallreihen sind, die meisten Minerale unterschiedliche Mengen und Arten von Spurenelementen enthalten, oft feinste untrennbare Verwachsungen vorliegen, sind die Oberflächeneigenschaften und die Flotierbarkeit von Mineralen keine konstanten Größen; sie variieren vielmehr innerhalb von mehr oder weniger weiten, von Mineralart zu Mineralart verschiedenen Grenzen. Die quantitativen Unterschiede einzelner Minerale bei den erwähnten Wechselwirkungen werden sich deshalb nach wie vor nur empirisch ermitteln lassen, aber das Gebiet, in dem sie sich bewegen, läßt sich qualitativ bereits weitgehend eingrenzen.

Konkrete qualitative Fragen bezüglich der Flotierbarkeit eines Minerals sind, z. B. welche Art von „Sammler" oder welcher spezielle „Sammler" soll angewandt werden? Bei welchem pH-Wert der „Trübe" erfolgt durch einen bestimmten Sammler überhaupt bzw. optimale Hydrophobierung? Wie beeinflussen andere Stoffe, z. B. die aus Mineralen freigesetzten und aus Verunreinigungen stammenden Ionen oder die Anionen bzw. Kationen der zur pH-Einstellung verwendeten Säuren bzw. Basen, die Hydrophobierung? Durch welchen „Drücker" kann bei einem bestimmten Sammler bzw. Mineral eine Hydrophobierung verhindert oder beseitigt werden? Wie hängt die Wirkung dieses „Drückers" vom pH-Wert ab?

Zur Beantwortung derartiger Fragen gibt es mehrere Wege:

1. Aus Flotationsversuchen erhält man direkte Antworten, die je nach Sachlage sogar quantitativ sein können (in bezug auf Konzentrationen und andere Versuchsbedingungen), wenn sie in Aufbereitungsanlagen im halbtechnischen oder technischen Maßstab oder bei Mineraltrennungen für wissenschaftliche Zwecke im Labormaßstab ausgeführt werden. Da der Aufwand an Zeit, Geräten, Reagenzien, Probematerial sehr beträchtlich ist, sind sie stets nur die ultima ratio.

2. Flotationsversuche im Halbmikro- oder Mikromaßstab sind oft sehr nützlich und geben direkte, jedoch in bezug auf die späteren Trennungen im technischen oder Labor-Maßstab nicht quantitative Antworten.

3. Qualitative bzw. indirekte Antworten (wieder in bezug auf die Bedingungen bei einer konkret durchzuführenden Mineraltrennung) können auch durch Randwinkel- und Adsorptionsmessungen oder durch potentiometrische Titrationen erhalten werden. Die Meßergebnisse sind jedoch ebenso wie bei den beiden vorgenannten Methoden, so wertvoll und unentbehrlich sie auch in vielen Fällen sein mögen, *nicht* dazu geeignet, die Zusammenhänge zwischen der Flotierbarkeit einerseits und den Eigenschaften der Minerale bzw. ihrer Oberflächen andererseits von einem höheren Standpunkt aus zu betrachten und zu erklären.

4. Da es sich in sehr vielen Fällen um Wechselwirkungen zwischen Ionen in der Lösung und Bereichen der Mineraloberflächen handelt, die eine *Ladung* bestimmten Vorzeichens tragen, erscheint es sinnvoll, die elektrische Doppelschicht in den Mittelpunkt der Betrachtungen zu stellen. Zeta-Potential-Messungen gestatten in diesen — aber nicht in allen — Fällen eine Aussage auch über recht subtile Zustände und Ereignisse in der elektrischen Doppelschicht, über die Wechselwirkungen von Mineraloberflächen und Flotationsreagenzien. Sie tragen bei Berücksichtigung der bekannten chemischen und strukturellen Eigentümlichkeiten der betreffenden Minerale und der möglichen Reaktionen der beteiligten Ionen- und Molekülarten wesentlich zur Beantwortung der oben gestellten Fragen und zum Verständnis des Verhaltens von Mineralen bei der Flotation bei.

Es ist kein Nachteil, daß in manchen Fällen die Wechselwirkung bestimmter Flotationsreagenzien und Mineraloberflächen nicht über Zeta-Potential-Messungen verfolgbar ist, weil sich dadurch wertvolle Hinweise auf einen andersartigen Reaktionsmechanismus ergeben können, der nicht auf der Beteiligung von Reaktionspartnern mit unterschiedlichen Ladungen beruht. Es ist auch kein Nachteil von Zeta-Potential-Messungen, daß aus ihnen nicht oder nicht ohne weiteres erkennbar ist, ob eine Hydrophobierung der Mineraloberfläche, welche ja Voraussetzung für eine erfolgreiche Flotation ist, überhaupt stattgefunden hat. Bei richtiger Interpretation der Meßergebnisse und ihrem Vergleich mit den Ergebnissen von Flotationsversuchen im Mikro- oder Labor-Maßstab ist eigentlich immer eine sichere Aussage über die Hydrophobierung möglich.

2. Mineraloberflächen und elektrische Doppelschichten

2.1. Arten von Mineraloberflächen

Bei der Flotation spielen die Oberflächen der Mineralkörner und ihre zwangsläufigen, zufälligen oder beabsichtigten Veränderungen eine ausschlaggebende Rolle. Selbst die empfindlichsten bei Mineralen anwendbaren Untersuchungsmethoden, wie etwa Durchstrahlungs- oder Raster-Elektronenmikroskopie, vermögen jedoch bis jetzt nur eine mit manchen Annahmen und Zweifeln belastete Vorstellung von der wirklichen Beschaffenheit ihrer Oberflächen zu vermitteln. Trotzdem erweist sich eine vom ganz Groben bis zum immer Feineren gehende gedankliche Vorstellung und bildliche Darstellung von Mineraloberflächen als sehr nützlich, auch wenn sie notwendigerweise schematisiert.

Es bestehen gute Gründe für die Annahme, daß sich die tatsächlichen morphologischen, stofflichen und energetischen Verhältnisse durch eine Überlagerung mikroskopisch-physikalischer und struktureller Einflüsse ergeben, wobei erstere sich bei allen Mineralarten in etwa gleicher Weise, letztere dagegen in ganz unterschiedlichem Ausmaß auswirken. Die „mikroskopisch-physikalischen" Einflüsse sollen deshalb anschließend zusammenfassend behandelt werden, während über die strukturellen Einflüsse, soweit über sie schon Genaueres bekannt ist, erst später berichtet wird.

Nach ihrer Entstehung kann man natürliche und künstlich geschaffene Oberflächen unterscheiden. *Natürliche* Oberflächen liegen bei den durch mechanische und chemische Verwitterung entstandenen Sanden, Seifen und ähnlichen Lockerprodukten vor, ferner bei Mineralkörnern, die ohne wesentliche mechanische Beanspruchung oder durch Schlämmen aus einem mürben Festgestein (vulkanische Tuffe, manche Sandsteine) oder einem Lockergestein (Ton, Kaolin, Bauxit) freigelegt wurden und schließlich auch bei Mineralen, die durch Kristallisationsvorgänge irgendwelcher Art in Form lose aufgewachsener Kristalle oder lockerer Aggregate gebildet wurden.

Die natürlichen Oberflächen sind keineswegs immer arteigene Oberflächen, d. h., sie können einen oft nur sehr dünnen, allseitig fest haftenden Überzug aus einer anderen Stoff- oder Mineralart besitzen oder durch Kristallisations- und Lösungsvorgänge erhalten. Selbst lückenhaft einmolekulare Überzüge können bereits bewirken, daß die von ihnen bedeckten Körner nicht das Verhalten des Materials im Korninneren bei der Flotation zeigen, sondern dasjenige der artfremden Deckschicht. Natürliche Oberflächen sind immer energieärmer als künstliche Oberflächen; sie verhalten sich deshalb reaktionsträge.

Die meisten Mineralparagenesen müssen durch Zerschlagen, Zerdrücken, Quetschen, Brechen, Trocken- oder Naßmahlung zunächst zerkleinert werden, damit die Körner ihrer Gemengteile freigelegt werden, und müssen dann gesiebt werden, damit ein flotierbarer Korngrößenbereich vorliegt; dabei entstehen *künstliche* Oberflächen. Im Gegensatz zu den natürlichen Oberflächen besitzen sie keine an allen Stellen energetisch annähernd gleichwertige Beschaffenheit, vielmehr liegen nach Art, Flächenanteil und Verteilung unterschiedliche, von Genese, Struktur, Realkristallbau, Kornform, Paragenese und Art der Zerkleinerung abhängige Oberflächen-*Bereiche* vor:

A. Spaltflächen und wohl auch die bei manchen Mineralen auftretenden „Absonderungsflächen" (z. B. bei den Pyroxenen) besitzen nach MEYER [254] die geringste Oberflächenenergie. Sie treten im zerkleinerten Material am häufigsten auf und sind experimentell am leichtesten zugänglich. Selbstverständlich muß bei anisotropen Kristallen die Oberflächenenergie auf verschiedenen Spaltflächen unterschiedlich sein (KUSNEZOW [224]). Ihre Besetzung und die Bindungsverhältnisse können — zumindest theoretisch — aus den zugrunde liegenden Kristallstrukturen erschlossen werden. Allerdings können Spalt- und Absonderungsflächen manchmal insofern artfremd sein, als sie bevorzugte Ansatzstellen der Verwitterung oder Gesteinsumwandlung (metamorph oder metasomatisch), z. B. der Vertalkung, Serizitisierung, Chloritisierung, Serpentinisierung darstellen oder sehr dünne Beläge aus eingewanderten anderen Mineralen besitzen.

B. Bruchflächen, die bezüglich der Kristallstruktur ganz unregelmäßig verlaufen. Derartige Oberflächenbereiche werden um so mehr auftreten, je weniger bevorzugte Spaltrichtungen die betreffende Mineralart besitzt; sie herrschen bei Mineralen ohne Spaltbarkeit überhaupt vor. Sie sind sicher energiereicher als die Spaltflächen nach A. Eine Diskussion der speziellen Besetzung solcher Oberflächenbereiche, der energetischen Verhältnisse, der dreidimensional-geometrischen „Umgebung" gewisser Gitterbausteine ist im allgemeinen schwierig und spekulativ.

C. Oberflächenbereiche nach A oder B, die nach dem Kristallinneren zu mehr oder weniger tief durch mechanische Beanspruchung oder tribochemische Reaktionen wesentlich verändert, gestört, ungeordnet sind. Sie stellen die energiereichsten, zu Reaktionen am besten befähigten Bereiche der Mineraloberfläche dar. Zu ihnen gehören auch Gitterdefekte, Mikrorisse, Anhäufungen von Verunreinigungen und andere Baufehler, die bereits vor der Zerkleinerung vorhanden waren.

D. Flächenbereiche mit noch fest anhaftenden Teilen einer dem betreffenden Korn im Gesteinsverband benachbarten Mineralart; die Dicke dieser Fremdschicht kann sehr gering sein. Hierher gehören auch harte oder rauhe Körner, auf die während der Zerkleinerung dünne Schichten eines wesentlich weicheren Minerals aus der Paragenese, z. B. eines Schichtgitterminerals, geschmiert wurden.

Da nach allen Erfahrungen mit zunehmender Zerkleinerung die Flächenanteile nach A und D zurückgehen und diejenigen nach B und C zunehmen, wachsen einerseits zunächst die Oberflächenenergien mit abnehmender Korngröße und nehmen andererseits die Unterschiede in der Energieverteilung zwischen den einzelnen Körnern immer mehr ab. Von einer gewissen kleinen Korngröße an können die gestörten, energiereichsten Oberflächenbereiche nach C soweit vorherrschen, daß die Unterschiede zwischen den einzelnen Körnern nahezu verschwunden sind.

Obwohl im Laufe der Zerkleinerung Einzelkörner mit besonders hoher und auch mit besonders niedriger Oberflächenenergie entstehen, gleichen sich in einem größeren Körnerkollektiv (innerhalb eines engbegrenzten Korngrößenbereiches, wie er für die meisten Trennverfahren vorliegen muß) die Unterschiede wieder aus, so daß schon ganz besondere Maßnahmen notwendig sein werden, Körnerkollektive mit wesentlich unterschiedlichen, insbesondere mit höheren Oberflächenenergien, herzustellen. Die Lebensdauer besonders energiereicher Oberflächenbereiche ist auch meist nur begrenzt.

Für die Beurteilung der Flotierbarkeit kann aus diesen Erörterungen folgendes geschlossen werden:

a) Ein und dasselbe Mineral kann sich bei der Flotation ganz unterschiedlich verhalten, je nachdem, ob es ausschließlich oder überwiegend mit natürlichen oder mit künstlich erzeugten Oberflächen vorliegt.

b) Bei ein und derselben, nicht durch Halbleitereigenschaften oder andere strukturempfindliche Besonderheiten ausgezeichneten Mineralart können im allgemeinen nur recht geringfügige Unterschiede bezüglich der Oberflächenenergie von Körnerkollektiven auftreten und eine bessere oder schlechtere Flotierbarkeit bedingen. Die Unterschiede hängen dann vor allem von der Art und dem Ausmaß der Zerkleinerung ab.

c) Bei Mineralen mit stark betonten, bereits vorhandenen oder durch energiereiche Strahlung induzierten Halbleitereigenschaften können auch bei Körnerkollektiven beträchtliche Unterschiede hinsichtlich der Flotierbarkeit auftreten, wie sie z. B. aus Arbeiten von GÖTTE und HOBERG [147], GÖTTE und MENDEN [149] und von HOBERG [181] bekannt geworden sind. Teilweise ist bei solchen Mineralarten die Flotierbarkeit sogar durch Lichteinwirkung während der Flotation beeinflußbar, wie PLAKSIN und MCHEDLISHVILI [302] zeigten.

d) „Unterkorn" und Feinstanteile, die nicht vor der Flotation durch sorgfältiges Sieben bzw. Abschlämmen entfernt wurden, reagieren wegen ihrer energiereichen Oberflächen meist bevorzugt mit den Flotationsreagenzien und flotieren daher rascher und besser als die eigentlich zu flotierende Körnung.

Nur ein kleiner Teil der besprochenen Inhomogenitäten auf Mineraloberflächen ist einer direkten Beobachtung oder Abbildung zugänglich und lokalisierbar. Über die vielfältigen experimentellen Möglichkeiten für entsprechende Untersuchungen informiert z. B. SEILER [331].

2.2. Entstehung von Ladungen auf Mineraloberflächen

Eine Beschreibung der physikalischen und chemischen Vorgänge auf Mineraloberflächen bei ihrer Wechselwirkung mit Flüssigkeiten ergibt nicht nur ein unvollständiges, sondern sogar ein völlig falsches Bild, wenn man nur die aus der Zusammensetzung und Struktur der Mineralart und der Zusammensetzung der Flüssigkeit zu entnehmenden Atom-, Ionen- oder Molekülsorten in die Betrachtung einbezieht.

Bei allen in der Technik und im Labor durchgeführten Zerkleinerungen und Flotationen sind *Luft und Wasser* zugegen und wirken mit ihren Bestandteilen auf die bereits vorhandenen, gerade erzeugten oder erst entstehenden, mehr oder weniger energiereichen Mineraloberflächen ein. Diese werden also stets und meist sehr wesentlich durch *Oxydation, Hydratation* und *Hydrolyse* verändert. Bei der Naßmahlung oder in der Flotationstrübe liegen deshalb gegenüber dem Strukturmodell veränderte sowie zusätzliche neue Gitterbausteine auf den Oberflächen vor, die bei allen Überlegungen hinsichtlich deren Reaktionsfähigkeit unbedingt berücksichtigt werden müssen.

Dabei muß es sich keinesfalls nur um die thermodynamisch stabilen, z. B. nach den in der Geochemie viel benützten eH/pH-Diagrammen zu erwartenden Ionensorten handeln. Da in der Regel und zweckmäßigerweise Naßmahlung, Abschlämmen und Flotation bzw. Konditionierung unmittelbar und ohne wesentliche Unterbrechung nacheinander durchgeführt werden, können auch *metastabile* Ionensorten auftreten, die maximal nur Stunden oder Tage existenzfähig sind. Selbstverständlich ist die Zahl der so entstehenden und überhaupt möglichen Ionensorten und anderen Reaktionsprodukte begrenzt und sowohl ihr Auftreten (z. B. in Abhängigkeit vom pH-Wert oder Sauerstoff-Partialdruck) wie auch ihre Reaktionen gehorchen bekannten und nachprüfbaren chemischen und thermodynamischen Gesetzmäßigkeiten.

Bei sehr intensiver mechanischer Beanspruchung (z. B. Trockenmahlung) können Modifikationsänderungen, Dissoziationen, Oxydation stattfinden; über solche tribochemischen Reaktionen liegen von THIESSEN, MEYER und HEINICKE [388] gerade für den Mineralogen sehr beachtenswerte Beiträge vor. Wie Untersuchungen von SCHRADER, WISSING und KUBSCH [361] und von HALL und DOLLISH [159] zeigen, können selbst bei Quarz und Silikaten durch Reaktion mit Sauerstoff sehr reaktionsfähige, erstaunlich langlebige Radikale entstehen.

Bei der Zerteilung von Kristallen werden zwar stets Ladungen getrennt, aber die stabile Existenz der Kristallbruchstücke erscheint nur möglich, wenn diese gleich viele positive und negative Ladungen tragen. Wenn adsorbierbare Substanzen wie Gase oder Transportmittel wie Flüssigkeiten fehlen, können die Träger der positiven oder negativen Ladungen auf der Teilchenoberfläche ihre Plätze zumindest bei Raumtemperatur nicht verlassen. Dadurch kann eine eventuell doch vorhandene, aber im allgemeinen geringfügige ungleichmäßige Ladungsverteilung auf einzelne Teilchen innerhalb eines bestimmten Raumes oder Systems bestehen bleiben. Sie kann dann zu Aufladungserscheinungen, Beeinträchtigung des Fließverhaltens, Schwierigkeiten bei der pneumatischen Förderung führen. Ein drastisches Beispiel bietet das für die Astronauten häufig sehr lästige außerordentliche Haftvermögen des Mondstaubes, dessen Ladungen offensichtlich infolge des völligen Fehlens von flüssigem Wasser und weitgehenden Fehlens einer Gasatmosphäre auf dem Mond schon sehr lange Zeit ungleichmäßig verteilt und unabgesättigt sind.

Erst beim Zusammenbringen der insgesamt elektrisch neutralen Oberflächen der zerteilten Minerale oder Feststoffe mit *Wasser* (und mit Sauerstoff) beteiligen sich die Träger der Ladungen mit unterschiedlicher Geschwindigkeit und Intensität an den bereits erwähnten Reaktionen, bei denen sowohl Ladungen abgesättigt als auch neu geschaffen werden.

Die folgenden Betrachtungen sollen sich auf reines Wasser beziehen, das lediglich mit den Gasen der Luft im Gleichgewicht steht.

Soweit eine physikalische, d. h. schwache Adsorption von Sauerstoff nicht schon bei der trockenen Zerkleinerung an der Luft erfolgt ist, wird sie beim Einbringen der Feststoffteilchen in das fast stets sauerstoffhaltige oder -gesättigte Wasser sehr rasch erfolgen; die Folgereaktionen werden allerdings mit ganz unterschiedlicher Geschwindigkeit ablaufen. Oberflächenbereiche, die einen Überschuß an Elektronen aufweisen, können dabei nach

$$2e + H_2O + \frac{O_2}{2} \rightarrow 2\,HO^-$$

reagieren. Sofern die Oxhydryl-Ionen sofort von der Oberfläche adsorbiert werden, ändert sich zwar zunächst an der Zahl der vorhandenen negativen Ladungen nichts, wohl aber an der Art der Bausteine in der Mineraloberfläche, welche die Elektronen abgegeben haben, z. B. beim Übergang $S^{2-} \rightarrow S^0 + 2e$ oder $2\,Fe^{2+} \rightarrow 2\,Fe^{3+} + 2e$.

Da auf einer Mineraloberfläche stets Bindungskräfte irgendwelcher Art unabgesättigt bleiben, wird sie bei Berührung mit Wasser zunächst der Hydratation unterliegen, vorausgesetzt, daß die Bindungsenergie zwischen den Kationen bzw. Anionen auf ihr mit den Wasserdipolen größer ist als diejenige zwischen den letzteren allein. Auf eine unmittelbar, relativ fest und vermutlich orientiert an die Mineraloberfläche gebundene Schicht von Wasserdipolen folgen Bereiche von zunehmend weniger fest gebundenen Wassermolekeln. Über die unter definierten Bedingungen auftretende „Dicke" der Wasserhülle um die Körner von Mineralarten liegen keine Angaben vor; sie soll im Extremfall 0,1 μm erreichen können. BERUBE und DE BRUYN [27] nehmen an, daß sich zwischen den auf der Mineraloberfläche und in ihrer Nähe orientierten Wassermolekeln einerseits und den in der umgebenden Lösung tetraedrisch koordinierten Wassermolekeln andererseits ein Bereich mit geringerer Ordnung derselben befindet, weil von beiden Seiten her entgegengesetzte Kräfte auf sie einwirken.

Nach KORTÜM [219] ist z. B. die Hydratationswärme von Anionen beträchtlich höher als die von Kationen gleicher Größe, weil die Orientierung der Wassermolekeln infolge ihrer Quadrupoleigenschaften bei beiden verschieden ist. Anionen werden von den Wassermolekeln so umgeben, daß sie mit ihren positiven Dipolenden hin zum Ion ausgerichtet sind; bei Kationen ist der Abstand Ionenmittelpunkt — Mittelpunkt des Wasserdipols größer und damit die elektrostatische Wechselwirkung geringer. Vielleicht ist diese Feststellung aber nur für die Kinetik der Hydratation von Bedeutung, denn nach BELL [22] und anderen Autoren wächst die Hydratationszahl von Kationen mit zunehmender Ladung und abnehmender Größe und sind die Anionen, mit Ausnahme des Fluorid-Ions, weniger hydratisiert als die Kationen. Die verschiedenen Ionensorten stören die Anordnung der Wassermolekeln in ihrer Umgebung in unterschiedlicher Weise und in unterschiedlichem Ausmaß; die Störungen beginnen unmittelbar beim Ion und erstrecken sich unter Umständen auf einige hundert Wassermolekeln.

Besonders bei den oxidischen Mineralen bleibt im allgemeinen die Wechselwirkung des Wassers mit der Mineraloberfläche nicht bei der einfachen Hydratation stehen, insbesondere nicht bei stärker geladenen Kationen mit kleinem Ionenradius, z. B. solchen der meisten Übergangsmetalle. Im Gefolge der starken Anziehung durch das Kation und der damit verbundenen Verformung erscheint eine Hydrolyse nach zwei Mechanismen, wie sie von HERRMANN und BOEHM [175] beim Titandioxid diskutiert wird, auch in anderen Fällen möglich:

a) Von einem der Oberfläche einverleibten Wasserdipol wird OH als nur in sehr geringem Maße dissoziierendes Oxhydryl-Ion vom Kation festgehalten und ein Proton — nach Reaktion mit einem weiteren Wasserdipol als Hydronium-Ion — an die umgebende Lösung abgegeben.

b) Das freigewordene Proton wird nicht an die Lösung abgegeben, sondern von einem benachbarten Sauerstoff-Ion, O^{2-}, unter Bildung eines Oxhydryl-Ions, HO^-, aufgenommen.

Wieviele Wassermolekeln auf diese Weise in HO^--Ionen umgewandelt werden und wieviele Protonen von O^{2-}-Ionen aufgenommen werden, hängt außer von der Art und Größe der beteiligten Kationen vor allem noch vom verfügbaren Platz für die relativ großen Oxhydryl-Ionen, von der gegenseitigen Abstoßung zwischen diesen und von der Konzentration bereits vorhandener Hydronium- bzw. Oxhydryl-Ionen in der umgebenden Lösung, also vom pH-Wert ab.

Selbstverständlich werden auch die vom reinen Wasser angebotenen Hydronium- bzw. Oxhydryl-Ionen — in ganz unterschiedlichem Ausmaß und an verschiedenartigen Stellen der Mineraloberfläche — in den meisten Fällen sogar bevorzugt adsorbiert.

STEVENS und CARRON [381] haben gefunden, daß sich beim Zerreiben von Mineralen in reinem Wasser pH-Werte im Bereich von pH 4 bis pH 11 einstellen, die für die betreffenden Mineralarten kennzeichnend sein sollen.

Vollständige, d. h. allseitige Hydratation eines in der Mineraloberfläche befindlichen Ions ist nur möglich, wenn sich dieses aus der Oberfläche entfernt, also im umgebenden Wasser löst. Infolge der unterschiedlichen Hydratation ist das Ausmaß der Lösung aus der Oberfläche für die auf ihr vorhandenen Ionen unterschiedlich. Kationen und Anionen werden zwar bei hinreichend großer Löslichkeit, wie sie etwa beim Baryt vorliegt, in der Lösung im stöchiometrischen Verhältnis vorhanden sein, nicht jedoch auf der Mineraloberfläche. Auf ihr kann sich auch im Lösungsgleichgewicht das Kation-Anion-Verhältnis um mehrere Zehnerpotenzen unterscheiden; bei Mineralen mit sehr geringer Löslichkeit wie den meisten Oxiden und Silikaten ist dasselbe auch hinsichtlich der gelösten Bestandteile der Fall.

Die in Lösung gegangenen Ionen müssen nicht unbedingt als solche erhalten bleiben, sie können sowohl unter Hydrolyse weiterreagieren als auch der Oxydation unterliegen. Dabei entstehende Ionen mit höherer Ladungszahl neigen nicht nur zu verstärkter Hydrolyse, sondern werden auch auf der Mineraloberfläche bevorzugt adsorbiert. Bei vielen Mineralarten, die als Salze schwacher Säuren (Silikate, Karbonate, Borate, Fluoride) *und* schwacher Basen (Mg^{2+}, Al^{3+}, Fe^{3+}) aufgefaßt werden können, ist von vornherein mit Hydrolyse zu rechnen.

Wie tief diese Veränderungen allein durch Hydratation, Dissoziation, Auflösung, Hydrolyse, Oxydation in das Innere des Mineralkornes, in dessen Struktur reichen, hängt in erster Linie von Chemismus, Struktur und Realkristallbau der betreffenden Mineralart ab. Unter den Bedingungen der technischen Aufbereitung oder der Probenvorbereitung im Labor ist schon aus reaktionskinetischen Gründen in den meisten Fällen nicht damit zu rechnen, daß Bereiche erfaßt werden, die tiefer als eine Elementarzelle sind oder daß Schichten sekundärer Minerale entstehen, die mehr als eine Elementarzelle mächtig sind. Eine wesentlich tiefer gehende Störung der Oberfläche ist stets gleichbedeutend mit einer Amorphisierung, die zur Konsequenz hat, daß der höhere Energieinhalt der amorphen Schicht geradezu eine

Voraussetzung für beschleunigte und weitergehende Reaktion, also für ihre Beseitigung wäre.

Bei allen Feststoffen, in deren Strukturen nicht ausschließlich kovalente oder metallische Bindung wirksam ist (hierzu gehört der überwiegende Anteil der Minerale) werden nach Einstellung eines Gleichgewichtes auf der Grenzfläche zur Lösung *nicht* Ladungen eines bestimmten Vorzeichens *allein* vorliegen, sondern lediglich *überwiegen*. Eine auf der Oberfläche *solcher* Minerale auftretende Ladung stellt damit stets die *Differenz* zweier verschieden großer Ladungen entgegengesetzten Vorzeichens dar, deren Absolutbeträge im allgemeinen nicht bekannt sind. Dies hat für das weitere Verhalten und die Flotierbarkeit derartiger Minerale drei wichtige Konsequenzen:

1. Bei deutlichem oder starkem Überwiegen einer Ladung bestimmten Vorzeichens wird eine Annäherung oder gar Adsorption *gleichartig* geladener zusätzlich angebotener Ionen aus der Lösung auf der Mineraloberfläche infolge der unvermeidlichen und kräftigen Abstoßung unmöglich sein.

2. Bei nur geringfügigem Überwiegen einer Ladung bestimmten Vorzeichens wird die Annäherung gleichartig geladener Ionen an die Mineraloberfläche um so weniger auf Widerstand stoßen, je kleiner die Ladungen selbst bzw. ihre Ladungsdichten sind. Die Adsorption einer zusätzlich angebotenen gleichartig geladenen Ionensorte aus der umgebenden Lösung wird um so wahrscheinlicher sein, je größer die bei ihrer Reaktion mit Ladungsträgern entgegengesetzten Vorzeichens auf der Mineraloberfläche erzielbare Energieabgabe ist.

3. Die Ladung Null bzw. das *Fehlen* einer Ladung auf der Mineraloberfläche kann zwei ganz *verschiedene* Ursachen haben:

a) Es sind weder positive noch negative Ladungsträger vorhanden. Dieser Fall dürfte bei Kristallarten, in denen interionische Kräfte, und sei es auch nur untergeordnet, wirksam sind, nicht allzu häufig sein im Gegensatz zu Kristallarten mit überwiegender kovalenter Bindung.

b) Es sind gleich viele positive und negative Ladungen auf der Mineraloberfläche vorhanden. Für manche Erscheinungen wird dann auch die Größe der Ladungen bedeutsam sein. Da eine völlig gleichmäßige Verteilung entgegengesetzter Ladungen auf einer großen Zahl einzelner Teilchen sehr unwahrscheinlich ist, werden innerhalb eines gewissen Streubereiches Teilchen mit geringfügig überwiegenden positiven oder negativen Ladungen auftreten.

Die bisherigen Betrachtungen bezogen sich auf die technisch und wissenschaftlich so außerordentlich wichtigen Systeme Feststoff — *Wasser* — Luft. Sie lassen sich aber zwanglos auch auf nichtwässerige Systeme mit polaren Flüssigkeiten wie Fluorwasserstoff (wasserfrei), Ammoniak (verflüssigt), Schwefeldioxid, Dimethylformamid u. a. ausdehnen. Es ist bekannt, daß auch in solchen Lösungsmitteln Solvatationen, Lösungsvorgänge, Dissoziationen, Solvolyse auftreten, in deren Gefolge sich ebenfalls und z. T. beträchtliche Ladungen bestimmten Vorzeichens auf Feststoffoberflächen ausbilden können.

Auch in Systemen mit ausschließlich unpolaren Flüssigkeiten können auf den Oberflächen von suspendierten Feststoffteilchen Ladungen unterschiedlichen Vorzeichens und Betrages auftreten, die für das Verhalten dieser Teilchen (z. B. Minerale als Pigmente, Füllstoffe, Katalysatoren, staubförmige Verunreinigungen) in Lacken, Petrolchemikalien, Treibstoffen, Kunststoffmonomeren, Pharmazeutika von großer praktischer Bedeutung sein können. Allerdings sind die Ladungen hier meist wesentlich kleiner als in den vorgenannten Fällen, ihre Entstehung bedarf von Fall zu Fall einer besonderen Erklärung, ihre Messung ist grundsätzlich sehr viel schwieriger und erfordert spezielle Geräte, so daß eine eingehende Besprechung hier unterbleiben muß.

2.3. Arten der elektrischen Doppelschicht bei Mineralen

Elektrokinetische Erscheinungen und Messungen, auf die im Abschnitt 3.1 noch näher eingegangen wird, zeigen zweifelsfrei, daß in reinem Wasser suspendierte Mineral- oder Feststoffteilchen eine *elektrische* Ladung tragen. Bei *allen* Teilchen einer bestimmten Mineralart, die an einem elektrokinetischen Vorgang beteiligt sind, sollte das Vorzeichen der Ladung *und* die Ladungsdichte *gleich* und unabhängig von der Korngröße der Teilchen sein. Auf einige Gründe, warum diese Forderungen nicht immer zutreffen, wurde bereits hingewiesen.

Da eine Mineralsuspension als Ganzes elektrisch *neutral* ist, muß eine Ladung, die derjenigen der Teilchen gleich ist, aber entgegengesetztes Vorzeichen besitzt, in der Flüssigkeit zwischen den Teilchen enthalten sein. Wegen der zwischen Ladungen ungleichen Vorzeichens herrschenden Anziehung müssen Ladung und Gegenladung eng benachbart sein. In der die Mineralkörner umgebenden Lösung reichern sich, durch Coulombsche Kräfte angezogen, entgegengesetzt geladene Ionen, die „Gegen-Ionen", an. Da den elektrostatischen Kräften die *Diffusion* der Ionen entgegenwirkt, bezeichnet man die an die Mineraloberfläche grenzende, das Mineralkorn umgebende, nur theoretisch ins Unendliche reichende Flüssigkeitsschicht als *diffuse Schicht*. Ihre tatsächliche „Dicke" liegt zwischen etwa 1000 Angström bis herab zu 5 Angström.

Das System aus der mit einem bestimmten Vorzeichen geladenen Mineraloberfläche und der eine gleich große entgegengesetzte Ladung enthaltenden angrenzenden diffusen Lösungsschicht ist ein spezieller Fall einer elektrischen *Doppelschicht* (im folgenden abgekürzt mit el. DS). Allgemein ist eine el. DS ein System, in dem einer Schicht positiver Ladungen eine Schicht negativer Ladungen gegenübersteht, wobei die gesamte positive Ladung gerade die gesamte negative Ladung kompensiert.

Der Begriff der el. DS, zuerst von HELMHOLTZ 1853 im Zusammenhang mit Vorgängen an der Phasengrenze zweier Metalle gebraucht, ist im Laufe der folgenden Jahrzehnte vielfältig abgewandelt worden: GOUY, CHAPMAN, GRAHAME, STERN, OVERBEEK, DELAHAY [88] u. a. Forscher; das Bild der el. DS ist auch heute noch nicht ganz vollendet. Seine Formung erfuhr der Begriff ganz überweigend bei der Untersuchung elektrischer, elektrochemischer, elektrokinetischer und Adsorptions-Erscheinungen an folgenden typischen Objekten:

Grenzfläche zwischen Quecksilber (vollkommen polarisierbare Elektrode) und wässeriger Elektrolytlösung;

Grenzfläche zwischen Silberjodid (nicht polarisierbare Elektrode) und wässeriger Elektrolytlösung;

Grenzfläche zwischen einem Halbleiter (meist Germanium) und einer wässerigen Elektrolytlösung;

Ionisierte monomolekulare Schichten (polar — unpolare organische Molekül-sorten);

Mizellen;

Metalloberflächen (besonders Edelmetalle);

Halbleiteroberflächen;

Wassertröpfchen und Feststoffteilchen in nichtpolaren Flüssigkeiten;

Wasseroberfläche.

Der Mineraloge wird in dieser Aufzählung gerade diejenigen Minerale vermissen, die bisher im Mittelpunkt der Erörterung standen, bei denen interionische Kräfte im Gitter überwiegen oder zumindest nicht zu vernachlässigen sind und die fast ausschließlich in die Gruppe der Nichtleiter einzureihen sind: Der größte Teil der Halogenide, nahezu alle „Sauerstoffsalze" (Karbonate, Sulfate usw.), die gesteinsbildende Silikate, viele Oxide und Hydroxide und einige Sulfide. Tatsächlich haben die vergleichsweise sehr spärlichen Untersuchungen an diesen Mineralen zum heutigen Bild der el. DS so gut wie nichts beigetragen.

Die in der Technik im größten Umfang flotierten Minerale sind Sulfide (im weiteren Sinne), Oxide sowie Elemente und Legierungen. Der größte Teil dieser Minerale kann in die Gruppe der *Halbleiter* gestellt werden. Die Verhältnisse auf der Oberfläche von Halbleiter-Teilchen erfordern eine gesonderte Besprechung, in die sozusagen als Grenzfälle auch die metallischen Leiter und die Nichtleiter einbezogen werden können. Die folgende Darstellung stützt sich vor allem auf die grundlegenden Arbeiten von SPARNAAY [354], VON CARTA, CICCU, DEL FA, FERRARA, GHIANI, MASSACCI [56], von HOBERG [181] und von PLAKSIN [301].

In freien Atomen sind die den Elektronen auf Grund der Quantenbedingungen erlaubten Energiezustände kugelsymmetrisch um den Kern angeordnet und durch Bereiche nicht erlaubter Energiezustände getrennt. In einem Kristall weicht die Elektronendichteverteilung infolge der starken gegenseitigen Störung der Atome um so mehr von der Kugelsymmetrie ab, je weiter die Elektronen vom Kern entfernt sind. Im Extremfall können sich die Elektronen in sich überschneidenden Schalen frei im Kristall bewegen. Die ursprünglich schmalen Bereiche der Energiezustände „entarten" zu Bändern. Sofern sich die Bänder nicht überlappen, sind sie durch ein „verbotenes" Band getrennt. Der äußersten Schale entspricht das „Leitungsband", in dem sich die Elektronen frei bewegen können. Im nächstinneren „Valenzband" befinden sich die Elektronen, welche die Bindung im Kristall bewirken.

Nach ihrer Bänderstruktur können die Feststoffe in Metalle und Halbleiter eingeteilt werden. In den Metallen sind die Valenz- und Leitungsbänder stets *teilweise* mit Elektronen gefüllt, in den „Eigenhalbleitern" ist das bei $T = 0°\,K$ gefüllte Valenzband durch eine für Elektronen verbotene Zone vom völlig *leeren* Leitungsband getrennt. Durch Zufuhr einer sowohl ausreichenden als auch passenden Energiemenge bei Erwärmung oder elektromagnetischer Anregung können Elektronen aus dem Valenzband in das Leitungsband gebracht werden. Beim Ausscheiden von Elektronen aus dem Valenzband entstehen in diesem Elektronenlöcher. Die bei diesem Vorgang erreichte Leitfähigkeit wird überwiegend durch die in das Leitungsband gelangten und dort frei beweglichen Elektronen und nur zum kleineren Teil durch die sich bewegenden Elektronenlöcher im Valenzband bewirkt. Je nach der Breite der verbotenen Zone sind zur Erzeugung von Leitfähigkeit unterschiedliche Energiemengen notwendig, so daß es alle Übergänge von Halbleitern und Nichtleitern gibt. Bei den meisten sulfidischen oder oxidischen, im allgemeinen hochreinen, Eigenhalbleitern ist der Abstand zwischen den Energiebändern so groß, daß Temperaturen von etwa 500° notwendig sind, um genügend viele Elektronen zum Übergang anzuregen.

Bei den unter den Mineralen wesentlich häufigeren „Störstellen-Halbleitern" werden vor allem durch Fremd- und Zwischengitter-Atome oder durch Fehlstellen innerhalb der verbotenen Zone *zusätzliche* Energiebänder erzeugt, welche die Elektronenübergänge zwischen den beiden anderen Bändern so erleichtern, daß bereits bei Raumtemperatur Leitfähigkeit auftreten kann.

Fremdatome (oder Störstellen), die Elektronen in das Leitungsband abgeben und dadurch selbst eine positive Ladung erhalten, heißen „Donatoren"; sie besitzen im allgemeinen mehr Valenzelektronen als die Atome, deren Gitterplätze sie besetzen. Halbleiter, deren Leitfähigkeit vor allem durch Donatoren bzw. einen Elektronenüberschuß erzeugt wird, werden Überschuß- oder n-Halbleiter genannt (n = negativ).

„Akzeptoren" heißen Fremdatome oder Störstellen, die Elektronen aus dem Valenzband aufnehmen können und dadurch selbst negative Ladung erhalten. Im Vergleich zu den Atomen, deren Plätze sie besetzen, fehlen ihnen Valenzelektronen. Halbleiter, deren Leitfähigkeit im wesentlichen durch Akzeptoren oder Löcher im Valenzband zustande kommt, sind Mangel- oder p-Halbleiter (p = positiv).

Bei den sulfidischen Halbleitern sind die Donatoren überschüssige Metallatome (der Hauptbestandteile) oder isomorph eingebaute Fremdmetallatome und die Akzeptoren vor allem überschüssige Schwefelatome oder adsorbierter Sauerstoff.

An der Oberfläche von Halbleitern werden die bisher geschilderten, für das Innere der Mineralkörner gültigen Verhältnisse verändert und kompliziert durch sogenannte „Oberflächenzustände" (im folgenden abgekürzt mit OZ).

Eine erste Gruppe von OZ, die Tamm-und-Shockley-Zustände, kann durch die plötzliche Unterbrechung der Gitterperiodizität erklärt werden und äußert sich darin, daß die Affinität der Atome für Elektronen an der Oberfläche und im Kristallinneren verschiedenartig wird. Eine zweite Gruppe von OZ wird durch Verunreinigungen hervorgerufen, die entweder zufällig, z. B. als Gase oder Schwermetallionen, aus einem umgebenden Medium adsorbiert wurden oder die absichtlich (manchmal auch „fahrlässig") beim Ätzen, bei der Behandlung der Probe mit Säuren, Basen, Oxydations- oder Reinigungsmitteln mit der Oberfläche reagierten. Zu einer dritten Gruppe gehören Gitterbaufehler, die entweder bereits beim Kristallwachstum oder bei der Zerkleinerung entstanden oder die (ebenfalls manchmal fahrlässig) durch energiereiche Strahlung, starken Temperaturwechsel, intensive mechanische Beanspruchung erzeugt wurden.

Die OZ können sich ebenfalls sowohl als Donatoren wie auch als Akzeptoren auswirken. Da die energetischen Verhältnisse auf der Oberfläche eines Halbleiters andere sind wie in seinem Inneren, müssen zur Einstellung eines energetischen Gleichgewichtes Ladungen zwischen Oberfläche und Innerem ausgetauscht werden.

Da einerseits schon bei recht geringen Verunreinigungen bzw. Gitterbaufehlern eine Schicht von 1 μm, bei sehr massiven Eingriffen von über 30 μm Dicke betroffen werden kann, andererseits die Kornhalbmesser sowohl bei Zeta-Potential-

Messungen als auch bei Flotationen in derselben Größenordnung liegen, ist anzunehmen, daß die an größeren, kompakten Probekörpern ermittelten Halbleitereigenschaften nicht immer mit den an feinkörnigen, oberflächenreichen festgestellten übereinstimmen. Untersuchungen, inwieweit in konkreten Fällen die Eigenschaften überhaupt vergleichbar sind, scheinen nicht vorzuliegen.

Soweit durch Fremd- oder Zwischengitteratome oder Fehlstellen auf der Mineraloberfläche Ladungen erzeugt werden, werden diese im Vergleich zu den durch die eigentlichen Gitterbausteine, die Hauptbestandteile des Minerals hervorgerufenen stets in der Minderzahl sein. Dies trifft allerdings bei Proben, die mit Neutronen bestrahlt wurden, nicht immer zu (HOBERG [181]). Trotz ihrer relativen Seltenheit auf Mineraloberflächen können jedoch Donatoren oder Akzeptoren für die Flotierbarkeit eines Minerals von entscheidender Bedeutung sein. Dies wird in Abschnitt 6.2 noch ausführlich besprochen.

2.4. Der Bau der elektrischen Doppelschicht

Mit der Aufladung der Mineraloberfläche und der Entstehung eines elektrischen Feldes in der Lösungsschicht, die das Mineralteilchen umgibt, erhält die Mineraloberfläche ein elektrisches Potential, das Oberflächenpotential. Es ist nach Definition im Feld einer positiven Ladung positiv, im Feld einer negativen Ladung negativ. Dieses Oberflächenpotential kann man sich *immer* entstanden denken durch die bevorzugte Adsorption *potentialbestimmender* Ionen unmittelbar auf der Mineraloberfläche. Das gilt auch für den vom eben erwähnten, meßtechnisch nicht unterscheidbaren Fall, daß die Aufladung bzw. das Oberflächenpotential im Laufe der in Abschnitt 2.2 geschilderten Vogänge durch bevorzugte *Abgabe* einer ursprünglich in der Mineraloberfläche enthaltenen Ionensorte zustande gekommen ist.

An die Schicht der fest mit dem Mineral verbundenen potentialbestimmenden Ionen grenzt unmittelbar die diffuse Lösungsschicht um das Korn. Die Gegenionen reichern sich in unmittelbarer Nähe der potentialbestimmenden Ionen in der sogenannten Stern-Schicht an. STERN [379] hat zuerst darauf aufmerksam gemacht, daß die bis dahin als punktförmig aufgefaßten Gegenionen endliche Abmessungen besitzen und somit nicht direkt, sondern nur bis zu einem gewissen Mindestabstand bis zur Mineraloberfläche vordringen können. Es ist eine anscheinend noch immer offene Frage, ob die Ionen in der Stern-Schicht hydratisiert sind oder nicht. GRAHAME unterscheidet eine innere Helmholtz-Schicht, in der die Gegenionen *keine* Hydrathülle besitzen (zumindest in Richtung zur Kornoberfläche) und eine äußere Helmholtz-Schicht, in der sich die hydratisierten Gegenionen befinden. Diese Unterscheidung spielt aber im allgemeinen nur bei Elektrokapillaritäts-Studien eine Rolle.

Werden die Mineralteilchen nicht in reinem Wasser suspendiert, sondern in einer Lösung, die noch andere Ionensorten enthält, so können unter diesen auch solche sein, welche *spezifisch* von der Mineraloberfläche adsorbiert werden, bei denen also ebenso wie bei den Gegenionen die elektrostatischen und/oder van der Waalsschen Kräfte stark genug sind, um die Diffusion zu überwinden. Auch diese spezifisch adsorbierbaren Ionen, auf die in Abschnitt 4.4 noch eingegangen wird, werden in der Stern-Schicht angereichert und sind teilweise hydratisiert.

Es dürfte leicht vorstellbar sein, daß bei Bewegungen der Mineralteilchen in der Suspension, insbesondere bei erzwungenen, die von ihnen mitgeschleppten Wasserhüllen hinderlich sind und daß sowohl zwischen den Wasserhüllen der Teilchen als auch an ihrer Grenze zur Lösung Reibung auftritt. Je nach dem Betrag der Reibungskräfte und ihrem Unterschied zu den Kräften, welche die Lösungsschicht mit den Ionen am Teilchen festhalten, wird ein mehr oder weniger großer Teil der diffusen Lösungsschicht bei den Bewegungen abgestreift. Die *Gleitfläche* zwischen dem nicht und dem frei beweglichen Teil der el. DS wird also *unscharf* sein. Die Gleitfläche wird auch deshalb nicht immer denselben Abstand von der Teilchenoberfläche besitzen, weil abgesehen von unterschiedlichen Radien der beteiligten Ionen je nach der Hydratation der Ionen in der Stern-Schicht die Helmholtz-Fläche noch mehr oder weniger weit in die diffuse Schicht hineinreichen wird.

Unscharf ist selbstverständlich auch die Grenze der diffusen Schicht zur unbeeinflußten umgebenden Lösung.

In der Abb. 1 sind die im Text unterschiedenen Teile der el. DS und ihre gegenseitige Lage schematisch dargestellt; sie stützt sich vor allem auf ADAMSON [4] und SHAW [336]. Im Schrifttum sind die Definitionen leider nicht immer einheitlich.

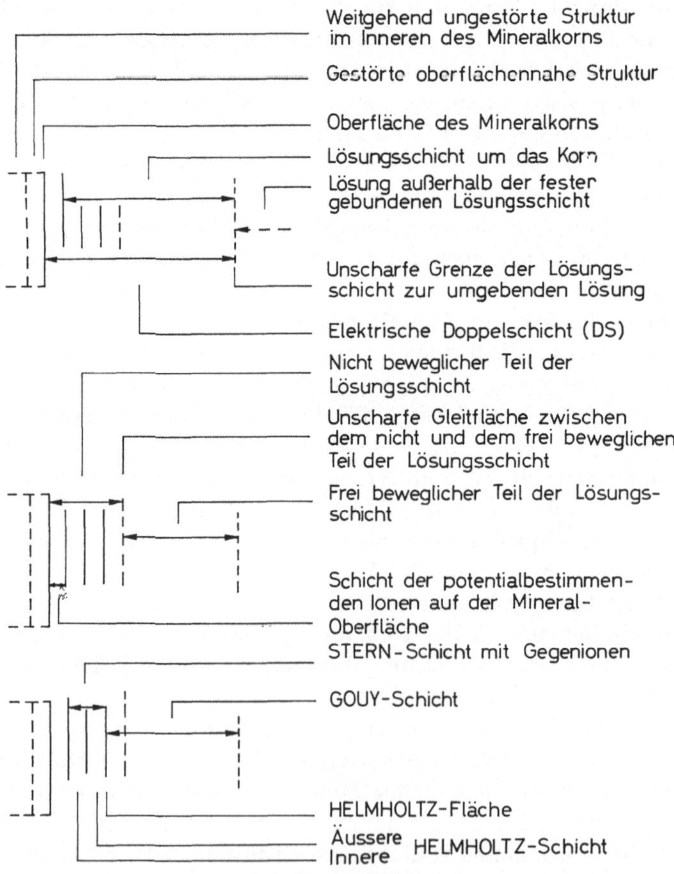

Abb. 1. Im Schrifttum und Text unterschiedene Teile der elektrischen Doppelschicht. Im wesentlichen nach ADAMSON [4]

2.5. Quantitative Beziehungen in der elektrischen Doppelschicht

Das Zeta-Potential

Eine quantitative Behandlung der el. DS ist zwar äußerst schwierig, aber zur Abschätzung der verschiedenartigen Einflußgrößen doch recht nützlich, auch wenn sie von so weitgehenden Vereinfachungen ausgeht, wie sie von GOUY und CHAPMAN gewählt wurden:

a) Die Teilchenoberfläche ist eben, unendlich ausgedehnt und trägt nur eine gleichmäßig verteilte Ladung bestimmten Vorzeichens.

b) Die Ionen in der diffusen Lösungsschicht sind punktförmige Ladungen, welche einer Boltzmann-Verteilung gehorchen:

$$n_+ = n_0 \exp \frac{-ze\psi}{kT} \quad \text{und} \quad n_- = n_0 \exp \frac{+ze\psi}{kT} \tag{1}$$

Darin sind n_+ und n_- die jeweiligen Konzentrationen in Zahl der Ionen/cm³ an den Stellen, wo das elektrische Potential $ze\psi$ bzw. $-ze\psi$ ist, und n_0 ist die Konzentration der betreffenden Ionensorte in der Lösung.

c) Das Lösungsmittel beeinflußt die el. DS nur durch seine an allen Stellen gleichartige Dielektrizitätskonstante.

d) Es ist nur ein einziger Elektrolyt vorhanden, der aus Ionen mit der gleichen Ladungszahl z besteht.

Das Potential unmittelbar an der Teilchenoberfläche sei ψ_0 und im Abstand x von ihr ψ; die Oberfläche sei (wie in Abb. 2) positiv geladen. Die Raumladungsdichte ϱ beträgt dann an den Stellen, wo das Potential ψ ist

$$\varrho = ze\,(n_+ - n_-)$$

oder nach Berücksichtigung von Gleichung (1) und einer Umrechnung, die hier übergangen sei

$$\varrho = -2zen_0 \sinh \frac{ze\psi}{kT} \tag{2}$$

Andererseits ist die Raumladungsdichte mit dem Potential durch die Poissonsche Gleichung folgendermaßen verknüpft:

$$\Delta\psi = -\frac{4\pi\varrho}{\varepsilon} \tag{3.1}$$

Darin ist Δ der Laplace-Operator, welcher die Coulombschen Wechselwirkungen zwischen den Ladungen im System beschreibt und der für eine ebene Doppelschicht den Ausdruck

$$\Delta\psi = \frac{\mathrm{d}^2\psi}{\mathrm{d}x^2} \tag{3.2}$$

ergibt. ε ist die Dielektrizitätskonstante.

Aus den Gleichungen (2) und (3.1) bzw. (3.2) ergibt sich

$$\frac{\mathrm{d}^2\psi}{\mathrm{d}x^2} = \frac{8\pi zen_0}{\varepsilon} \sinh \frac{ze\psi}{kT} \tag{4.1}$$

Für die el. DS um ein kugelförmiges Teilchen, bei dem r der Abstand vom Kugelmittelpunkt ist, ergäbe sich

$$\frac{1}{r^2} \cdot \frac{d}{dr} \cdot \left(r^2 \frac{d\psi}{dr} \right) = \frac{8\,\pi\,ze n_0}{\varepsilon}\, \sinh\, \frac{ze\,\psi}{kT} \tag{4.2}$$

Für die Bedingungen

$$\psi = \psi_0 \text{ wenn } x = 0$$

$$\text{und } \psi = 0 \text{ bzw. } \frac{d\psi}{dx} = 0 \text{ wenn } x = \infty$$

ergibt eine Lösung der Gleichung (4.1)

$$\psi = \frac{2kT}{ze}\, ln \left(\frac{1 + \gamma\,[\exp - \varkappa x]}{1 - \gamma\,[\exp - \varkappa x]} \right) \tag{5}$$

$$\text{wobei} \quad \gamma = \frac{\exp\,[ze\,\psi_0/2kT] - 1}{\exp\,[ze\,\psi_0/2kT] + 1} \tag{6}$$

$$\text{und} \quad \varkappa = \left(\frac{8\,\pi\,e^2\,n_0 z^2}{\varepsilon kT} \right)^{1/2} \tag{7.1}$$

$$\text{oder} \quad \varkappa = \left(\frac{8\,\pi\,e^2 N c z^2}{1000\,\varepsilon kT} \right)^{1/2} \tag{7.2}$$

ist. N ist die Loschmidtsche Zahl und c die Konzentration des Elektrolyten in Mol/Liter. $\varkappa$ ist ein Maß für die „Dicke" der el. DS, die ja schlecht definierbar und überhaupt nicht exakt meßbar ist.

Man kann jedoch zu einer wenigstens als Rechengröße verwendbaren „Dicke" der DS kommen, wenn man das System Mineralteilchen + DS in einer Elektrolytlösung unter analogen Gesichtspunkten betrachtet wie das System Ion + Ionenwolke in einer Elektrolytlösung. Für diesen letzteren Fall der interionischen Wechselwirkung ist von DEBYE und HÜCKEL [81] eine Berechnung durchgeführt worden, die zu folgendem Ausdruck für die Dicke der DS, $1/\varkappa$ führt:

$$1/\varkappa = \left(\frac{1000 \cdot kT\varepsilon \cdot 1}{8\,\pi e^2 N \quad J} \right)^{1/2} \tag{8}$$

Darin sind:

$k\ =\ $ Boltzmann-Konstante, $1{,}38 \times 10^{-16}$ (erg/Grad)
$\varepsilon\ =\ $ Dielektrizitätskonstante des Wassers, 80
$T\ =\ $ absolute Temperatur (grad)
$e\ =\ $ Elementarladung, $4{,}803 \times 10^{-10}$ (e. s. E.)
$N\ =\ $ Loschmidtsche Zahl, $6{,}025 \times 10^{23}$
$J\ =\ \frac{1}{2} \sum c_i z_i{}^2 = $ Ionenstärke der Elektrolytlösung $\hfill (9)$
     mit $c_i\ =\ $ Konzentration des Ions i (Mol/l)
          $z_i\ =\ $ Ladungszahl des Ions i

Nach Einsetzen der Zahlenwerte für die Konstanten wird

$$1/\varkappa = 1{,}988 \times 10^{-10} \left(\frac{\varepsilon \cdot T}{J} \right)^{1/2} \tag{10}$$

Auf die große Bedeutung der Gleichung (10) wird etwas später noch eingegangen.

Wenn

$$\frac{ze\,\psi_0}{2\,kT} \ll 1 \text{ wird,}$$

ist die Debye-Hückelsche Näherung

$$\exp\left[\frac{ze\,\psi_0}{2\,kT}\right] \approx 1 + \frac{ze\,\psi_0}{2\,kT}$$

zulässig und die Gleichungen (5) und (6) vereinfachen sich zu

$$\psi = \psi_0 \exp(-\varkappa x) \tag{11}$$

Aus Gleichung (11) geht hervor, daß unter den gemachten Voraussetzungen, nämlich absolut niederen Potentialen, die Potentiale *exponentiell* zum Abstand von der geladenen Teilchenoberfläche abnehmen. Nahe bei der Teilchenoberfläche, wo das Potential hoch und deshalb die Debye-Hückelsche Näherung nicht anwendbar ist, nimmt das Potential stärker als exponentiell ab.

Das Oberflächenpotential ψ_0 kann mit der Ladungsdichte σ_0 an der Teilchenoberfläche dadurch in Beziehung gebracht werden, daß man zunächst die Raumladungsdichte gleich der Oberflächen-Ladungsdichte setzt

$$\sigma_0 = - \int\limits_{0}^{\infty} \varrho\,dx$$

und die Boltzmann-Verteilung berücksichtigt. Dabei ergibt sich der Ausdruck

$$\sigma_0 = \left(\frac{2\,n_0\,\varepsilon\,kT}{\pi}\right)^{1/2} \cdot \sinh\frac{ze\,\psi_0}{2\,kT} \tag{12}$$

der sich bei kleinen Potentialen vereinfacht zu

$$\sigma_0 = \frac{\varepsilon\,\varkappa\,\psi_0}{4\,\pi} \text{ bzw. } \psi_0 = \frac{4\,\pi\sigma_0}{\varkappa\,\varepsilon} \tag{13}$$

Das Oberflächenpotential ψ_0 hängt demnach sowohl von der Oberflächenladungsdichte σ_0 als auch — über $\varkappa$ — von der Art und Menge der Ionen in der Lösung bzw. von ihrer *Ionenstärke* ab. Wenn $\varkappa$ größer wird, wird ψ_0 nur dann nicht kleiner oder sogar noch größer, wenn auch σ_0 größer wird, z. B. durch stärkere Adsorption potentialbestimmender Ionen. Wenn $\varkappa$ größer wird, ohne daß σ_0 größer wird oder wenn dieses kleiner wird, muß auch ψ_0 abnehmen.

Aus Gleichung (13) ist — bei kleinen Potentialen! — eine Analogie zwischen der el. DS und einem Kondensator zu erkennen, der aus parallelen Platten mit dem Abstand $1/\varkappa$ besteht.

Die Beziehung (10) beschreibt zwei sehr wichtige Eigenschaften der el. DS:

a) Je höher die Konzentration der Ionen in der Lösung bzw. Suspension ist, um so geringer ist die Dicke der el. DS; sie nimmt mit $c^{-1/2}$ ab.

b) Noch stärker als die Konzentration wirkt sich die Ladungszahl der Ionen auf die Dicke der el. DS aus: Bei gleicher Konzentration nimmt sie beim Übergang auf einen Elektrolyten mit der Ladungszahl 2 auf die Hälfte, beim Übergang auf einen Elektrolyten mit der Ladungszahl 3 auf ein Drittel ab.

Werte für $1/\varkappa$ für verschiedene Elektrolyte und Konzentrationen sind z. B. einem Nomogramm in [419] zu entnehmen. Für einen in Wasser gelösten symmetrischen Elektrolyten bei 25° C wird Gleichung (7.2) zu

$$\varkappa = 0{,}328 \times 10^8 (c z^2)^{1/2} \mathrm{cm}^{-1} \tag{14}$$

Damit läßt sich errechnen, daß für einen ein-einwertigen Elektrolyten, z. B. NaCl, in 10^{-3}-normaler Lösung die el. DS etwa 100 Angström dick ist und in 10^{-1}-normaler Lösung etwa 10 Angström.

Bei Abwesenheit spezifisch adsorbierbarer Ionen ist die Ladungsdichte an der Teilchenoberfläche *und* in der Stern-Schicht *gleich*, und die Kapazitäten der Stern-Schicht (C_1) und der angrenzenden diffusen Schicht (Gouy-Schicht), (C_2) sind

$$C_1 = \frac{\sigma}{\psi_0 - \psi_\delta} \quad \text{und} \quad C_2 = \frac{\sigma}{\psi_\delta},$$

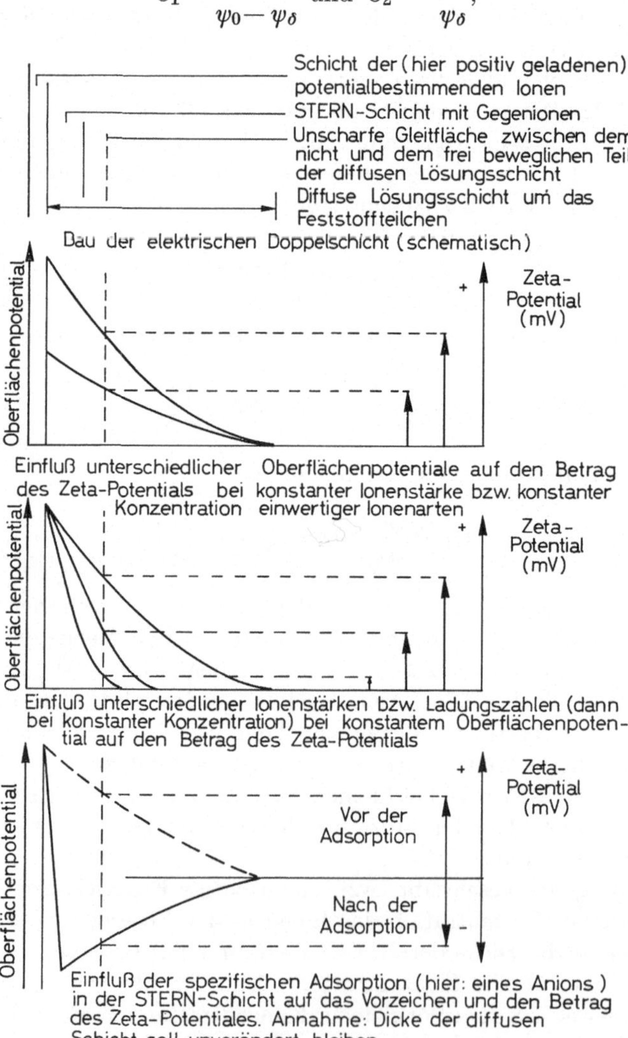

Abb. 2. Einflüsse auf die Dicke der elektrischen Doppelschicht und auf das Zeta-Potential

wobei ψ_δ das Potential in der Stern-Schicht ist. Daraus folgt

$$\psi_\delta = \frac{C_1 \cdot \psi_0}{C_1 + C_2} \tag{15}$$

Die Gesamtkapazität der el. DS kann (bei bestimmten Stoffsystemen) durch Elektrokapillaritätsmessungen oder potentiometrische Titrationen bestimmt und die Kapazität der diffusen Schicht kann berechnet werden. Für letztere gilt

$$C_2 = \frac{\sigma_2}{\psi_\delta} = \frac{\varepsilon\,\varkappa}{4\,\pi}, \tag{16}$$

wobei sich σ_2 aus Gleichung (12) dadurch ergibt, daß das Vorzeichen geändert und ψ_0 durch ψ_δ ersetzt wird.

Bei Anwesenheit spezifisch adsorbierbarer Ionen sind zwei Fälle möglich:

a) Die von den spezifisch adsorbierbaren Gegenionen in die Stern-Schicht gebrachten Ladungen überwiegen die auf der Mineraloberfläche bereits vorhandenen entgegengesetzten Ladungen. Dieser Fall tritt besonders bei mehrwertigen Gegenionen, z. B. denen von „Drückern", oder bei oberflächenaktiven Gegenionen, z. B. denen von „Sammlern", ein und ist dann häufig mit einer Ladungsumkehr verbunden, d. h., ψ_0 und ψ_δ erhalten umgekehrtes Vorzeichen.

b) Es überwiegt die Adsorption gleichgeladener, z. B. oberflächenaktiver Ionen und ψ_δ, das gleiches Vorzeichen wie ψ_0 besitzt, ist größer als dieses.

Die Helmholtz-Fläche und die bei der Teilchenbewegung wirksam werdende unscharfe Gleitfläche werden im allgemeinen nicht völlig identisch sein. Die Unterschiede werden bei niedrigen Potentialen und niedrigen Elektrolytkonzentrationen zu vernachlässigen sein. Man kann deshalb in diesen, häufigen Fällen das Potential in der Stern-Schicht und dasjenige in der (unscharfen) Gleitfläche *gleichsetzen*. Das ist insofern von größter Bedeutung für das hier zu behandelnde Thema, weil *nur* das Potential *in der Gleitfläche*, das *Zeta-Potential*, bei elektrokinetischen Vorgängen meßbar ist.

Der Nachteil der schlecht definierten Lage der Gleitfläche und damit auch des Zeta-Potentials in bezug auf die gesamte el. DS wird aufgewogen durch den Vorteil der Meßbarkeit des Zeta-Potentials und vor allem auch seiner Eignung zur Kennzeichnung von Vorgängen in der el. DS.

Die Zusammenhänge zwischen den erwähnten Potentialen und ihren Einflußgrößen gehen schematisch aus der Abb. 2 hervor.

3. Messung von Zeta-Potentialen

3.1. Elektrokinetische Erscheinungen

Elektrokinetische Erscheinungen [410] umfassen Vorgänge, bei denen gasförmige, flüssige oder feste Körper relativ zur Lage ihrer Grenzfläche gegeneinander bewegt werden und bei denen *Ursache oder Folge* dieser Bewegung elektrische Spannungen bzw. durch diese hervorgerufene Ströme sind. Sie treten *unabhängig* von den mit elektrischer Leitfähigkeit verknüpften galvanischen oder elektrolytischen Vorgängen auf, die sie aber begleiten können. Im Zusammenhang mit der Flotierbarkeit interessieren vor allem die Vorgänge an der Grenzfläche Mineral — Lösung („Trübe").

Man unterscheidet vier Arten von elektrokinetischen Erscheinungen, die man in zwei Gruppen unterteilen kann:

1. Eine Bewegung ist *Folge* einer Potentialdifferenz:

a) *Elektrophorese*

In einer Suspension befindliche Mineralteilchen (oder Flüssigkeitstropfen, Gasblasen) werden im elektrischen Feld relativ zu der sie umgebenden Flüssigkeit bewegt.

b) *Elektroosmose*

Flüssigkeit (oder Gas) wird im elektrischen Feld relativ zu *ruhenden* Festkörpern, z. B. einem Diaphragma aus Mineralkörnern oder einer porösen Wand aus dem Mineral bewegt.

2. Eine Bewegung ist *Ursache* einer Potentialdifferenz:

a) *Sedimentationspotential*

Mineralkörner(Flüssigkeitströpfchen,Gasblasen) werden mechanisch, z. B. durch Fallen im Schwerefeld, durch die sie umgebende Flüssigkeit bewegt; dabei tritt eine meßbare Potentialdifferenz auf.

b) *Strömungspotential*

Flüssigkeit (Gas) wird durch ruhende Festkörper, z. B. eine Kapillare, eine durch zwei poröse Platten in einem Rohr festgehaltene Mineralkornschüttung oder durch eine poröse Wand aus dem Mineral *gedrückt*; dabei tritt eine meßbare Potentialdifferenz auf.

Bei allen elektrokinetischen Erscheinungen sind die Mineralteilchen von ihrer el. DS umgeben und wird der frei bewegliche Teil der diffusen Lösungsschicht längs der *Gleitfläche* (siehe Abb. 1!) von dem nicht beweglichen, am Mineralteilchen haftenden Teil *getrennt*. Der abgetrennte frei bewegliche Teil der el. DS muß sich also aus der umgebenden Flüssigkeit immer *neu während* der Bewegung bilden!

Für *alle* elektrokinetischen Erscheinungen ist das an der Gleitfläche herrschende elektrische Potential, das *Zeta-Potential*, ausschlaggebend. Vor allem wegen der unterschiedlichen hydrodynamischen Bedingungen, aber auch der verschiedenen zur Messung entwickelten Versuchsanordnungen sind die Voraussetzungen und Ansätze zur Berechnung des Zeta-Potentials jeweils verschieden.

Strömungspotential und Elektrophorese werden am häufigsten zur Messung des Zeta-Potentials (im folgenden abgekürzt mit ZP!) herangezogen, die Elektroosmose weit seltener (im allgemeinen nur von sowjetrussischen Autoren) und das Sedimentationspotential überhaupt nicht. Handelsübliche Meßgeräte existieren nur für verschiedenartige Ausführungsformen der Elektrophorese, sind jedoch in Europa noch recht selten, wie ihr völliges Fehlen auf der Achema 1970 bewies. Es wird bei der Besprechung der einzelnen Meßverfahren gezeigt, daß ihre Anwendungsbereiche unterschiedlich sind; ein Meßverfahren für das ZP *beliebiger* Proben gibt es *nicht*!

Angesichts der Tatsache, daß das ZP nach *drei* verschiedenen Methoden bestimmt werden kann, ist es von größtem Interesse zu wissen, ob und inwieweit die Ergebnisse übereinstimmen oder vergleichbar sind. Hierzu kommt J. TH. OVERBEEK in der in der Flotationsforschung als Standardwerk anerkannten „Colloid Science I" (H. R. KRUYT, editor) [282] auf Seite 225 zu der wichtigen Schlußfolgerung:

"Although the material is anything but abundant and not in all points absolutely conclusive, we may nevertheless conclude that the *three* electrokinetic phenomena are *all equivalent*, and allow us to evaluate *a same value* for the zeta-potential from *different* experiments. This strengthens our belief in the reality of zeta and justifies the method of approach to electrokinetic phenomena as given in the preceeding sections."

3.2. Elektroosmotische Zeta-Potential-Messung

Das Untersuchungsmaterial muß als Kapillare, Diaphragma oder feste durchströmbare Kornschüttung vorliegen; im letzteren Fall können 0,5 bis 1 g genügen. Zur Veranschaulichung der im folgenden geschilderten Vorgänge dient Abb. 3, das Meßprinzip ist aus Abb. 4 a ersichtlich.

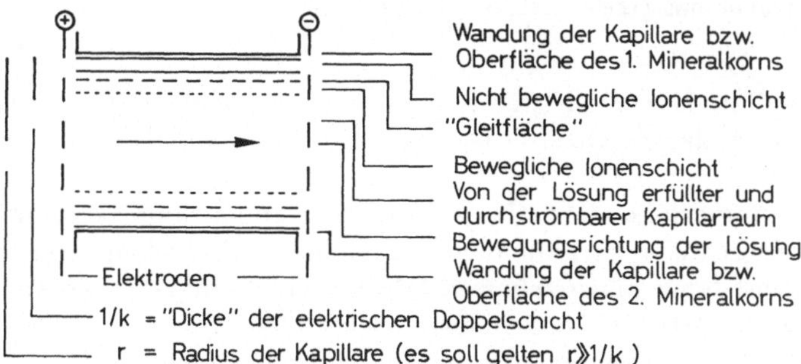

Abb. 3. Bewegung von Flüssigkeit in einer Kapillare, deren Wandungen elektrische Doppelschichten tragen

Legt man an die Enden eines mit Flüssigkeit gefüllten Kapillarraumes bzw. einer von Kapillarräumen durchzogenen Kornschüttung eine Spannung an, so bewegt sich die Flüssigkeit in der Kapillare in bestimmter Richtung. Nach einer empirischen Regel lädt sich die Phase mit der höheren Dielektrizitätskonstante gegen die andere Phase positiv auf. Da Wasser eine sehr hohe Dielektrizitäts-

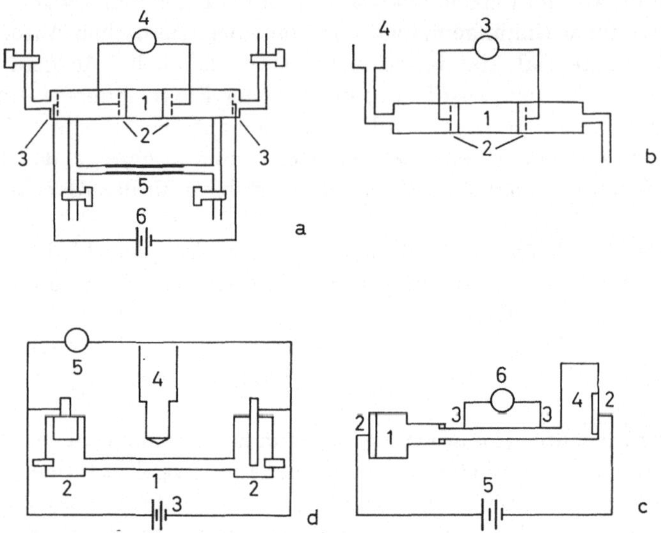

Abb. 4. Anordnungen (schematisch) zur Messung von Zeta-Potentialen mit Hilfe elektrokinetischer Erscheinungen

a: *Elektroosmose. 1* Poröse, von der Lösung durchströmte Kornschüttung (Diaphragma); *2* Meßelektroden; *3* Arbeitselektroden; *4* Meßinstrument; *5* Vergleichskapillare; *6* Stromquelle

b: *Strömungspotential. 1* Poröse, von der Lösung durchströmte Kornschüttung; *2* Meßelektroden; *3* Meßinstrument; *4* Druckerzeugung (und -messung)

c: *Massentransport-Messung. 1* Abnehmbarer Auffangbehälter für die zur Elektrode gewanderten Feststoffteilchen; *2* Arbeitselektroden; *3* Meßelektroden; *4* Vorratsbehälter für die Suspension; *5* Stromquelle; *6* Meßinstrument

d: *Mikroelektrophorese. 1* Zylindrisches Rohr, in welchem sich die Teilchen der Suspension bewegen; *2* Elektroden zum Anlegen der Gleichspannung; *3* Stromquelle; *4* Mikroskop zur Messung der Wanderungsgeschwindigkeit der Teilchen

konstante besitzt, laden sich wässerige Lösungen positiv auf und wandern zur negativen Elektrode; gleichzeitig lädt sich die Wand der Kapillare auch negativ auf.

Die Bewegung erfaßt nicht die gesamte im Kapillarraum befindliche Flüssigkeit, sondern nur die außerhalb der Gleitflächen befindlichen beweglichen Teile der diffusen, mit Ionen angereicherten Lösungsschicht und die von Teilchen unbeeinflußte Lösung zwischen benachbarten elektrischen Doppelschichten. Wenn die durch das angelegte äußere elektrische Feld auf die Flüssigkeit bzw. Lösung ausgeübte Kraft gleich den Reibungskräften in der Flüssigkeit ist, stellt sich ein stationärer Zustand und damit eine konstante Fließgeschwindigkeit ein.

Bei der Ableitung der Beziehungen zwischen der elektroosmotischen Fließgeschwindigkeit, dem angelegten elektrischen Feld und dem an der Gleitfläche herrschenden Zeta-Potential kann der spezielle Aufbau der el. DS außer Betracht bleiben, dagegen muß die „Dicke" der el. DS sehr viel kleiner sein als der Durchmesser des Kapillarraumes. Diese Bedingung ist für Kapillaren mit mehr als 1 μm Durchmesser erfüllt. Die Ableitung selbst ist ausführlich bei KORTÜM [219], KRUYT [223] oder bei SENNETT und OLIVIER [333] angegeben; sie gilt auch für Kapillaren mit beliebigen und unregelmäßigen Querschnitten und allen parallelen Kombinationen solcher Kapillaren. Es gilt

$$v_e = \frac{E\,\varepsilon\,\zeta}{4\,\pi\eta} \tag{17}$$

$v_e =$ elektroosmotische Fließgeschwindigkeit

Für den Querschnitt A der Kapillare ergibt sich

$$V_e = A v_e = \frac{A \cdot E \cdot \varepsilon\,\zeta}{4\,\pi\eta} \tag{18 a}$$

Durch Anwendung des Ohmschen Gesetzes

$$E = \frac{i}{A\,\lambda}$$

i = durch die Kapillare fließender Strom,
λ = spezifische Leitfähigkeit der Flüssigkeit
läßt sich A eliminieren und man erhält

$$V_e = \frac{i\,\varepsilon\,\zeta}{4\,\pi\eta\,\lambda} \tag{18 b}$$

Es ist jedoch üblich und zweckmäßig, nicht die elektroosmotische Fließgeschwindigkeit zu messen, sondern die beim Anlegen einer Spannung an die Elektroden verdrängte bzw. nach einer Seite transportierte Flüssigkeitsmenge oder den äußeren Gegendruck P_e, der eine Bewegung der Flüssigkeit gerade verhindert.

Für eine Kapillare mit einheitlichem kreisförmigen Querschnitt gilt nach dem Poiseuilleschen Gesetz

$$V_e = \frac{\pi\,P_e\,r^4}{8 \cdot \eta \cdot l}\,, \tag{18 c}$$

wobei r = Radius der Kapillare,
l = Länge der Kapillare ist.

Durch Gleichsetzen von (18 b) und (18 c) erhält man

$$P_e = \frac{2\,i\,l\,\varepsilon\,\zeta}{\lambda\,\pi^2\,r^4} \tag{19 a}$$

und daraus, wenn man vom Ohmschen Gesetz Gebrauch macht,

$$P_e = \frac{2E \cdot l \cdot \varepsilon\,\zeta}{\pi \cdot r^2} \tag{19 b}$$

Das Produkt El entspricht dem gesamten angewandten Potential. Auf die Gegenströmung in einer Kornschüttung oder einem Diaphragma kann Gleichung (18 c) nicht unmittelbar angewandt werden, vielmehr gilt hier

$$V = \frac{K\,P\,A}{\eta\,L} \qquad (20)$$

worin A der Querschnitt, L die Länge der Kornschüttung bzw. des Diaphragmas und K eine Konstante ist. Letztere wird experimentell dadurch erhalten, daß ohne angelegtes äußeres elektrisches Feld die durchfließende Flüssigkeitsmenge in Abhängigkeit vom angewandten Druck bestimmt wird. Aus den Gleichungen (18 b) und (20) ergibt sich

$$P_e = \frac{\varepsilon\,\zeta\,i}{4\,\pi\,K} \cdot \frac{L}{\lambda\,p\,A} \qquad (21\ a)$$

worin λ_p die spezifische Leitfähigkeit der mit Flüssigkeit gefüllten Kornschüttung bzw. Kapillare ist. Da der letzte Quotient in (21 a) den elektrischen Widerstand der Kornschüttung darstellt, ergibt sich aus dem Ohmschen Gesetz das gesamte angelegte Potential zu

$$E_{ges} = \frac{L\,i}{\lambda_p\,A}$$

und damit

$$P_e = \frac{E_{ges}\,\varepsilon\,\zeta}{4\,\pi\,K} \qquad (21\ b)$$

Die eventuell durch Siebplatten festgehaltene Kornschüttung befindet sich bei der Messung zwischen zwei durch ein Voltmeter mit hoher Impedanz verbundenen Elektroden (im allgemeinen aus Platin), die zur Messung der an die Kornschüttung angelegten Spannung E_{ges} und der Leitfähigkeit λ_p bzw. über L und A des Stromes i dienen. Die Potentialdifferenz bzw. Gleichspannung wird über die beiden Arbeits-Elektroden angelegt. Die ZP-Messung kann auf zwei verschiedene Arten erfolgen:

a) Bei geschlossenem System (auch obere Hähne in Abb. 4 a geschlossen) kann die Bewegung der Lösung im oberen waagerechten Rohr an der Verschiebung einer Luftblase in der unteren Vergleichskapillare bekannten Durchmessers beobachtet, zunächst das transportierte Flüssigkeitsvolum V_e und dann das ZP nach Gleichung (18 b) berechnet werden:

$$\zeta = \frac{V_e\,\lambda}{i} \cdot \frac{4\,\pi\,\eta}{\varepsilon} \qquad (22\ a)$$

b) Bei offenem Meßsystem und beim Fehlen eines Kurzschlußweges über eine Kapillare wird die Luftblase in der Vergleichskapillare nicht verschoben, dafür wird die Lösung in einem der beiden Schenkel der Apparatur 5 a bis zu einer Gleichgewichtshöhe steigen. Der Druck der Flüssigkeitssäule entspricht P_e und das ZP ergibt sich aus (21 b) zu

$$\zeta = \frac{P_e}{E_{ges}} \cdot \frac{4\,\pi\,K}{\varepsilon} \qquad (22\ b)$$

Die Zeta-Potentiale müssen, da in allen elektrokinetischen Ausdrücken CGS-Einheiten vorkommen, ebenso wie die Werte von E durch Multiplizieren mit $1/_{300}$ in ESU-Einheiten (Volt) umgerechnet werden.

Elektroosmotische Messungen sind z. B. durchgeführt worden von DOUGLAS und ADAIR [97] beim Fluorit, von DOUGLAS und WALKER [98] beim Calcit, von SKRIVAN [341, 442] beim Fluorit. Weitere Angaben über großenteils schon ältere Arbeiten finden sich bei SENNETT und OLIVIER [333].

Elektroosmotische Messungen sind mit einer Reihe von Fehlerquellen und Störmöglichkeiten behaftet, was ihre routinemäßige Anwendung stark einschränkt. Die Apparaturen weisen z. B. zahlreiche Hähne auf, die absolut dicht sein müssen (das als sehr ausgefeilt zu bezeichnende Gerät von SKŘIVAN [342] besitzt immerhin 7 Stück!), die transportierten Flüssigkeitsmengen sind sehr klein, der Druck muß ständig konstant gehalten werden und dabei wirken sich auch kleine Unterschiede in der Temperatur oder Benetzbarkeit und eingeschleppte Luftbläschen ungünstig aus.

3.3. Strömungspotential-Messungen

Auch die Strömungspotentiale lassen sich mit Hilfe von Abb. 3 erklären: Zu beiden Seiten der Gleitflächen befinden sich infolge unterschiedlicher Anreicherung Ionen entgegengesetzten Vorzeichens. Bei einer Flüssigkeitsströmung werden von den unbeweglichen Wänden der Kapillare bzw. den Mineralkornoberflächen längs der Gleitfläche Lösungsschichten entfernt, in denen eine Ionenart bestimmten Vorzeichens überwiegt. Dadurch bildet sich ein Konvektionsstrom, der die Enden der Kapillare bzw. Kornschüttung gegeneinander auflädt. Da jede Flüssigkeit eine endliche Leitfähigkeit besitzt, versucht eine Ionenwanderung in entgegengesetzter Richtung das entstehende Strömungspotential wieder auszugleichen, und es stellt sich rasch ein stationärer Zustand ein. Im Gleichgewicht ist der Konvektionsstrom entgegengesetzt gleich dem Leitungsstrom, der von der spezifischen Leitfähigkeit der Lösung abhängt.

Beim Strömungspotential gelten gleiche Voraussetzungen wie bei allen anderen elektrokinetischen Messungen; im Falle der Berechnung des Konvektionsstromes sind dies:

a) Die Strömung in der Kornschüttung muß *laminar* sein;

b) der Radius r der Kapillare soll groß sein gegenüber $1/\varkappa$, der Dicke der el. DS;

c) die Oberflächenleitfähigkeit der Mineralkörner bzw. Kapillare muß vernachlässigbar klein sein.

Abb. 4 b zeigt das Meßprinzip für Strömungspotentiale. Auch hier müssen Kapillaren, Diaphragmen oder Kornschüttungen vorliegen. Die Korngrößen liegen im allgemeinen zwischen 200 bis maximal 400 µm, die benötigten Mengen bei einigen Gramm. Zur Messung des Strömungspotentials mittels zwei an beiden Seiten der Kornschüttung angebrachten Elektroden ist es zwar lediglich erforderlich, die Flüssigkeit unter konstantem Druck bzw. bei gemessenem Druckabfall durch die Kornschüttung zu pressen, aber die zahlreichen, von den einzelnen Autoren abgewandelten Konstruktionsmerkmale deuten darauf hin, daß eine ideale Lösung noch nicht gefunden ist. So unterscheiden sich die Geräte z. B. durch Form, Lage, Herstellung, Volum der Kornschüttung und die Vermeidung von Aufwirbe-

lung und Wandeinflüssen bei ihr, ferner durch Art, Größe, Anbringung der Meßelektroden, Erzeugung und Messung der Druckdifferenz, Messung der Strömungspotentiale.

Im stationären Zustand ergibt sich für das Zeta-Potential:

$$\zeta = \frac{E}{\Delta_p} \cdot \frac{4\pi\eta\,\lambda_p}{\varepsilon} \tag{23}$$

Darin ist

E = die beim Durchströmen zwischen den beiden Enden der Kornschüttung
auftretende Potentialdifferenz,

Δ_p = die beim Durchströmen zwischen den beiden Enden der Kornschüttung
wirksame Druckdifferenz.

Trotz der Einfachheit ihrer Durchführung weist die Meßmethode eine Reihe
von Nachteilen und Fehlerquellen auf (MacKenzie [243]):

Die durchströmende Flüssigkeit steht mit der Kornschüttung nicht im Lösungsgleichgewicht.

Die Packungsdichte der Kornschüttung ist schwierig zu reproduzieren.

An den Elektroden treten asymmetrische Potentiale auf; eine Methode zu ihrer
Ausschaltung wurde von Hunter und Alexander [195] angegeben.

Einflüsse von Oberflächenleitfähigkeit und Relaxationseffekten, die in Abschnitt 3.4.3 besprochen werden, lassen sich nicht berücksichtigen.

Bei Anwesenheit geringer Mengen eines zweiten Minerals, z. B. als Verunreinigung, läßt sich dessen Einfluß nicht ausschalten.

Der Druckabfall wird durch Reibungs-, Wirbel- und Stoßverluste verändert,
die durch zusätzliche Eichung und Berechnung erfaßt werden müssen.

Die Messung läßt keine Feststellung der Verteilung von Zeta-Potentialen zu.

Das Verfahren ist auf feinteilige Feststoffe nicht anwendbar.

Die benötigten Mineralmengen sind, besonders wenn es sich um seltene Minerale
handelt, oft bereits zu hoch.

Infolge dieser vielfältigen Einflüsse auf das Meßergebnis ist es nicht verwunder-
lich, daß zwar die Übereinstimmung mit elektroosmotischen Messungen, bei denen
entsprechende Einflüsse wirksam sind, gut und teilweise sogar nahezu vollständig
ist, nicht jedoch diejenige mit elektrophoretischen Messungen.

Beispiele für die Anwendung von Strömungspotential-Messungen gerade auf
Flotationsprobleme sind zahlreich: Fuerstenau [121], Fuerstenau und Modi
[123], Iwasaki, Cooke und Colombo [199], Modi und Fuerstenau [259], O'Connor [276], Parreira [289], Skřivan, Hejl und Preiningerova [343], Stachurski
[373] und Steiner [376]. Weitere Angaben über ältere Arbeiten finden sich bei
Sennett und Olivier [333].

3.4. Elektrophoretische Zeta-Potential-Messungen

Die Elektrophorese stellt gewissermaßen eine Umkehrung der Elektroosmose
dar und deshalb gelten für sie dieselben Gesetzmäßigkeiten wie für jene, insbesondere Gleichung (17):

$$v_e = \frac{E\,\varepsilon\,\zeta}{4\pi\eta} \tag{17}$$

Es gibt mehrere, apparativ völlig verschiedenartige Möglichkeiten für elektrophoretische Messungen: Massentransport, Methode der wandernden Grenzfläche und Mikroelektrophorese. Jede dieser Techniken hat ihre besonderen Voraussetzungen, Anwendungsbereiche und Fehlerquellen. Als gemeinsame Voraussetzungen können, da es sich grundsätzlich um Bewegungen feinteiliger Feststoffe in einer Flüssigkeit handelt, folgende gelten:

a) Die Teilchen dürfen nicht so groß oder schwer sein, daß innerhalb der Dauer der Messung Bewegungen im Schwerefeld auftreten, die von der selben Größenordnung wie die Bewegungen im elektrischen Feld sind, welche sie somit beeinflussen oder verfälschen würden. Minerale mit hohem spezifischem Gewicht müssen deshalb besonders feinkörnig sein.

b) Die Dicke der el. DS muß im Vergleich zu den Abmessungen der Teilchen hinreichend klein sein. Diese Forderung ist um so schwieriger zu erfüllen, je feinteiliger der betreffende Feststoff ist und je geringer die Ionenstärke der Lösung ist; sie bedingt gegebenenfalls Korrekturen an den Meßwerten.

Die Form der Teilchen kann in extremen Fällen, z. B. bei langen Fasern oder dünnen Blättchen von Einfluß auf das Meßergebnis sein und muß dann, z. B. durch einen Korrekturfaktor, berücksichtigt werden.

3.4.1. Massentransport-Messungen

Massentransport-Messungen beruhen letzten Endes auf demselben Prinzip wie die Hittorfsche Methode zur Bestimmung der Überführungszahlen von Ionen, die z. B. bei KORTÜM [219, S. 30—39] dargestellt ist. An eine gegebenenfalls sogar recht konzentrierte (aber noch fließfähige) Suspension eines feinteiligen Feststoffes wird mittels zweier Elektroden eine bekannte Gleichspannung angelegt. Je nach dem Vorzeichen ihrer Ladung wandern die Teilchen zu einer der Elektroden in eine Auffang- oder Sammelkammer; ihre Wanderungsgeschwindigkeit hängt vom Betrag des ZP ab. Die Menge des in einer bestimmten Zeit gewanderten bzw. in der Kammer angesammelten Stoffes wird durch Wägung oder Analyse bestimmt und beträgt

$$\Delta m = M \cdot E \cdot t \cdot A \cdot v_e \tag{24}$$

Darin ist

Δm = Masse des gewanderten Feststoffes (g)

M = Feststoffkonzentration in der Suspension (g/cm^3)

E = Potentialgradient (Volt $\cdot$ cm^{-1})

t = Meßdauer (sec)

A = Querschnittsfläche der Sammelkammer (cm^2)

v_e = „elektrophoretische Beweglichkeit" (cm $\cdot$ sec^{-1}/Volt $\cdot$ cm^{-1})

Die Wägung des Inhaltes der Sammelkammer (vor und nach dem Anlegen des Potentialgradienten) ist erfahrungsgemäß nur dann hinreichend genau, wenn das spezifische Gewicht des Feststoffes mindestens doppelt so groß ist wie das der Flüssigkeit.

Durch die erzwungene Wanderung der Teilchen zur Sammelkammer wird die dort und auf ihrem Weg befindliche Suspension verdrängt und fließt in entgegengesetzter Richtung, wodurch die wandernden Teilchen gebremst werden. Ihre gemessene Geschwindigkeit ist deshalb zu gering, und das um so mehr, je konzentrierter die Suspension ist. Eine entsprechende Korrektur ist in den folgenden Gleichungen (25 a) und (25 b) bereits berücksichtigt. Die beobachtete Mengenänderung Δw ist mit der elektrophoretischen Beweglichkeit v_e folgendermaßen verknüpft:

$$v_e = C \frac{\Delta w}{t} \cdot \frac{1}{E A M} \left(\frac{\varrho_s}{\varrho_s - \varrho_m} \right) \left(\frac{1}{1 - \emptyset} \right) \qquad (25\,a)$$

Darin sind

t = Meßdauer (sec)

C = eine von der Geometrie der Meßzelle bzw. Sammelkammer abhängige, experimentell zu bestimmende Eichkonstante

Δw = Mengenänderung in der Sammelkammer (g)

ϱ_s = Spezifisches Gewicht des Feststoffes

ϱ_m = spezifisches Gewicht der Flüssigkeit

$\emptyset$ = Volumanteil des Feststoffes an der Suspension

Der Faktor in der 1. Klammer dient zur Umrechnung von Δw in Δm, derjenige in der 2. Klammer korrigiert die erwähnte Gegenströmung. Die während des Versuches in die Sammelkammer gewanderte Feststoffmenge kann außer durch Wägung auch durch Analyse der Suspension *nach* der Messung (Eindampfen zur Trocknung und Wägung des Rückstandes) bestimmt werden. Wenn dasselbe an der Suspension *vor* dem Versuch durchgeführt wird, ergibt sich Δm aus der Differenz und Gleichung (25 a) vereinfacht sich zu

$$v_e = C \frac{\Delta m}{t} \cdot \frac{1}{E A M} \left(\frac{1}{1 - \emptyset} \right) \qquad (25\,b)$$

Im Vergleich zu einem Ion ist bei einem Feststoffteilchen das Verhältnis von Menge/Ladung und damit auch die in die Sammelkammer transportierte Feststoffmenge groß und kann deshalb recht genau bestimmt werden. Um brauchbare Meßergebnisse zu erhalten, müssen aber zunächst noch einige Fehlerquellen beseitigt oder zumindest in ihrer Auswirkung verkleinert werden:

a) Die vom elektrischen Strom in der Suspension erzeugte Erwärmung muß dadurch verringert werden, daß für den Transport einer zur genauen Messung gerade ausreichenden Stoffmenge ein möglichst geringer Potentialgradient verwendet wird. Wie in Abschnitt 3.4.3 noch ausführlich dargelegt wird, hängt die Erwärmung der Suspension von der spezifischen Leitfähigkeit ab und diese setzt sowohl der Anwendbarkeit elektrokinetischer Meßverfahren überhaupt als auch der Untersuchung spezieller Stoffsysteme eine nicht überschreitbare Grenze.

b) Durch eine geeignete Bauweise der Meßzelle muß verhindert werden, daß sich zwangsläufige Konzentrationsänderungen in der Suspension auf die elektrophoretische Beweglichkeit der Teilchen zu stark auswirken.

c) Bei relativ groben und konzentrierten Suspensionen kann innerhalb der üblichen Meßdauer (30 bis 300 sec) eine Sedimentation in der Meßzelle sehr störend sein und eine ständige Durchmischung durch Rühren erforderlich machen. Während aber leichte Erschütterungen und Schwingungen das Meßergebnis nicht beeinträchtigen, ist dies beim Rühren durchaus der Fall. Nach Messungen von Ross und LONG [325] werden selbst unter günstigen Bedingungen, d. h. bei hohen

Potentialgradienten und Feststoffkonzentrationen und bei kurzen Meßzeiten in gerührten Suspensionen um etwa 10% kleinere elektrophoretische Beweglichkeiten gefunden.

d) Da bei den bisher entwickelten Geräten für Massentransport-Messungen die Meßzellen groß im Verhältnis zur Suspensionsmenge sind, spielt der später zu besprechende elektroendosmotische Effekt als Störfaktor keine entscheidende Rolle.

e) Das Material der Elektroden kann von außerordentlichem Einfluß auf das Meßergebnis sein, weil sich an fast allen als Elektrode verwendeten Metallen oder Legierungen bereits bei relativ kleinen spezifischen Leitfähigkeiten Gasblasen entwickeln, welche selbstverständlich die Bewegungen der Teilchen und ihre Anreicherung in der Sammelkammer sehr stark stören. Außerdem bilden sich anodisch Hydroxide und Oxide, die in Lösung gehen und die Probe verunreinigen. Nach den langjährigen Versuchen und dem Patent von RIDDICK [323] ist nur das Paar (Rein-)Molybdän (Anode) und Platin-Iridium (Kathode) geeignet.

f) Bei der Überprüfung der Eignung eines Gerätes ist es entscheidend, daß sowohl die transportierten Feststoffmengen proportional den durchgeflossenen Strommengen sind als auch, daß die elektrophoretische Beweglichkeit unabhängig von der angelegten Feldstärke ist.

Das Prinzip der Massentransport-Messungen ist aus Abb. 4 c zu entnehmen. Ihr entscheidender Vorteil für bestimmte Untersuchungen liegt in der Möglichkeit, Aussagen über die Überlappung oder Wechselwirkung dicht benachbarter elektrischer Doppelschichten in konzentrierten Suspensionen zu gewinnen. (LONG und ROSS [236].) Diese Aussagen sind nicht nur für Fragen der Stabilität von Suspensionen, ihrer Dispergierung und Flockung und ihrem rheologischen Verhalten von großer Bedeutung, sondern sicher auch für das Verhalten und die gegenseitige Beeinflussung von verschiedenartigen oder entgegengesetzt geladenen Mineralen in Flotationstrüben. In den USA existieren seit etwa 5 Jahren mindestens 3 handelsübliche Geräte für derartige Messungen ([273], ROSS und LONG [325], SENNETT und OLIVIER [332, 279] und es ist zu vermuten, daß sie in Industrien, die sich mit feinteiligen Stoffen beschäftigen, ausgiebig und erfolgreich benutzt werden. Ein ganz ausgezeichnetes Gerät für diesen Zweck ist der ,,Massentransport-Analysator" der Firma Coulter Electronics Ltd. (Exp. Dept.: D-4150 Krefeld).

3.4.2. Methode der wandernden Grenzfläche

Diese Methode ist nur anwendbar auf Feststoffe, deren Teilchengröße unter 0,1 µm liegt, also z. B. bei allen anorganischen und organischen Solen sowie bei Eiweißstoffen. Es ist nicht anzunehmen, daß sie bei Mineralen im Korngrößenbereich von 0,3 bis 3 µm irgendwelche Vorteile bieten würde, so daß sie für die Zwecke des Mineralogen außer Betracht bleiben kann.

3.4.3. Mikroelektrophoretische Messungen mit dem ,,Zeta-Meter" nach Riddick

Für mikroelektrophoretische Messungen, deren Prinzip in Abb. 4 d dargestellt ist, sind im Laufe der Jahrzehnte viele, äußerlich z. T. recht ähnliche, aber in entscheidenden Einzelheiten wesentlich voneinander verschiedene Geräte vor allem von Kolloidforschern, z. B. SHERGOLD *et al.* [337] oder BANGHAM *et al.* [20], aber auch von Aufbereitungsingenieuren, z. B. von BHAPPU und DEJU [28, 84, 86] benutzt worden. Nach Kenntnis des Verfassers ist jedoch nur das von TH. M. RID-DICK entwickelte [323], von der Zeta-Meter Inc., New York, N.Y. vertriebene und als „Zeta-Meter" bezeichnete Gerät im Handel erhältlich. Dieses „Zeta-Meter" stand dem Verfasser zur Verfügung und hat sich bei mehreren tausend Messungen als nicht nur sehr gut durchdachtes, sondern auch außerordentlich präzise und doch robust konstruiertes, störungsfrei arbeitendes Gerät erwiesen. Da die Ausführungen in den folgenden Abschnitten 4 und 6 großenteils auf Messungen mit dem „Zeta-Meter" beruhen, dürfte eine ausführlichere Beschreibung des Gerätes und seiner Arbeitsweise angebracht sein.

An eine sehr verdünnte Suspension feiner Mineralteilchen, die sich in einer waagrecht liegenden Röhre befindet, wird mittels zweier Elektroden eine bestimmte Gleichspannung angelegt. Unter dem Einfluß des elektrischen Feldes wandern die Mineralteilchen je nach dem Vorzeichen ihrer Ladung zur Anode oder Kathode. Die von den Teilchen zum Zurücklegen eines bestimmten Weges zwischen zwei mikroskopisch beobachteten Meßmarken benötigte Zeit wird bei einer größeren Anzahl von Teilchen gemessen. Aus der angelegten Spannung und der mittleren Geschwindigkeit der Teilchen errechnet sich nach einer von HELMHOLTZ und v. SMOLUCHOWSKI stammenden Formel (im folgenden abgekürzt als HS-Formel) das gesuchte Zeta-Potential zu

$$\zeta = 113.000 \, \frac{\eta}{\varepsilon} \, B_e, \qquad (26)$$

wobei
$$B_e = \frac{v}{E} \qquad (27)$$

und
$$E = \frac{U}{L} \text{ ist.} \qquad (28)$$

Es sind:

ζ = Zeta-Potential (mV)
η = Viskosität der Lösung (poise)
ε = Dielektrizitätskonstante der Lösung
B_e = elektrophoretische „Beweglichkeit" (μm $\cdot$sec^{-1}/Volt $\cdot$cm^{-1})
v = mittlere Geschwindigkeit der Teilchen (μm/sec)
E = elektrische Feldstärke (Volt/cm)
U = angelegte Spannung (Volt)
L = wirksame Länge der Meßzelle (cm)

Die wesentlichen Teile des „Zeta-Meters" sind aus der Abb. 5 zu ersehen [419]:

a) ein mit normalem Wechselstrom gespeister elektrischer Geräteteil, der eine im Bereich von 0 bis 300 Volt stufenlos regelbare Gleichstromquelle enthält sowie je ein Präzisions-Volt- und Mikroamperemeter und einen durch Fingerdruck zu betätigenden Zeitnehmer.

b) eine justierbare Beleuchtungseinrichtung,

c) ein hitzeabsorbierender, verstellbarer Zellenhalter, der das einfallende Licht im richtigen Winkel in die Meßzelle und das Stereomikroskop lenkt.

d) eine Elektrophoresezelle aus durchsichtigem Kunststoff und spezieller Oberflächenbehandlung mit je einer Reinmolybdän- bzw. Platin-Iridium-Anode und einer Platin-Iridium-Kathode. Die wirksame Länge der Meßzelle beträgt 100 mm, ihr Durchmesser etwa 4,4 mm und ihre Zellkonstante 66×10^{-6} cm^{-1}.

e) ein spezielles Stereomikroskop mit 3 auswechselbaren Objektiven zur Beobachtung und Zählung der in der Meßzelle vorbeiwandernden Feststoffteilchen. Die Meßmarken sind in einem der Okulare untergebracht.

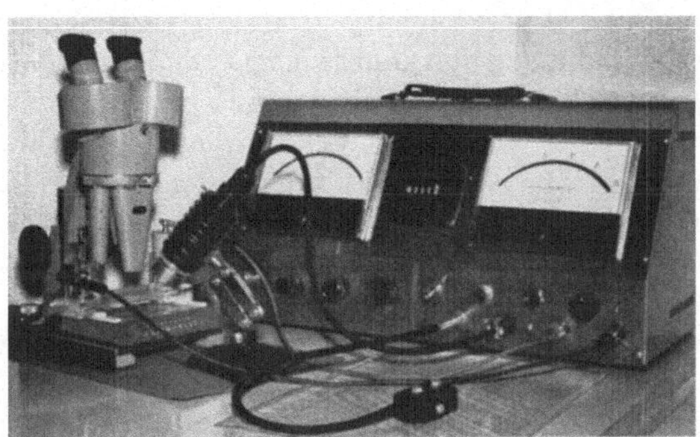

Abb. 5. „*Zeta-Meter*". Rechts: Elektrischer Teil mit Voltmeter, Zeitablesung, Mikroamperemeter, Bedienungsknöpfen und Anschlüssen. Im Vordergrund: Zeitnehmer, auf einem Auswerte-Nomogramm liegend. Links: Stereomikroskop, darunter Elektrophoresezelle auf dem Zellenhalter, davor Beleuchtungseinrichtung. Bei der Messung steht das Stereomikroskop mit dem Zellenhalter gegenüber der Frontseite des elektrischen Geräteteiles und rechts von diesem

Zur Messung wird die Zelle mit etwa 25 bis 35 ml der zu untersuchenden, zweckmäßigerweise 0,01- bis 0,1%igen Suspension des reinen Minerals gefüllt, störende Luftblasen entfernt und die Elektroden eingesetzt. Um störende Sedimentation während der Messung zu vermeiden, sollte die Korngröße der Mineralteilchen *unter* 10 µm, am besten im Bereich von 1 bis 2 µm, liegen. Erfahrungsgemäß läßt sich dieser günstige Kornbereich bei Mineralen mit einer Ritzhärte unter 7 durch einstündiges Mahlen von 1 g Mineral mit 20 ml Wasser im Achatbecher leicht erhalten. Die spezifische Leitfähigkeit der zu untersuchenden Suspensionen sollte 6×10^{-2} Ohm^{-1} cm^{-1} *nicht* überschreiten. Dies entspricht einer etwa 0,5-normalen Lösung eines ein-einwertigen Elektrolyten. Dieser Meßbereich reicht für alle mit dem Verhalten von Mineralen bei der Flotation zusammenhängenden Fragen völlig aus, soweit nicht etwa Salzminerale untersucht werden sollen.

Da die Zelle aus Kunststoff besteht, können auch *flußsaure* Lösungen untersucht werden, *nicht* jedoch Lösungen mit mehr als 0,1% *organischen* Lösungsmitteln oder z. B. auch Schäumern; für organische Flüssigkeiten ist eine Glaszelle mit Teflonstopfen vorgesehen. Lösungen mit einem pH-Wert über 12,5 konnten nicht untersucht werden, weil der die Anode tragende Gummistopfen durch die starke Lauge schlüpfrig wird und nicht mehr im Füllstutzen der Zelle festhält.

Bei der Messung können nun nicht einfach die Geschwindigkeiten irgendwelcher Teilchen bestimmt werden, die sich in der zylindrischen Bohrung der Meßzelle bewegen. Das ist aus folgenden Gründen nicht möglich:

a) Die wandernden Teilchen nehmen ihre relativ voluminöse Wasserhülle mit zu einer der Elektroden und verdrängen dort bzw. auf ihrem Weg befindliche Lösung, die in entgegengesetzter Richtung abfließen muß.

b) Die Wände der Bohrung stellen eine weitere Oberfläche mit einer elektrischen Doppelschicht in dem System dar. Da sie sich nicht bewegen können, muß die Flüssigkeit in ihrer Umgebung sich relativ zu ihnen bewegen: Elektroendosmotischer Effekt.

In der Meßzelle bewegen sich also die Teilchen und die Flüssigkeit während *jeder* Messung grundsätzlich in zwei entgegengesetzten Richtungen: Einmal ringförmig entlang den Wandungen und zum andern zylindrisch im Inneren der Röhre. Diese Strömungen verfälschen natürlich die Geschwindigkeit der suspendierten Teilchen. *Nur* entlang einer ganz „dünnen", röhrenförmigen Fläche an der *Grenze* der beiden Flüssigkeitsströme, dort wo *beide Strömungen* die Geschwindigkeit *Null* besitzen, bewegen sich die Mineralteilchen im elektrischen Feld unbeeinflußt mit ihrer kennzeichnenden, „*wahren*" elektrophoretischen Geschwindigkeit. Nur genau an dieser Grenze ist es sinnvoll, zu messen.

Komagata hat zuerst berechnet, daß die erwähnte Nullgrenze der endosmotischen Strömung auf einer Zylinderfläche liegt, deren Abstand von den Zellwandungen 14,7% des Röhrendurchmessers beträgt. Durch ein sehr kritisches und empfindliches Einstellen und Zur-Deckung-Bringen bestimmter Marken und Lichtlinien ("position line") in dem System Lampe - Meßzelle-Mikroskop wird gewährleistet, daß die elektrophoretische Geschwindigkeit der Teilchen tatsächlich genau auf einer waagerechten Linie gemessen wird. Darin liegt ein entscheidender Vorzug des „Zeta-Meters" gegenüber Geräten, bei denen die geschilderten Verhältnisse offenbar nicht berücksichtigt wurden.

Bei der Messung wird ein bestimmtes Teilchen, das man in dem Gewimmel der Strömung wahrgenommen hat, *sofern* es sich genau auf der für das betreffende Objektiv gültigen Meßlinie bewegt *und* sich in seiner Geschwindigkeit nicht von den anderen Teilchen unterscheidet, durch das Stereomikroskop mit dem Auge verfolgt. Man sieht dabei gleichzeitig senkrecht zur Meßlinie liegende Meßmarken, die den Weg der Teilchen in bestimmte Abschnitte unterteilen. Die Dauer der geradlinigen Bewegung des verfolgten Teilchens zwischen zwei an sich beliebigen Meßmarken wird mit dem Zeitnehmer gemessen. Man verfolgt mindestens 10 bis 20 Teilchen, sofern das überhaupt möglich ist, und *merkt* sich die Zahl der von ihnen zurückgelegten Wegabschnitte. Zweckmäßigerweise läßt man die Teilchen immer gleiche und geradzahlige Wegabschnitte zurücklegen. Aus dem in μm gemessenen Weg *aller* verfolgten Teilchen und der am Gerät angezeigten Zeitsumme erhält man eine mittlere Geschwindigkeit der Teilchen. Das Zeta-Potential kann man aus der angelegten Spannung, der wahren elektrophoretischen Geschwindigkeit und der angewandten, praktisch immer gleichbleibenden Mikroskop-Vergrößerung errechnen; man erhält es ausreichend genau mit Hilfe eines dem Gerät beigegebenen Nomogramms. Falls die Temperatur der gemessenen Suspension nicht genau 22,5° C beträgt, für die das Nomogramm berechnet ist, müssen mit Hilfe eines weiteren Nomogramms Korrekturen angebracht werden.

Aus einem schwerwiegenden meßtechnischen Grund ist man in der Wahl der angelegten Spannung *nicht frei:* Beim Stromdurchgang durch die Suspension, durch die entgegengesetzten Bewegungen der geladenen Teilchen und Flüssigkeitsströme tritt unvermeidlich eine gewisse Erwärmung auf. Wenn die durch sie bewirkte Temperaturzunahme nur etwa $3°$ C beträgt, entstehen in der Zelle bereits Konvektionsströmungen, welche den sich bis dahin auf geraden, zur Röhrenachse parallelen Linien bewegenden Teilchen rasch und in rasch zunehmendem Maße eine schraubenförmige Bewegung aufzwingen. Diese Erscheinung, welche eine Fortsetzung der Messung völlig illusorisch macht, wird mit dem treffenden, kaum übersetzbaren Ausdruck "thermal overturn" bezeichnet.

"Thermal overturn" tritt um so eher ein, je höher der Elektrolytgehalt der Suspension ist und kann auch durch noch so gute Thermostatisierung der Zelle *nicht* verhindert werden. Die zur Messung verfügbare Zeit ist also bei elektrolytreichen Suspensionen sehr beschränkt; das macht die Messungen an ihnen manchmal etwas anstrengend. Die optimale Spannung bei der Messung hängt somit von der spezifischen Leitfähigkeit der Suspension ab: Je kleiner diese ist, um so höhere Spannungen können angelegt werden, ohne daß in zu kurzer Zeit "thermal overturn" erfolgt.

Die spezifische Leitfähigkeit der Suspension oder irgendwelcher, ordnungsgemäß in die Meßzelle gefüllter Lösungen kann mit dem „Zeta-Meter" rasch und genau gemessen werden: Es wird die der Zellkonstante mal 10^6 entsprechende Spannung, in unserem Fall 66 Volt, angelegt; die Ablesung auf dem Mikroamperemeter ergibt sofort die spezifische Leitfähigkeit in $Ohm^{-1}\,cm^{-1}$. Mit Hilfe dieser Messung wurde auch stets die Qualität des zu allen Versuchen verwendeten Ionenaustauscher-Wassers überprüft; es wurde nur Wasser verwendet, dessen spezifische Leitfähigkeit *unter* $2 \times 10^{-6}\,Ohm^{-1}\,cm^{-1}$ lag. Auf Arbeiten in CO_2-freier Atmosphäre kann aber verzichtet werden, weil die erzielbare weitere Erniedrigung der spezifischen Leitfähigkeit belanglos und in keinem Verhältnis zum Aufwand ist.

Das *Vorzeichen* des Zeta-Potentials ergibt sich eindeutig aus der Bewegungs*richtung* der Teilchen; positiv geladene Teilchen wandern zur Kathode (die bei der Messung immer rechts ist), negativ geladene zur Anode. Bewegen sich *genau* auf der Meßlinie befindliche Teilchen auch bei der höchsten noch anwendbaren Spannung *nicht*, so liegt der "point of zero charge" (im folgenden abgekürzt mit pzc!) vor, d. h., die Teilchen besitzen entweder gleich große positive und negative Ladung *oder* sie besitzen weder positive noch negative Ladung.

Wie bei allen Messungen können auch hier Meßfehler auftreten, von denen sich aber sehr viele bereits durch die Beachtung folgender Punkte vermeiden lassen:

Der Meßraum soll ruhig sein, um ein konzentriertes Messen zu gestatten und soll keine großen Temperaturschwankungen aufweisen.

Das Gerät muß erschütterungsfrei aufgestellt werden.

Bewußte und gleichbleibend sorgfältige Ausführung aller Handgriffe. Tadellose Reinigung der Meßzelle und Elektroden nach jeder Messung.

Einwandfreies Einstellen der "position line" vor jeder Meßreihe.

Verwendung von ionenfreiem Wasser.

Verwendung von homogenen und reinen, weder mit Säuren oder Basen noch mit Schwereflüssigkeiten oder Reinigungsmitteln vorbehandelten Mineralen. Gleichartige mechanische Vorbehandlung (Naßmahlung) der Minerale.

Ansetzen der Proben unmittelbar im Anschluß, an die Zerkleinerung der Minerale. Zugabe der Reagenzien stets gleichartig und mit dem verdünntesten beginnend, beim konzentrierten endend. Schutz der Meßproben vor unnötiger Luft- bzw. Sauerstoffeinwirkung.

Eintragen der Ergebnisse in ein Diagramm bereits während der Messung, um „Ausreißer" oder falsche Ablesungen unmittelbar zu erkennen und Wiederholungen rechtzeitig durchzuführen.

Eine Reihe anderer, die Reproduzierbarkeit und Genauigkeit von ZP-Messungen beeinflussender Faktoren muß jedoch noch ausführlicher besprochen werden.

Die Teilchen bewegen sich, soweit *reine* Minerale vorliegen, längs der Meßlinie mit gleichartiger Geschwindigkeit, nur ganz selten kann einwandfrei eine Geschwindigkeits-Verteilung festgestellt werden. Dagegen werden häufig vereinzelte Teilchen beobachtet, die sich deutlich beschleunigt oder verlangsamt in derselben Richtung bewegen; diese werden selbstverständlich zur Messung nicht benutzt. Über die Natur dieser Teilchen sind nur Spekulationen möglich. Selbst ganz geringfügige Verunreinigungen durch ein Mineral, bei dem unter den gegebenen Bedingungen Vorzeichen und Betrag des Zeta-Potentials andersartig sind, fallen wegen ihrer entgegengesetzten Bewegungsrichtung und abweichenden Geschwindigkeit sofort auf. Dieser Umstand kann sogar zur Prüfung auf Reinheit bzw. Homogenität verwendet werden. Inwieweit feinste, von entgegengesetzt geladenen, wesentlich gröberen Körnern adsorbierte Fremdmineralteilchen die Zeta-Potentiale beeinflussen können, wurde noch nicht untersucht.

Die Vorgänge der Hydratation, Auflösung, Dissoziation, Hydrolyse und Oxydation auf Mineraloberflächen verlaufen kaum jemals spontan und sofort zu einem Gleichgewicht, sondern meist mit endlicher, manchmal sogar recht geringer Geschwindigkeit. Ein *Maß* für den Umfang und für das zeitliche Fortschreiten dieser Vorgänge ist die spezifische Leitfähigkeit der in *reinem* Wasser suspendierten Mineralprobe. Die dabei gemessenen, teilweise unerwartet hohen Beträge der spezifischen Leitfähigkeit rühren auch von der erhöhten Löslichkeit und Lösungsgeschwindigkeit der beim Mahlen entstandenen feinsten Teilchen mit etwa 100 bis 1000 Angström, von der Freisetzung oder Bindung von Hydronium- oder Oxhydryl-Ionen und bei Sulfiden vermutlich von Oxydationsvorgängen her. Die folgende Tabelle 1 gibt hierüber Aufschluß. Um einen Vergleich zu ermöglichen sei bemerkt, daß eine 10^{-4}-normale KCl-Lösung (0,74 mg KCl in 100 ml Wasser) eine spezifische Leitfähigkeit von ca. 15×10^{-6} Ohm^{-1} cm^{-1} besitzt.

Die einfach und hinreichend genau durchführbare Messung der Zunahme der spezifischen Leitfähigkeit bei der Behandlung eines Minerals mit Wasser oder *verdünnten* Lösungen von Säuren, Basen, Salzen und sonstigen Stoffen erlaubt — zumindest qualitativ — nicht nur eine Beurteilung der Reaktionsfähigkeit eines Minerals, sondern auch des zeitlichen Ablaufes der Reaktionen. Zu beachten ist dabei jedoch die starke Temperaturabhängigkeit der spezifischen Leitfähigkeit (aufeinanderfolgende Messungen sind am besten zu vergleichen, wenn sie bei derselben Temperatur ausgeführt wurden), der Ausschluß von CO_2 und eine eventuelle unterschiedliche Vorbehandlung der Proben. Bei Anwendung konzentrierterer Elektrolyt-Lösungen ist das Verfahren nicht mehr brauchbar, weil die im allgemeinen doch nur kleinen Veränderungen der spezifischen Leitfähigkeit durch Reaktionen der Minerale dann schon *zu klein* sind gegenüber den Veränderungen, die z. B. durch Pipettier- oder Ablesefehler bei der Zugabe der Reagenzien hervorgerufen werden.

Tabelle 1. Spezifische Leitfähigkeit (10^{-6} Ohm^{-1} cm^{-1}) der Suspensionen von 50 mg Mineral in 100 ml Wasser (spezifische Leitfähigkeit des verwendeten reinen Wassers: $1,5 \times 10^{-6}$ Ohm^{-1} cm^{-1}). Die Dauer der Wassereinwirkung *nach* der Naßmahlung (1 Std. mit 20 ml Wasser auf 1 g Mineral) ist jeweils angegeben:

Nach 3 Minuten:		Nach 16 bis 24 Stunden:	
Zinkblende (dunkel)	2,3	Quarz	1,5
Zinkblende (hell)	3,0	Korund, synthetisch	2,0
Bleiglanz	3,5	Graphit / Ceylon	2,3
Kupferkies	4,6	Picotit	2,5
Pyrrhotin (Magnetkies)	9,0	Anthrazit / Josepha-Jacoba	3,0
Apatit / Risör	10,8	Beryll	3,0
Apatit / Durango	12,2	Oligoklas	6,0
Apatit / Oedegarden	16,0	Mikroklin	6,8
Strontianit	32,4	Labradorit	9,0
		Molybdänit	10,0

Zeitliche Veränderungen:

	3 Min.	30 Min.	300 Min.	3000 Min.
Pyrit / Elba	6,3	7,9	19,0	46,0
Fluorit	25,8	40,2	44,9	46,0
Wollastonit	25,4	29,0	40,8	59,2

Die endliche und unterschiedliche Geschwindigkeit der Reaktionen der Mineraloberflächen mit (sauerstoffhaltigem) Wasser und anderen Stoffen hat auch für die Messung *und* Interpretation von Zeta-Potentialen sehr wichtige Konsequenzen:

a) Die Einstellung der Zeta-Potentiale in der Meßprobe ist *zeitabhängig*. Die zeitlichen Veränderungen können, wie Abb. 6 zeigt, ganz unterschiedlich verlaufen, was auch verständlich ist, da ihre chemische Ursache von Mineral zu Mineral verschieden ist. Es können deshalb nur solche Zeta-Potentiale miteinander verglichen werden, die im gleichen zeitlichen Abstand nach dem Ansetzen der Probe gemessen wurden. Aber selbst dann wird nicht immer Übereinstimmung bestehen, weil sich die zu vergleichenden Proben derselben Mineralart trotz prinzipiell gleichartigen chemischen Verhaltens in „mikroskopisch-physikalischen" Eigenschaften (Siehe Abschnitt 2.1!) unterscheiden können.

Bei den eigenen Versuchen betrug die Standzeit (Zeit zwischen Ansetzen und Messung) 16 ± 1 Stunden (also etwa 1000 Minuten), d. h., die Proben wurden am Nachmittag angesetzt und am nächsten Morgen gemessen. Eine gewisse Rechtfertigung mag diese aus äußerlichen, praktischen Gründen gewählte Reaktionsdauer darin finden, daß die meisten Proben zu einem Zeitpunkt gemessen werden, in dem die Reaktionen auf ihren Mineraloberflächen bereits ein gewisses Gleichgewicht erreicht haben. Für die Flotationspraxis wären zwar Reaktionszeiten von etwa 20 bis 100 Min. wesentlich interessanter, aber derartige Messungen wären sicher sehr häufig erheblich schlechter zu reproduzieren und zu vergleichen.

b) Aus Abb. 6 ist auch zu ersehen, daß die zeitlichen ZP-Änderungen bei bestimmten Anfangskonzentrationen von Säure oder Base selbst nach 50 Std. noch nicht in allen Fällen abgeklungen sind und daß manche Änderungen unstetig verlaufen. Da es sich um relativ einfache stoffliche Systeme handelt und zusätzlich die Möglichkeit besteht, bestimmte vermutete Reaktionsprodukte bei gleichzeitig und gleichartig angesetzten Vergleichsproben quantitativ zu bestimmen, dürfte eine Interpretation der Ergebnisse nicht allzu schwierig sein.

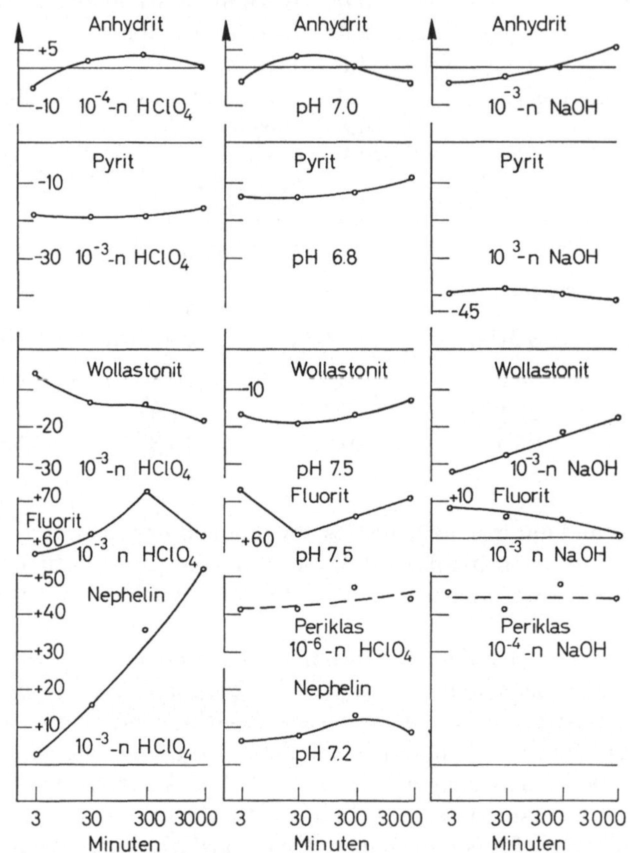

Abb. 6. Zeitabhängige Veränderungen der Zeta-Potentiale (Ordinaten!) von Anhydrit, Pyrit, Wollastonit, Fluorit, Periklas und Nephelin bei bestimmten Anfangs-Konzentrationen von $HClO_4$ oder NaOH bzw. pH-Werten

Bei fast allen Messungen des Verfassers wurden Suspensionen verwendet, deren Mineralgehalt 50 mg pro 100 ml = 0,05% betrug, weil bei der dann vorliegenden Durchsichtigkeit der Suspension das Verfolgen der Teilchen noch gut möglich und nicht zu anstrengend war. Es ist nun zu erwarten, daß sich das ZP mit zunehmender Teilchenkonzentration ändert, einmal, weil sich z. B. in sehr elektrolytarmen Lösungen die Verteilung der verfügbaren Ionen auf die einzelnen Doppelschichten ändern kann, zum anderen, weil sich die Doppelschichten sehr nahe benachbarter Teilchen gegenseitig beeinflussen werden.

Nur die erstgenannte Veränderung ist mit Hilfe des „Zeta-Meters" meßbar. Dabei ist es keinesfalls angängig, die feststoffreichen Suspensionen einfach zu verdünnen, weil dadurch die Verteilung der Ionen auf die Teilchen und die von Teilchenladungen unbeeinflußte Lösung völlig verändert würden. Nach dem Vorschlag von RIDDICK [419, 322] muß vielmehr die Hauptmenge der Suspension *zentrifugiert* werden und zur mehr oder weniger klaren zentrifugierten Lösung muß wieder eine kleine Menge, etwa 0,1%, der *ursprünglichen*, konzentrierten Suspension hinzugefügt werden. Dieses Verfahren dürfte auch bei der pH-Messung an konzentrierten Suspensionen anwendbar sein, da diese, wenn sie an der ursprünglichen Suspension durchgeführt wird, wegen des „Suspensionseffektes" falsche Werte ergibt. Zu dieser Frage liegt eine Reihe von Untersuchungen vor, die bei VAN OLPHEN [395] besprochen und zitiert werden.

Entsprechend dem Vorschlag von RIDDICK durchgeführte ZP-Messungen an zunehmend feststoffreicheren, zentrifugierten Quarzsuspensionen ergaben, daß die Zeta-Potentiale um so kleiner werden, je feststoffreicher die Suspension ist.

Allerdings werden die so gemessenen Zeta-Potentiale nicht völlig den in der konzentrierten Suspension wirksamen entsprechen, weil die Wechselwirkung der elektrischen Doppelschichten nicht berücksichtigt wurde. Diese ist aber *nur* durch die Massentransport-Methode und grundsätzlich nicht durch Mikroelektrophorese erfaßbar.

Veränderte Verteilung der vorhandenen Ionenmenge und gegenseitige Beeinflussung der Doppelschichten spielen auch dann eine Rolle, wenn die Vergrößerung der Gesamtfläche von Doppelschichten nicht durch Erhöhung der Teilchenkonzentration, sondern durch eine Vergrößerung der spezifischen Oberfläche, d. h. Verringerung der Korngröße erreicht wird.

Versuche an 0,05%igen Quarzsuspensionen, bei denen die spezifische Oberfläche des Quarzes (bestimmt mit Hilfe eines „Areameter", HAUL und DÜMBGEN [420, 421]) zwischen 3,6 m²/g und 13,5 m²/g variierte, ergaben keine Unterschiede bei den gemessenen Zeta-Potentialen. Wenn eine Vergrößerung der spezifischen Oberfläche um eine weitere Größenordnung zu abweichenden Werten führen würde, so wären diese vor allem durch die wesentlich ungünstigeren Bedingungen bei der Messung der Wanderungsgeschwindigkeit der Teilchen bedingt.

Aus Abb. 6 ist zu erkennen, daß der pH-Wert der Suspension von *großem* Einfluß auf das ZP ist. Es liegt deshalb nahe und wird sehr häufig praktiziert, gemessene ZP-Werte auf gemessene pH-Werte zu beziehen bzw. sie (als Ordinate) gegen den pH-Wert (als Abszisse) aufzutragen. Bei den eigenen Messungen wurde ein etwas anderer Weg beschritten, und zwar aus folgenden Gründen:

a) Wie bereits in Abschnitt 2.5 erläutert wurde, hängt das ZP von der *Ionenstärke* ab, d. h. sowohl von der Konzentration als auch von der Ladungszahl der Ionen. Dieser Umstand bedeutet, daß z. B. bei der Verwendung einer zweibasischen Säure (Schwefelsäure) zur Einstellung des pH-Wertes ein *anderes*, meist im Betrag und teilweise sogar im Vorzeichen *verschiedenes* Zeta-Potential gemessen wird wie bei einer einbasischen Säure (Salzsäure). Wenn nicht angegeben ist, mit *welcher* Säure oder Base der pH-Wert eingestellt wurde, ist sein Bezug zum ZP deshalb *nicht eindeutig.*

b) Abgesehen von den eigentlichen Salzmineralen besitzen die meisten anderen Minerale, insbesondere die gesteinsbildenden Silikate und Oxide, Löslichkeiten, die unter 10 mg/Liter, im allgemeinen sogar unter 1 mg/Liter liegen. Bei geringen Säure- oder Base-Konzentrationen, etwa im Bereich von pH 5 bis pH 9, ist ihre Löslichkeit nicht wesentlich anders als bei pH 7. Bei einem Feststoffgehalt von 0,05% in der Suspension ist, wie zahlreiche orientierende Versuche zeigten, bei solchen „schwer- oder unlöslichen" Mineralen der Einfluß auf einen durch die Säure- oder Base-Konzentration vorgegebenen pH-Wert in fast allen Fällen *sehr gering*, d. h. nur selten größer als ±0,5 pH-Einheiten. Selbstverständlich ändern sich durch Adsorption von Hydronium- und Oxhydryl-Ionen auf den Mineraloberflächen in *jedem* Fall die pH-Werte, in Abhängigkeit von der Größe der reaktionsfähigen Bereiche auf der Teilchenoberfläche und damit in Abhängigkeit von der spezifischen Oberfläche der Teilchen. Durch Reaktionen mit den Mineraloberflächen ändern sich außerdem auch die tatsächlichen Konzentrationen an Säure oder Base in der Suspension. Alle diese Änderungen sind im Bereich von etwa pH 5 bis pH 9 in bezug auf die vorgegebenen Konzentrationen relativ am größten, während sie im stärker sauren bzw. alkalischen Bereich relativ kleiner, aber absolut größer werden.

Die in den folgenden Abschnitten auf den Diagrammen als Ordinaten angegebenen Zeta-Potentiale beziehen sich, soweit es nicht ausdrücklich anders angegeben ist, *ausschließlich* auf Säure- oder Base-*Zugaben*, also *Anfangs*-Konzentrationen. Die auf der Abszisse in der 1. Zeile aufgeführten pH-Werte sind *nicht* bzw. nur ausnahmsweise gemessen; sie dienen, da sie, wie oben dargelegt, von den tatsächlichen pH-Werten in der Suspension in den meisten Fällen nur unwesentlich abweichen, lediglich als Anhaltswerte. Solange *keine* streng quantitativen Schlußfolgerungen aus den dargestellten „pH/ZP-Kurven" gezogen werden, dürfte gegen diese vereinfachende Bezeichnungsweise nichts einzuwenden sein.

Für die bei ZP-Messungen auftretenden Fehler, soweit sie auf die Materialien und ihre Handhabung zurückzuführen sind, ergibt sich somit folgendes:

Durch unterschiedliche Art der Zerkleinerung oder Feststoffgehalte der Suspensionen können Abweichungen auftreten, die mehr als ±10 mV betragen können. Sind Zerkleinerungsart und Feststoffgehalt festgelegt, so spielen immer noch mögliche Unterschiede in den spezifischen Oberflächen keine Rolle. Die üblichen kleinen Pipettierfehler beim Ansetzen von Meßproben sind ohne Einfluß auf das Ergebnis. Beigemengte Fremdminerale sind beim Messen im allgemeinen leicht als solche erkennbar und zumindest in Anteilen von unter 1 bis 3% ohne Einfluß auf das Meßergebnis. Durch zeitabhängige Reaktionen können insbesondere bei Mineralen, die bei längerer Behandlung mit reinem Wasser dessen spezifische Leitfähigkeit merklich erhöhen, zwischen den zu verschiedenen Zeiten gemessenen Zeta-Potentialen Unterschiede bis zu mehr als 50 mV auftreten. ZP-Werte, die in einem Bereich von Elektrolytkenzentrationen gemessen werden, bei denen "thermal overturn" erst relativ spät eintritt, können als sehr gut reproduzierbar betrachtet werden (etwa ±1 bis 2 mV). Bei höheren Elektrolytkonzentrationen *oder* größeren ZP-Werten wird die Reproduzierbarkeit zunehmend schlechter. Durch geringfügig abweichende Zusammensetzung oder Baufehler können auch innerhalb ein und derselben Mineralart *Unterschiede* auftreten, doch sind in den meisten (nicht in allen!) Fällen die an verschiedenen Proben erhaltenen „pH/ZP-Kurven" zumindest durchaus *ähnlich*.

Bevor Schlußfolgerungen aus mikroelektrophoretischen Messungen auf Eigenschaften von elektrischen Doppelschichten und das mit diesen im Zusammenhang stehende Verhalten bei der Flotation gezogen werden können, muß noch geklärt werden, ob die vereinfachenden oder einschränkenden Voraussetzungen bei der Ableitung der zur Berechnung verwendeten Formeln in jedem Fall erfüllt sind und welche *Korrekturen* an den Meßwerten oder benützten „Konstanten" gegebenenfalls angebracht werden müssen.

Die „HS-Formel"

$$\zeta = \frac{4\,\pi\,\eta}{\varepsilon} \cdot \frac{v_e}{U}$$

gilt zunächst nur unter folgenden Voraussetzungen:

a) Das Teilchen darf beliebige Gestalt besitzen.

b) Die *Dicke* der el. DS muß *klein* sein gegenüber den Abmessungen des Teilchens.

c) Das Teilchen muß ein elektrischer *Nichtleiter* (Isolator) sein.

d) Die Viskosität *und* Dielektrizitätskonstante sollen sich innerhalb der el. DS *nicht* verändern und mit derjenigen in der umgehenden Lösung übereinstimmen.

e) Das Teilchen soll einem *homogenen* elektrischen Feld ausgesetzt sein.

f) Die Konvektionsleitfähigkeit der Teilchen muß so klein sein, daß das äußere Feld dadurch nicht beeinflußt wird, andernfalls würde an den Grenzflächen des Teilchens eine Gegenspannung auftreten, welche seine Wanderungsgeschwindigkeit herabsetzt.

Die obere Korngrenze der Teilchen ist begrenzt durch ihre Neigung zur Sedimentation; die untere durch ihre Beobachtbarkeit im Stereomikroskop des „Zeta-Meters". Eine vorhandene Oberflächenrauhigkeit würde nach DAVIES und RIDEAL [78] das ZP *erhöhen*, weil die ladungstragende Oberfläche relativ zur hydrodynamischen Gleitfläche vergrößert ist. Dagegen kann bei chemisch aufgerauhten Mineraloberflächen die el. DS in den dann vorhandenen sehr tiefen „Tälern" sozusagen „eingesperrt" sein; ein Teil von ihr wird unwirksam, die Zeta-Potentiale fallen zu niedrig aus (siehe auch LYKLEMA [239]!).

Hinsichtlich der Teilchenform kommt MORRISON [262] zu dem Schluß, daß die für kugelförmige Teilchen entwickelten Formeln auch auf andere Teilchenformen anwendbar sind.

Mit der Frage, ob die Viskosität und Dielektrizitätskonstante durch lokale hohe Feldstärke-Gradienten in der el. DS beeinflußt werden, haben sich LYKLEMA und OVERBEEK [240], HUNTER [193] und WIERSEMA *et al.* [408] beschäftigt. An der Phasengrenze Mineralteilchen—Lösung wird die Ionenkonzentration vermutlich so groß, daß in diesem Bereich der el. DS die *Viskosität* nicht mehr den gleichen Wert besitzen wird wie in der Flüssigkeit weitab vom Teilchen, sondern einen von der Ladungsdichte abhängigen höheren Wert. Da aber die Viskosität einer ein-normalen Elektrolytlösung erst das Doppelte, einer 10-molaren Lösung das Zehnfache derjenigen des reinen Wassers beträgt, ist eine merkliche Viskositätsänderung erst in elektrolytreichen Lösungen, z. B. bei sehr hohen oder sehr niedrigen pH-Werten, zu erwarten.

Von der Dielektrizitätskonstante wird angenommen, daß sie im Bereich höherer Ionenladungen *kleiner* ist als in der Masse der Flüssigkeit. OEL [277] hat versucht, mit Hilfe des Formalismus der irreversiblen Thermodynamik die elektrokinetische Beweglichkeit zu *berechnen*; er hat hierbei auch die Änderung der Viskosität berücksichtigt. Für die Dielektrizitätskonstante nimmt er statt des üblichen Wertes 80 als wahrscheinlicheren Wert 60 an. Leider ist seine — im übrigen nicht einfache — Berechnung *nur* auf die wenigen Fälle anwendbar, bei denen Mineral *und* Lösung ein *gemeinsames* potentialbestimmendes Ion enthalten (z. B. Ag^+ bei AgBr in AgF-Lösung). Hier besteht allerdings sehr gute Übereinstimmung zwischen den von ihm berechneten und gemessenen Werten.

Infolge interionischer Wechselwirkung erfährt ein im elektrischen Feld wanderndes Teilchen zwei verschiedene Arten von *Bremsung*. Die zunächst zu besprechende „elektrophoretische Bremsung" entsteht dadurch, daß die Gegenionen mit ihrer Hydrathülle im elektrischen Feld in entgegengesetzter Richtung wandern, so daß sich das Teilchen stets in einer ihm entgegenströmenden Flüssigkeit bewegt. HENRY [47] zeigte, daß zur Berücksichtigung dieses Effektes dem Verhältnis

$$\frac{\text{Teilchenradius}}{\text{„Dicke der Doppelschicht"}} = \frac{a}{1/\varkappa} = a \cdot \varkappa$$

besondere Bedeutung zukommt. Ein von ihm vorgeschlagener Korrekturfaktor f, mit dem der Zahlenausdruck der HS-Formel multipliziert werden muß, um ein verbessertes ZP zu erhalten, ist eine Funktion von $a \cdot \varkappa$.

Die andere Art von Bremsung, der „Relaxationseffekt", kommt dadurch zustande, daß sich die Mineralteilchen im elektrischen Feld sowohl etwas schneller bewegen als ihre diffuse Doppelschicht als auch durch diese hindurch. Die el. DS zerfällt also bei der Bewegung ständig hinter dem Teilchen und muß vor ihm ständig neu aufgebaut werden. Dafür wird eine gewisse Zeit benötigt, in der sich das Teilchen bereits wieder weiterbewegt hat. Die Folge ist eine Unsymmetrie der Ladungsverteilung, die bremsend wirkt. Die für diesen Vorgang von OVERBEEK [283] vorgeschlagenen Korrekturterme sind in erster Näherung bei „unsymmetrischen" Elektrolyten, z. B. H_2SO_4 oder $Al(NO_3)_3$, proportional zum ZP und bei „symmetrischen" Elektrolyten, z. B. bei NaCl oder $CaSO_4$ proportional zum Quadrat des Zeta-Potentials. Für ihre Anwendung gilt:

a) Bei kleinen Zeta-Potentialen ($\ll 25$ mV) beträgt die Korrektur nur einige Prozente.

b) Für sehr kleine Werte von $a \cdot \varkappa$ kann eine Korrektur vernachlässigt werden (z. B. bei Mineralteilchen von 1 bis 2 µm Durchmesser bei Elektrolytkonzentrationen von 10^{-6} bis 10^{-7} Mol/l).

c) Für Werte von $a \cdot \varkappa$ von 0,1 bis 100, also gerade in dem Bereich, in welchem sich der Großteil der Messungen bewegt, sollte der Relaxationseffekt größere Korrekturen notwendig machen, wenn das ZP nicht sehr klein ist.

d) Für sehr große Werte von $a \cdot \varkappa$ wird der Relaxationseffekt wieder klein.

Die Korrekturen werden in der Weise vorgenommen, daß aus den in Millimol/l gemessenen Konzentrationen *aller* in der Lösung bzw. Suspension enthaltenen Ionen *und* deren Ladungszahlen zunächst die Ionenstärke und aus dieser und dem mittleren (geschätzten) Teilchenradius der Wert für a berechnet wird. Mit diesem geht man dann in Nomogramme, die für 0, 25, 50, 70 oder 90 mV (für das ZP) gelten. Diese Nomogramme sind im „Zeta-Meter-Manual" enthalten [419]. Aus ihnen ist ein Faktor abzulesen, der sowohl die Henry- als auch die Overbeek-Korrektur enthält. Durch Multiplizieren des gemessenen Zeta-Potentials mit diesem „H-O-Faktor" erhält man ein verbessertes ZP.

In der folgenden Abb. 7 sind am Beispiel der Minerale Korund und Astrophyllit die unkorrigierten und die mit dem „H-O-Faktor" korrigierten „pH/ZP-Kurven" gezeigt. Es ist zu ersehen, daß die Unterschiede *nicht* wesentlich sind.

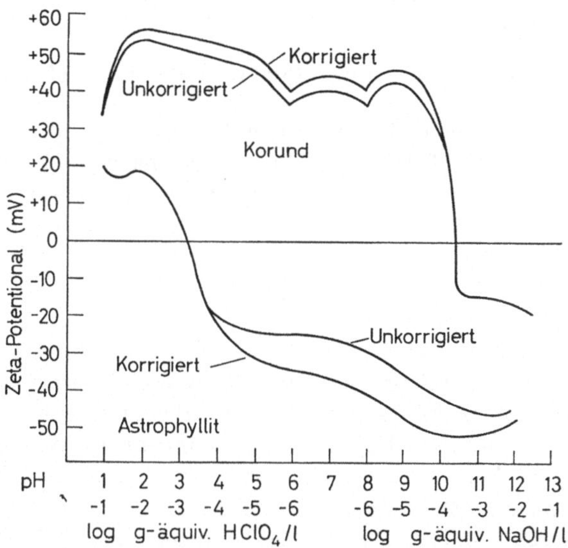

Abb. 7. Vergleich der unkorrigierten und der nach HENRY und OVERBEEK korrigierten Zeta-Potentiale von (synth.) Korund und Astrophyllit; ZP in Abhängigkeit von der HClO₄- bzw. NaOH-Konzentration

Schließlich muß noch berücksichtigt werden, daß eine Anreicherung von Ionen im diffusen Teil der DS dort eine elektrische Leitfähigkeit veranlaßt, welche die in der umgebenden Lösung übertrifft. Diese Oberflächenleitfähigkeit beeinträchtigt die Verteilung des elektrischen Feldes in der Nähe der Mineraloberfläche und beeinflußt dadurch das elektrokinetische Verhalten des Teilchens. Über sie liegen mehrere, fast ausschließlich theoretische Arbeiten vor, so z. B. von BIKERMAN [29], BOOTH [38], DERJAGUIN und DUKHIN [90].

Nach Einführung von $a =$ Teilchenradius, $\lambda_0 =$ spezifische Leitfähigkeit der Lösung, $k_s =$ spezifische Oberflächenleitfähigkeit des Minerals errechnet sich aus dem gemessenen ZP ζ_M nach

$$\zeta_{\text{kor.}} = \zeta_M \left(1 + \frac{k_s}{a \cdot \lambda_0}\right) \qquad (29)$$

ein korrigiertes Zeta-Potential (das erforderlichenfalls schon vorher durch den „H-O-Faktor" verbessert wurde).

Diese Gleichung [29], deren Ableitung bei HENRY [171] oder bei DAVIES und RIDEAL [78] angegeben ist, gilt nur für relativ große Teilchen mit $a\varkappa$-Werten von

1 bis 100, d. h., sie gilt wieder in dem Bereich, in dem sich der Großteil der Messungen bewegt. Von dieser Korrektur kann jedoch nicht Gebrauch gemacht werden, weil über die Oberflächenleitfähigkeiten von Mineralen in Lösungen *fast nichts* bekannt ist. In letzter Zeit haben LORENZ [237] und CREMERS [74] die Oberflächenleitfähigkeit von Kaolinit bzw. Na-Tonen bestimmt. Falls die gefundenen Werte größenordnungsgemäß auch für Quarz und andere Silikate zuträfen, wären die vorzunehmenden Korrekturen nach Gleichung [29] unwesentlich.

3.4.4. Messung des isoelektrischen Punktes oder "Point of Zero Charge"

Bei oxidischen Mineralen, die in reinem Wasser suspendiert sind, kann das Auftreten einer Ladung auf der Mineraloberfläche nach zwei nicht unterscheidbaren Mechanismen erfolgen: Entweder durch Dissoziation amphoterer $Me(OH)_z$-Gruppen, wobei $[H_3O]^+$- und HO^--Ionen frei werden oder durch Adsorption von Metall-Hydroxo-Komplexen, die bei der Hydrolyse gelöster Metall-Kationen entstehen. In *beiden* Fällen *ändert* sich infolge des Verbrauches oder der Erzeugung von H_3O^+- oder HO^--Ionen der pH-Wert der Suspension.

Bei einem bestimmten, für das betreffende Mineral *kennzeichnenden* pH-Wert wird die Ladung der Mineraloberfläche den Wert *Null* besitzen. *Dieser* pH-Wert fixiert den isoelektrischen Punkt (im folgenden abgekürzt mit IEP) oder "point of zero charge" (pzc). Mit dem IEP, den PARKS und DE BRUYN [288] etwas überspitzt als wichtigsten Parameter zur Beschreibung einer el. DS betrachten, haben sich vor allem PARKS [286, 287] und weiterhin CASES [53], HEALY und FUERSTENAU [164], MULAR und ROBERTS [264], ONODA und DE BRUYN [280] sowie YOPPS und FUERSTENAU [414] beschäftigt.

Die Lage des IEP (auf der pH-Skala) bzw. seine Reproduzierbarkeit hängt von einigen Faktoren ab:

a) Es dürfen außer Hydronium-, Oxhydryl- und Metall-Hydroxokomplex-Ionen keinerlei andere potentialbestimmende oder spezifisch adsorbierbare Ionen vorhanden sein. Indifferente Ionen haben auf die Lage des IEP keinen Einfluß, sondern nur auf den Betrag des Zeta-Potentials beiderseits von ihm.

b) Fremdionen, die als Strukturbausteine vorliegen oder als Verunreinigung adsorbiert sind, insbesondere mehrwertige, *verschieben* den IEP: Anionen nach der sauren Seite, Kationen nach der basischen Seite oder in Richtung des zugehörigen Oxids; Oxydation oder Reduktion verschiebt in Richtung des erzeugten Oxydationszustandes.

c) Beim „Wässern" des Minerals stellt sich der IEP um so rascher ein, je schneller die Hydratation und je energiereicher die Mineraloberfläche ist und um so langsamer, je vollkommener die Struktur an der Oberfläche ist. Ein zu scharfes Trocknen oder gar ein Erhitzen auf höhere Temperaturen kann die Einstellung des wahren IEP sehr verzögern.

d) Die thermische (und damit auch die tribochemische) *Vorgeschichte*, insbesondere der Oxide, kann die Lage des IEP noch in anderer Weise verändern: Wenn beim Erhitzen in kleinem Umfang eine Sauerstoffabgabe erfolgt, so entsteht ein n-Halbleiter, dessen überschüssige Elektronen mehr Hydronium-Ionen binden als das stöchiometrisch zusammengesetzte Oxid und dessen IEP deshalb zur basischen Seite verschoben ist. Bei oberflächlicher Oxydation und Vermehrung der Akzeptoren entsteht ein p-Halbleiter, der Hydronium-Ionen abstößt (oder Oxhydryl-Ionen bindet) und dessen IEP deshalb nach niedrigeren pH-Werten hin verschoben ist.

Oxide und besonders Hydroxide entstehen auch als Niederschläge bei der Zugabe von Säure oder Base zur Lösung eines Metall-Hydroxokomplex-Ions, fast immer mit sehr gestörten Strukturen, reichlich überschüssigem Wasser und Gehalten an mitgefällten Ionen. Der Ersatz von O^{2-}- oder HO^{-}-Ionen in der Feststoffoberfläche durch H_2O verschiebt den IEP zu höheren pH-Werten (um bis zu 2 pH-Einheiten), während bei der Alterung der Niederschläge der IEP zu niedrigeren pH-Werten tendiert.

Sehr wesentlich ist, daß der IEP eines Oxides oder Hydroxides auf der pH-Skala mit dem Punkt *minimaler Löslichkeit* übereinstimmt [288].

Die Messung der isoelektrischen Punkte kann auf verschiedene Weise erfolgen: Durch Mikroelektrophorese (es wird festgestellt, bei welchem *gemessenen* pH-Wert die Teilchen nicht mehr wandern), durch potentiometrische Titrationen und nach einer von YOPPS und FUERSTENAU angegebenen Flockungs- und Sedimentationsmethode [414].

Über die Durchführung von potentiometrischen Titrationen unterrichten KORTÜM [219], LIDSTRÖM [233] und insbesondere HAHN [157]. Sie erfordern bei ihrer Anwendung auf Feststoffoberflächen, was nicht allgemein bekannt ist, nicht nur relativ große Titriergefäße (500 ml Inhalt), sondern auch häufig ungewöhnlich lange Zeiträume wegen der trägen Einstellung der Gleichgewichte, die selbstverständlich stets gewährleistet sein muß. So benötigte die Gleichgewichtseinstellung z. B. bei den Versuchen von PARKS und DE BRUYN [288] am (synthetischen) Hämatit in der Nähe des Äquivalenzpunktes bis zu 4 Stunden und weiter ab von diesem im stärker sauren oder alkalischen Gebiet immerhin noch 20 Minuten. (Als Äquivalenzpunkt bezeichnet man denjenigen pH-Wert, bei dem für ein gewähltes Paar von Kation und Anion die Konzentrationen äquivalent sind).

Um bei der Auswertung der Ergebnisse potentiometrischer Titrationen sicher zu sein, daß die angebotenen potentialbestimmenden Ionen auch tatsächlich *nur* auf der Feststoffoberfläche adsorbiert werden und nicht etwa als Gegenionen in der diffusen Lösungsschicht auftreten, müssen bei der Titration stets gleichzeitig genügend viele indifferente Ionen angeboten werden. Als solche werden bevorzugt KNO_3 oder $NaClO_4$ in Konzentrationen von 10^{-4}- bis 1-molar verwendet.

Ein entscheidender Vorteil der potentiometrischen Titrationen liegt in der Möglichkeit, gleichzeitig die Adsorptionsdichte Γ der $[H_3O]^{+}$- bzw. HO^{-}-Ionen oder besser, eines Überschusses einer dieser Ionenarten über die andere bestimmen zu können. Sie ergibt sich aus der Differenz zwischen der insgesamt zugefügten Säuren- oder Basenmenge und der jeweils durch den pH-Wert gegebenen Konzentration an $[H_3O]^{+}$- bzw. HO^{-}-Ionen in der Lösung. Sie wird, da die bei derartigen Titrationen eingesetzten Feststoffmengen in der Größenordnung von einigen Gramm liegen, angegeben in mikromol/g für $(\Gamma_{[H_3O]^+} - \Gamma_{HO^-})$. Wenn die spezifische Oberfläche des Feststoffes bekannt ist, liegt es nahe, die Adsorptionsdichte auf cm^2 anstelle von g zu beziehen. Bei Anwendung einer genügend

hohen Konzentration eines indifferenten Elektrolyten gilt für die Oberflächen-
ladungsdichte σ_s:

$$\sigma_s = F\,(\Gamma_{[\mathrm{H_3O}]^+} - \Gamma_{\mathrm{HO}-})\ \mu\mathrm{coul/g} \tag{30}$$

F ist darin die Faraday-Konstante, 96 520 abs. Coulomb/Äquiv.

Die Stabilität von Suspensionen feinteiliger Feststoffe hängt von den Wechselwirkungen ihrer elektrischen Doppelschichten ab. Wenn die Oberflächenladungsdichte von Feststoffteilchen den Wert Null hat und keine spezifische Adsorption
auf ihren Oberflächen vorliegt, sind günstige Bedingungen für eine maximale Flok-
kung gegeben. Beim IEP sind die Flocken besonders groß und setzen sich dem-
zufolge auch besonders rasch ab, so daß die Intensität des durch die Suspension
fallenden und von einer Photozelle gemessenen Lichtes in kürzester Zeit einen
festgelegten Wert erreicht.

Da der Einfluß des IEP auf die Flockung geringer ist, wenn die el. DS infolge
hoher Ionenstärke zusammengedrückt ist, werden bei der Flockungs-Sedimenta-
tionsmethode von YOPPS und FUERSTENAU [414] die besten Ergebnisse erhalten,
wenn die Konzentration indifferenter Elektrolyte gering, optimal etwa 10^{-3}-normal,
ist. Die günstigste Feststoffkonzentration und Lichtintensität muß jeweils durch
Vorversuche so bestimmt werden, daß die Sedimentationszeiten für die langsamer
absetzenden Suspensionen *beiderseits* des IEP in der Größenordnung von einigen
Minuten liegen. Brauchbare Ergebnisse werden jedoch nur erhalten, wenn die
Temperatur während der Messungen strikt *konstant* gehalten wird.

4. Interpretation von Zeta-Potential-Messungen

4.1. Zeta-Potentiale als Stoffkennwerte

Ein einzelner, ohne Zusammenhang mit anderen Meßgrößen oder -bedingungen angegebener ZP-Wert sagt über den betreffenden Feststoff *nichts* aus. Es ist auch gar nicht möglich, zu entscheiden, ob er überhaupt „richtig" ist. Ein Zeta-Potential-Wert wird erst sinnvoll und wesentlich durch folgende weitere Angaben:

a) Die Herkunft und mechanische, thermische, chemische und geologische Vorgeschichte des Feststoffes. Die bloße Nennung des Mineralnamens oder der chemischen Formel oder Zusammensetzung genügt in *keinem* Fall! „Hämatit" oder α-Fe_2O_3 könnte ohne nähere Kennzeichnung eine pro-analysi-Chemikalie oder ein Präparat mit ganz unterschiedlicher Vollkommenheit der Struktur oder spezifischen Oberfläche sein, aber auch ein Mineral, das von Fundort zu Fundort verschiedene Spurenelementsgehalte aufweist und ganz verschiedenartig entstanden sein kann, oder es ist ein technisches Produkt wie Kiesabbrand oder Polierrot.

b) Die Temperatur, bei der gemessen wurde, zumindest, soweit sie von 22,5° C merklich abweicht.

c) Die Methode, nach der das ZP bestimmt wurde.

d) Das Medium, in welchem der Feststoff suspendiert war und seine Konzentration in jenem (bei Mikroelektrophorese). Zweckmäßigerweise wird auch bei wasserfreien Flüssigkeiten deren spezifische Leitfähigkeit oder die Dielektrizitätskonstante angegeben und bei Lösungen von Elektrolyten oder Neutralstoffen auf jeden Fall deren Art und Konzentration bzw. Zugabe und eventuell auch ihre spezifische Leitfähigkeit. Falls spezifisch adsorbierbare oder oberflächenaktive Stoffe bei der Messung anwesend sind, muß deren Art und Konzentration unbedingt angeführt werden.

e) Der pH-Wert oder die Säuren- bzw. Basen-Konzentration oder -Zugabe bei der Messung.

f) Das Alter (die Standzeit) der Suspension zum Zeitpunkt der Messung.

Nach den Angaben in [419] und den eigenen Erfahrungen sind mit Hilfe des „Zeta-Meter" gemessene ZP-Werte bei Einhaltung wirklich gleichbleibender äußerer Bedingungen im mittleren pH- bzw. Ionenkonzentrationsbereich und wenn ihr Betrag -60 mV nicht überschreitet, auf ±1 bis 2 mV reproduzierbar, so daß erst darüber hinausgehende Abweichungen bei einem sonst gleichartigen Feststoff signifikant werden.

Die zusätzliche Kennzeichnung eines von Natur oder als Ergebnis eines technischen Prozesses *feinteiligen* Feststoffes durch einen *einzelnen* ZP-Wert wird jedoch erwägenswert, wenn bei seiner Verarbeitung, Anwendung oder Einwirkung auf die Umwelt Eigenschaften maßgeblich sind, die mit dem *Betrag* und Vorzeichen des Zeta-Potentials in *ursächlichem* Zusammenhang stehen. Solche Eigenschaften können z. B. sein: Stabilität und vielleicht auch Viskosität von Suspensionen oder die Haftung des suspendierten Materials an anderen Feststoffoberflächen.

Da der Betrag des Zeta-Potentials, wie bereits mehrfach dargelegt wurde, von *vielen* Faktoren abhängen kann, wird aber die Verwendung eines einzelnen ZP-Wertes als Stoffkennwert erst wirklich sinnvoll und vorteilhaft, wenn nur einer oder höchstens zwei dieser Faktoren variieren können; sie setzt stets entsprechende Untersuchungen der Zusammenhänge mit anderen Stoffeigenschaften oder physikalischen und chemischen Einflußgrößen voraus. Die einfach durchzuführende mikroelektrophoretische ZP-Bestimmung könnte dann aber manchmal zu einem sehr nützlichen Hilfsmittel der Rohstoff- oder Produktkontrolle werden und es gestatten, sonst unerklärliche Abweichungen in den Eigenschaften nicht nur vorauszusagen, sondern auch in ihren Ursachen zu erkennen.

Weit größere Bedeutung als einzelne ZP-Werte haben graphische Darstellungen, in denen das ZP in Abhängigkeit von Stoffkonzentrationen (oder -zugaben) oder mit diesen zusammenhängenden Größen wie pH-Wert oder spezifischer Leitfähigkeit aufgetragen wird. Sehr häufig — auch in den späteren Abschnitten dieses Buches — werden anstelle von Konzentrationen nur Stoff-Zugaben als Variable bzw. Abszisse verwendet, weil die tatsächlichen Konzentrationen, die sich ja stets nur auf die Lösung beziehen, wegen der meist nicht gleichzeitig gemessenen Adsorption auf den Oberflächen der Feststoffteilchen nicht bekannt sind. Bei den hier angewandten Feststoffgehalten von nur 0,05 % in der Suspension ist bei Zugaben von über 10^{-5} Mol/l der Unterschied zu den Konzentrationen ganz unerheblich; bei wesentlich höheren Feststoffgehalten wäre er jedoch in keinem Fall zu vernachlässigen. Anstelle des Zeta-Potentials wird von manchen Autoren auch die proportionale elektrophoretische Beweglichkeit (μm $\cdot$ sec^{-1}/Volt $\cdot$ cm^{-1}) als Ordinate aufgetragen.

Wie bei anderen Meßaufgaben liegen auch bei ZP-Messungen zwei Ziele im Wettstreit: Mit einem Minimum an Messungen soll ein Maximum an Information erzielt werden. In diesem Zusammenhang interessiert es, ob und inwieweit der Verlauf von Konzentrations/ZP- oder pH/ZP-Kurven vorauszusagen ist. Beim gegenwärtigen Stand der Forschung dürften solche Voraussagen nur bei Substanzen möglich sein, für welche Analogieschlüsse eine sehr weitgehende Einengung gestatten. Da im allgemeinen ganz spezielle Wechselwirkungen der angewandten Reagenzien unter sich, mit dem Wasser und mit den Feststoffoberflächen, vorliegen, weist der bei gründlichen Messungen ermittelte Kurvenverlauf meist mehr oder weniger viele und ausgeprägte *Unstetigkeiten* auf. Es ist deshalb in jedem Fall sehr empfehlenswert, den Rat zu beherzigen, den RIDDICK in [419] gibt: "One should be constantly guided by what one actually finds, not by what others think should be found."

Wenn man bereits während der Messungen die Konzentrations/ZP- oder pH/ZP-Kurven zeichnet, lassen sich „Ausreißer", Meß- und Ansetzfehler, sofort erkennen und durch Wiederholung der Messung überprüfen und berichtigen. Dabei wird es sich sehr oft herausstellen, daß die Kurven keineswegs immer einen „glatten" Verlauf besitzen und daß bestimmte, zunächst störende oder verwirrende Unstetigkeiten wie „Buckel", „Täler", „Knicke", „Spitzen" oder „Sprünge" nicht etwa auf Fehler zurückgehen, sondern durchaus reproduzierbar sind, d. h. auch bei erneutem Ansetzen und Messen unter gleichen oder vergleichbaren Bedingungen wieder auftreten. Die Nicht-Berücksichtigung dieser Unstetigkeiten, sei es durch Wahl einer zuwenig empfindlichen Meßmethode, sei es aus Sorge, die Kurven oder Messungen seien fehlerhaft, wenn sie zuwenig „glatt" sind, würde den Experimentator mancher wertvoller Aussagemöglichkeiten berauben.

Da es nicht nur der einzelne, absolute ZP-Wert, sondern meist mehr noch seine relative Lage in den Kurven, seine Veränderungs*tendenz* ist, die interessiert, sind weitere Einsichten in die Wechselwirkungen der elektrischen Doppelschichten durch graphisches *Differenzieren* der Konzentrations/ZP- oder pH/ZP-Kurven zu gewinnen.

4.2. Einfluß von indifferenten Ionen

Der Begriff „Indifferente Ionen" wurde zunächst im Zusammenhang mit der Flockung von *Solen* gebraucht und bezeichnete solche durchwegs einwertigen Ionen, die keinerlei erkennbare spezifische Reaktion mit den Kolloidteilchen eingehen und für deren el. DS weder potentialbestimmend noch spezifisch adsorbierbar sind. Die Konzentrationen, in denen auch sie eine Flockung des Sols bewirken, die „Flockungswerte", liegen mit 25 bis 150 Millimol/l um eine bis zwei Größenordnungen über denen von zweiwertigen Ionen. Für die Flockungswerte ergaben sich empirisch „lyotrope" Reihen; sie nehmen für negativ geladene Sole in der Reihenfolge $Cs^+ > NH_4^+ > K^+ > Na^+ > Li^+$ und für positiv geladene Sole in der Reihenfolge $F^- > Cl^- > Br^- > NO_3^- \approx ClO_4^- > J^- > CNS^-$ ab.

Der Begriff „indifferent" ist relativ. Zwar wird von Na^+-, NO_3^-- und ClO_4^--Ionen angenommen, daß sie bei keinem Mineral oder Feststoff potentialbestimmend oder spezifisch adsorbierbar seien, aber es ist gut vorstellbar, daß auch sie bei sehr schwerlöslichen Verbindungen, die sie als wesentliche Strukturbestandteile enthalten, potentialbestimmend sein können. Das oft ebenfalls als indifferent angesehene Chlorid-Ion ist dank seiner Fähigkeit, beständige Chloro-Komplexe zu bilden, z. B. mit Eisen oder Gold, zumindest bei diesen Elementen bzw. ihren Verbindungen durchaus nicht immer indifferent.

Die Bezeichnung „indifferente Ionen" ist aber auch etwas irreführend, weil diese im eigentlichen Sinne des Wortes ohne Wirkung auf die el. DS und das ZP sein sollten. Das ist aber nicht der Fall, vielmehr zeigen sie, wenn man von den erwähnten möglichen Ausnahmen absieht, eine bei allen Feststoffen im Prinzip gleichartige Beeinflussung der el. DS. Ihre Wirkung auf das ZP ließe sich am besten überprüfen, wenn keinerlei potentialbestimmende Ionen anwesend sind, doch ist das nicht möglich, weil die durch Dissoziation des Wassers entstehenden, fast immer potentialbestimmenden Ionenarten niemals auszuschließen sind; jedoch ist deren Wirkung in reinem Wasser am geringsten. Es ist deshalb zweckmäßig, die Wirkung indifferenter Ionen bei Feststoffen zu studieren, die nur in reinem Wasser suspendiert sind.

Bei der Zugabe indifferenter Elektrolyte, d. h. *Ionenpaare*, beobachtet man, gleichgültig, ob auf den Teilchenoberflächen negative oder positive Ladungen überwiegen, *zunächst* eine *Zunahme* des Betrages des Zeta-Potentials mit steigender Konzentration der indifferenten Ionen. Diese unerwartete Tatsache erklärt sich dadurch, daß die *geladene* Teilchenoberfläche entgegengesetzt geladene Ionen zwar *anzieht*, aber nicht festhält, wodurch die Dicke der diffusen Lösungsschicht zunimmt. Nach Abb. 2 ist dies aber — auch wenn das Oberflächenpotential unverändert bleibt — mit einer Zunahme des Zeta-Potentials verbunden.

Diesem Effekt wirkt von Anfang an ein anderer entgegen, der schließlich die Oberhand behält, nämlich die Verringerung der Dicke der el. DS durch die steigende Konzentration der umgebenden Lösung. Die Zeta-Potentiale sowohl positiv

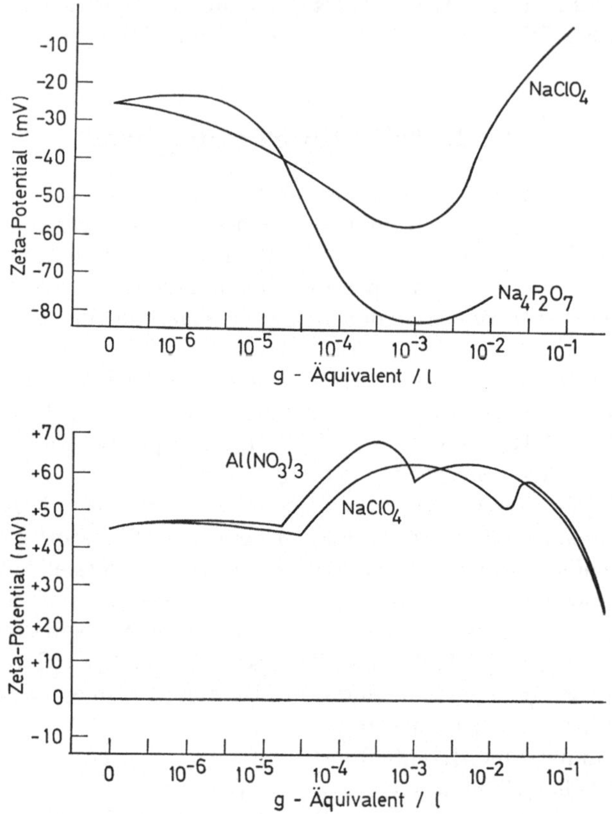

Abb. 8. Einfluß indifferenter Ionen auf die Zeta-Potentiale von *Quarz* (SiO$_2$), oben, und *Korund* (Al$_2$O$_3$), unten

als auch negativ geladener Teilchen erreichen deshalb bei einer bestimmten Konzentration indifferenter Elektrolyte, die meist zwischen 10^{-4}- bis 10^{-3}-normal liegt, ein *Maximum*, und der im einzelnen unterschiedliche Verlauf der Konzentrations/ZP-Kurven ist für die indifferenten Elektrolyte insgesamt ziemlich charakteristisch. Sofern nicht gewichtige Gründe dagegen sprechen, kann man aus einem derartigen, bei ZP-Messungen erhaltenen Kurvenbild sogar schließen, daß nur indifferente Ionen beteiligt sind. Abb. 8 zeigt einige solcher Kurvenbilder.

Bei einwertigen Ionen, die sich von schwachen Basen oder Säuren ableiten, können die Verhältnisse durch hydrolytische Reaktionen dieser Ionenarten unübersichtlich werden. Im übrigen ist es bei ZP-Messungen wegen der Wirkung *aller* Ionen auf die el. DS nicht möglich, genaue und reproduzierbare pH-Werte etwa durch eine Pufferlösung einzustellen, weil eine solche stets notwendigerweise relativ konzentriert sein müßte.

Der Verlauf von pH-ZP-Kurven wird durch die Zugabe eines indifferenten Elektrolyten verändert, insbesondere wenn dessen Konzentration der zur Einstellung des ZP-Maximums erforderlichen entspricht. Da dieser Effekt sich vor allem im Bereich von pH 4 bis pH 10, und zwar weitgehend unabhängig von der dort vorliegenden Säuren- oder Basen-Konzentration, auswirkt, wird er häufig benutzt, um in diesem Gebiet Einzelheiten im Verlauf der pH-ZP-Kurven besser erkennbar zu machen.

Obwohl die Schwierigkeiten bei der Messung von Zeta-Potentialen durch "thermal overturn" bei über 0,5-normal liegenden Elektrolytkonzentrationen eine völlig sichere Entscheidung nicht zulassen, scheint es, daß je nach Art des Feststoffes sich die indifferenten Ionen in diesem Konzentrationsbereich unterschiedlich verhalten, d. h. auch potentialbestimmend oder spezifisch adsorbierbar werden können.

4.3. Potentialbestimmende Ionen

Ionen, deren überwiegendes Vorhandensein auf der Mineraloberfläche, sei es auf Adsorption oder Freilegung zurückzuführen, das Vorzeichen und die Größe der *Oberflächenladung* bestimmt, heißen potentialbestimmende Ionen (im folgenden abgekürzt mit pbI). Es sind dies in wässerigen Suspensionen zumindest bei allen oxidischen Feststoffen $[H_3O]^+$- und/oder HO^--Ionen. Bei Ionenverbindungen mit hinreichend kleinem Löslichkeitsprodukt *können* auch die im Gitter enthaltenen bzw. aus ihnen bei der Hydrolyse entstehende Ionenarten oder solche, die sie isomorph ersetzen, als pbI auftreten.

Beim Zugeben der betreffenden, das Vorzeichen der Ladung bestimmenden Ionenart zur Feststoffsuspension in reinem Wasser muß das Oberflächenpotential und damit auch das ZP zunehmen, während es bei Zugabe eines gittereigenen oder -verwandten Gegenions abnehmen muß und eventuell sogar das Vorzeichen wechselt. Nachdem eine Sättigung der Feststoffoberfläche mit den angebotenen pbI eingetreten ist, wirkt sich der Überschuß des Angebots in einer Kontraktion der el. DS, d. h. in einer Abnahme des Zeta-Potentials aus. Aus Abb. 9 ist zu entnehmen, daß der Verlauf der Konzentrations-ZP-Kurven bei den pbI von *anderer* Art ist als bei den indifferenten Ionen.

Nur für den Fall, daß ausschließlich $[H_3O]^+$- oder HO^--Ionen pbI sind, besteht zwischen dem beim Einbringen des Minerals in reines Wasser auftretenden pH-Wert und dem Vorzeichen des Zeta-Potentials eine Wechselbeziehung folgender Art:

a) Der pH-Wert wird zunehmen, d. h. zur basischen Seite verschoben, wenn $[H_3O]^+$-Ionen adsorbiert werden *oder* HO^--Ionen abdissoziieren, so daß auf der Mineraloberfläche Kationen vorherrschen; in beiden experimentell nicht unterscheidbaren Fällen wird das Ladungsvorzeichen *positiv* werden.

b) Der pH-Wert wird abnehmen, d. h. zur sauren Seite verschoben, wenn HO^--Ionen adsorbiert werden oder $[H_3O]^+$-Ionen abdissoziieren, so daß auf der Mineraloberfläche Anionen vorherrschen; in beiden, auch hier experimentell nicht unterscheidbaren Fällen wird das Ladungsvorzeichen *negativ* werden.

Wenn jedoch die positive bzw. negative Ladung durch das Abdissoziieren gittereigener Anionen bzw. Kationen zustande kommt, ändert sich der pH-Wert nur, wenn die betreffenden Ionen einer Hydrolyse unterliegen.

Bei Halbleitern kann positive Ladung durch das Vorherrschen von Elektronenlöchern, negative Ladung durch einen Elektronenüberschuß auf der Mineraloberfläche hervorgerufen werden.

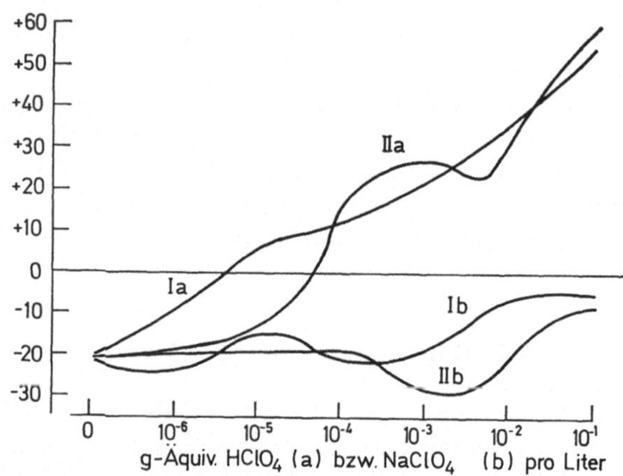

Abb. 9. $(H_3O)^+$-Ionen als potentialbestimmende Ionen (a) sowie Na^+- und ClO_4^--Ionen als indifferente Ionen (b) bei einem Zirkon (I) und einer basaltischen Hornblende (II)

Bei jedem Mineral kann nur durch spezielle Untersuchungen und durch Berücksichtigung von Struktur, Chemismus und Reaktionsfähigkeit ermittelt werden, *welcher* Vorgang im einzelnen für das Auftreten eines positiven oder negativen Zeta-Potentials im Gebiet von etwa pH 4 bis pH 10 ausschlaggebend ist. Allgemeinere Aussagen sind nur für die Gebiete an den beiden Enden der pH-Skala möglich.

Unterhalb pH 3 bis 4 und oberhalb pH 10 bis 11 wird das Vorzeichen der Ladung bzw. des Zeta-Potentials wegen der zunehmend intensiver werdenden und rascher ablaufenden Auflösungsvorgänge auch in zunehmendem Maße durch die gittereigenen Kationen und Anionen bestimmt. Für den sehr häufigen Fall einer Abnahme des negativen und im allgemeinen mit vorheriger Ladungsumkehr verbundenen Zunahme des positiven Zeta-Potentials am sauren Ende der pH-Skala sind z. B. folgende Mechanismen denkbar:

a) Neutralisation, d. h. Entfernung noch vorhandener HO^-- und O^{2-}-Ionen durch $[H_3O]^+$-Ionen (unter Bildung von Wasser);

b) zunehmende spezifische Adsorption von $[H_3O]^+$-Ionen durch die Gitteranionen, insbesondere die mehrwertigen;

c) Freilegung von Kationen, sofern sie neben Anionen schwacher oder flüchtiger Säuren vorkommen, durch stärkere Säuren, deren Anionen dann auch in der Stern-Schicht überwiegen.

Die häufig zu beobachtende Abnahme des positiven Zeta-Potentials im stark sauren pH-Gebiet ist zwanglos auf die Verdichtung der el. DS und mit ihr verbundene Verkleinerung des Zeta-Potentiales zurückzuführen. Dagegen kann der seltene Fall einer stetigen Zunahme des negativen Zeta-Potentials im stark sauren pH-Gebiet durch die Bildung anionischer Komplexe, z. B. des Ti, erklärt werden.

Die Abnahme des positiven Zeta-Potentials und im allgemeinen mit Ladungs-umkehr verbundene Zunahme des negativen Zeta-Potentiales im stärker alkali-schen pH-Gebiet kann zwei verschiedene Ursachen haben:

a) Zunehmende Adsorption der immer reichlicher angebotenen HO^--Ionen.

b) Entstehung mehrwertiger Anionen, z. B. SiO_4^{4-}- oder anionischer Komplexe, z. B. des Al.

Die Zunahme des positiven Zeta-Potentials im stark alkalischen pH-Gebiet beruht darauf, daß die reichlich angebotenen HO^--Ionen gittereigene Ionen, z. B. CO_3^{2-}, von ihren Plätzen auf der Mineraloberfläche in die Stern-Schicht verdrän-gen und mit den auf diese Weise freigelegten Kationen, vor allem Erdalkali-Ionen, noch immer positiv geladene Ionen der Art $MeOH^+$ bilden. Dagegen dürfte der Abnahme des negativen ZP neben der kontrahierenden und das ZP verkleinernden Wirkung hoher Basenkonzentrationen auch gelegentlich eine spezifische Adsorp-tion der Kationen der zugesetzten Basen (Na^+, K^+, Ca^{2+}) in der Stern-Schicht zugrunde liegen, Für die besprochenen Beziehungen zwischen den pbI und dem ZP werden in Abschnitt 6 mehrfach Beispiele gegeben.

4.4. Spezifisch adsorbierbare Ionen

Auch der Begriff „spezifisch adsorbierbar" ist relativ aufzufassen. Nicht jede der hier eingereihten Ionenarten ist für jedes beliebige Mineral spezifisch adsor-bierbar, vielmehr verhalten sich einige dieser Ionenarten gegenüber bestimmten Mineralen indifferent, gegenüber anderen potentialbestimmend. Einige Ionenarten, z. B. Polyphosphat-Ionen, dürften jedoch für alle Minerale spezifisch adsorbierbar sein. Es ist deshalb zweckmäßig, die sehr verschiedenartigen spezifisch adsorbier-baren Ionen (im folgenden abgekürzt mit saI) zu *Gruppen* zusammenzufassen, die sich jeweils unter einem gemeinsamen Gesichtspunkt besprechen lassen: Kationen bzw. Anionen höherer Ladungszahl, komplexbildende einwertige Ionen und *Sammler*-Ionen, deren polare Gruppe einen hydrophobierend wirkenden, im allgemeinen vielatomigen, d. h. langkettigen oder jedenfalls größeren Kohlen-wasserstoff-Rest trägt.

Die spezifische Adsorption bestimmter Ionen *oder* auch *Neutralstoffe* ist für die Flotierbarkeit der Minerale von ausschlaggebender Bedeutung und es interessiert deshalb sowohl ihre Abhängigkeit *vom* ZP als auch ihre Aus-wirkung *auf* das ZP; beides wird jeweils bei den einzelnen Gruppen von saI. besprochen.

Entscheidend für die spezifische Adsorption sind die gegenwärtig noch in den ersten Anfängen ihrer Erforschung stehenden energetischen Verhältnisse. Die fast nicht selektive, reversible Wechselwirkung der indifferenten Ionen und vieler, aber nicht aller Neutralstoffe mit Mineraloberflächen fällt praktisch gänzlich in den Bereich der *physikalischen* Adsorption, bei der nur kleine, in der Größenordnung von 0,01 bis 0,1 eV liegende Energien bzw. wenige kcal/mol betragende Adsorp-tionswärmen im Spiele sind. Im Falle der saI liegt dagegen häufig eine zum Teil sehr selektive, irreversible *Chemisorption* mit Wechselwirkungsenergien in der Größenordnung von 1 eV bzw. Adsorptionswärmen von > 10 kcal/mol vor.

Betrachtungen von WOLKENSTEIN [411] über die Wechselwirkung von chemisorbierten Ionen oder Molekeln mit Störstellen der Realkristalle von Halbleitern lassen sich auch auf Nichtleiter anwenden. *Starke* Chemisorption tritt nach WOLKENSTEIN nur ein, wenn sich die Störstellen (Elektronen oder „Löcher") an der Bindung *beteiligen*. Die Art der Bindung (Ionenbeziehung, kovalente Bindung) hängt sowohl bei überwiegender Beteiligung von Akzeptoren als auch von Donatoren von der Art der saI oder Molekeln *und* von der Mineral- bzw. Feststoffart ab. Bei reiner Chemisorption ist nur eine monomolekulare Bedeckung der Mineraloberfläche mit der adsorbierten Spezies möglich; aber auch diese wird lückenhaft sein, weil die adsorbierte Stoffmenge von dem begrenzten Angebot an Störstellen abhängt.

Daneben — und bei den meisten Nichtleitern sicher überwiegend — reagieren die saI mit den potentialbestimmenden Ionen *und auch*, sofern sie dasselbe Vorzeichen besitzen wie jene und trotz der von ihnen ausgeübten Abstoßung, mit den unterschüssigen Ladungsträgern auf der Mineraloberfläche.

4.4.1. Kationen höherer Ladungszahl

Minerale oder Feststoffe adsorbieren, soweit sie negativ oder nur schwach positiv geladen sind, *spezifisch* mehrwertige anorganische Kationen, häufig entsprechend der Hofmeisterschen Reihe

$$K^+ < Mg^{2+} < Ca^{2+} < Ba^{2+} < Al^{3+} < Fe^{3+} \ldots < \ldots [H_3O]^+$$

Bei höheren Konzentrationen zweiwertiger und bereits bei recht geringen Konzentrationen dreiwertiger Kationen (vierwertige Kationen sind als solche in wässeriger Lösung nicht existent) tritt im allgemeinen eine Ladungs*umkehr* und die Ausbildung zum Teil stark positiver Zeta-Potentiale ein. Sowohl die zunehmende Adsorption als auch die Ladungsumkehr spiegeln sich sehr deutlich im ZP wider. Die Lösungen mehrwertiger Kationen enthalten in Abhängigkeit vom pH-Wert neben dem im allgemeinen stark hydratisierten Metallion auch verschiedene Metall-Hydroxo-Komplexionen, die schwächer hydratisiert sind und bei denen, worauf MACKENZIE [243] hinweist, die der Adsorption entgegenstehende Wirkung der Solvatationsenergie klein ist. Die unterschiedliche Natur dieser Adsorbate macht sich auch in meist deutlichen Unstetigkeiten der pH/ZP-Kurven bemerkbar; sie liegen dort, wo die vermehrte oder verringerte Adsorption einer neuen Ionenart die Oberflächenladung verändert. Wenn die Mineraloberfläche im stärker alkalischen Bereich mit einer Schicht des betreffenden Metallhydroxides bedeckt wird, verhält sich ihr ZP genauso wie das von jenem, und das ZP nimmt mit steigendem pH-Wert einen zunehmend größeren negativen Wert an, wodurch im allgemeinen erneute Ladungsumkehr eintritt. Beispiele finden sich in Abschnitt 6.

Die Beobachtung, daß die chemisorbierte Kationenschicht in eine oberflächliche Hydroxidschicht übergehen kann, und daß das Mineral auch nach dem Auswaschen seine neu erworbene Ladung beibehält, legt die Annahme nahe, daß die mehrwertigen Kationen nicht etwa in der Stern-Schicht adsorbiert sind, sondern direkt auf der Mineraloberfläche, unter Ausbildung einer *neuen* Stern-Schicht.

Eine Entfernung der spezifisch adsorbierten mehrwertigen Kationen von der Mineraloberfläche ist im allgemeinen nur durch das in der Hofmeisterschen Reihe ganz rechts stehende Hydronium-Ion, also durch Behandlung mit stärkeren Säuren möglich. Sie bleibt aber unvollständig, wenn nicht mit reiner Säure nachgewaschen wird, weil beim Auswaschen mit Wasser infolge von Verdünnung und Hydrolyse eine erneute Adsorption eintreten kann.

Der isomorphe Ersatz eines mehrwertigen Kations in der Mineraloberfläche durch ein gleichartig geladenes, das mit dem Anion der Struktur eine *schwerer* lösliche Verbindung eingeht oder das in bezug auf seine Stellung in der elektrochemischen Spannungsreihe *edler* ist, ist möglich. Eine in solchen Fällen eintretende ZP-Änderung ist aber in ihrem Ausmaß im allgemeinen weit geringer und deshalb schwer oder. kaum erkennbar. Auch hier ist der Kationenaustausch irreversibel, d. h., die neuen Kationen sind der Oberfläche einverleibt und nicht etwa nur Bestandteile der Stern-Schicht.

Die Tatsache, daß durch die Zugabe relativ sehr geringer Mengen mehrwertiger Kationen das ZP und sogar das Ladungsvorzeichen eines supendierten Feststoffes so grundlegend verändert werden kann, hat für alle mit dem ZP zusammenhängenden Eigenschaften und vor allem auch für die Flotierbarkeit der Minerale große Bedeutung. Wie noch gezeigt wird, sind die meisten in der Flotation verwendeten Sammler Ionenarten, und ihre Wirkung hängt häufig, wenn auch nicht in allen Fällen, davon ab, daß sie mit entgegengesetzt geladenen Ionen auf der Mineraloberfläche reagieren. Durch die Umladung der Mineraloberfläche mit mehrwertigen Kationen, die *Aktivierung*, wird das gewohnte und normale Verhalten der Minerale bei der Flotation *völlig verändert*. Ein ursprünglich wegen seiner stark negativen Oberflächenladung nicht mit Sammler-Anionen reagierendes bzw. nicht durch diese flotierbares Mineral wird nach seiner Behandlung mit mehrwertigen Kationen bevorzugt mit Sammler-Anionen, aber nicht mehr mit Sammler-Kationen, reagieren.

Auch der isomorphe Ersatz von Kationen, ja sogar der Ersatz eines höherwertigen Kations durch ein edleres mit niedrigerer Ladungszahl, z. B. von Zn^{++} durch Ag^+ in der Zinkblende-Oberfläche, also die Erzeugung von Störstellen in Halbleitern, wird noch zur Aktivierung gerechnet, *soweit* sie zu einem gegenüber dem Ausgangszustand *günstigeren* Verhalten bei der Flotation führt.

Es ist sehr wahrscheinlich, daß bei bestimmten Mineralen, z. B. bei den Plagioklasen, eine „Selbstaktivierung" derart stattfinden kann, daß aus der frischen Oberfläche gelöste mehrwertige Kationen (Al) nachträglich auf einer inzwischen veränderten, gründlich „umgestellten" Oberfläche wieder chemisorbiert werden. Naturgemäß ist dieser Vorgang stark zeitabhängig, und es ist durchaus denkbar, daß bei manchen Mineralarten, für die von verschiedenen Autoren stark abweichende pH/ZP-Kurven angegeben werden, wenigstens ein Teil der Abweichungen auf ihn zurückzuführen ist. Die „Selbstaktivierung" ist auch stark pH-abhängig und nur in einem relativ schmalen sauren pH-Bereich zu erwarten, in dem die Herauslösung von Kationen schon in ausreichendem Maße stattfindet, aber die Konkurrenz der $[H_3O]^+$-Ionen noch nicht übermächtig ist.

Allgemein dürfte gelten, daß Aktivierungen nur dann bei Flotationen nützlich, vorteilhaft sind, wenn sie absichtlich, gezielt vorgenommen werden können, daß sie aber teilweise äußerst nachteilig und störend sind, wenn sie bereits von Natur aus oder unbeabsichtigt und unkontrolliert entstanden sind. Da sie nicht reversibel sind oder nur durch eine Säurebehandlung rückgängig gemacht werden können, die aus paragenetisch-chemischen oder wirtschaftlichen Gründen nicht immer anwendbar ist, ist ihre *Verhinderung* oft ein vorrangiges Ziel.

Für unbeabsichtigte oder „fahrlässige" Aktivierungen gibt es viele Entstehungsmöglichkeiten: Durchtränkung von Gesteinen oder Erzen mit Verwitterungslösungen, besonders schwermetallhaltigen; Aufnahme von Fe^{2+}- und Fe^{3+}-Ionen aus dem oxidierten Mühlenabrieb; Verwendung natürlicher harter Wässer zur Flotation; Oxydation feuchter und feinteiliger Minerale, vor allem der empfindlichen Sulfide, beim Lagern an der Luft; Behandlung von Mineralparagenesen mit Säuren vor der Flotation; Einwirkung von Grubenwässern oder Abwässern aus metallerzeugenden und -verarbeitenden Betrieben auf natürliche Schlammstoffe und Sedimente in Gewässern.

Von gezielten Aktivierungen wird bei technischen Flotationen häufig Gebrauch gemacht, wobei im allgemeinen billige Kationen wie Ca^{2+}, Al^{3+} oder Fe^{3+} angewandt werden; nur bei der im größten Umfang durchgeführten Aktivierung, der Verbesserung der Schwimmfähigkeit der Zinkblende mit Cu^{2+}-Ionen, wird ein relativ teures, aber bis jetzt nicht durch ein anderes ersetzbares Kation benützt. Da bei Flotationen geochemisch wichtiger Minerale im mineralogischen Aufbereitungslabor gerade deren unverfälschte Zusammensetzung und ihre Gehalte an Spurenelementen interessieren, wird man hier die Aktivierung nur ausnahmsweise zur Verbesserung der Selektivität heranziehen.

Auf die Rolle von mehrwertigen Kationen bei technischen Flockungsvorgängen wird in Abschnitt 5 noch eingegangen.

NOLL [271] hat in einer sehr schönen, lesenswerten Arbeit schon frühzeitig die geochemische Rolle der Sorption und ihre Bedeutung für die Elementverteilung in Sedimenten ausführlich dargestellt. Hier zeichnen sich eine Reihe von Kolloiden oder feinteiligen Mineralen in einem weiten pH-Bereich durch negative Ladung und Befähigung zur Adsorption von mehrwertigen Kationen aus: Tonminerale, Quarz bzw. Polykieselsäuren, Mangandioxidhydrate, Metallsulfidsole und Humusstoffe. MACKENZIE und O'BRIEN [244] führten ZP-Messungen zur Adsorption von Nickel und Kobalt an Silikatoberflächen im Hinblick auf die Bildung lateritischer Lagerstätten dieser Elemente durch.

Im Gegensatz zu den bisher sehr spärlichen ZP-Messungen im Zusammenhang mit der Adsorption mehrwertiger Kationen an Mineraloberflächen bei geochemischen oder mineralogisch-genetischen Fragestellungen liegen entsprechende Arbeiten mit physikochemischer Zielrichtung oder im Hinblick auf Flotationsfragen reichlich vor, so von ALLEN und MATIJEVIC [7, 8], BLAZY [30], CLARK und COOKE [66], COOKE [72], DUGGER et al. [100], HALL [158], MACKENZIE [241], MALATI und ESTEFAN [248], MATIJEVIC und STRYKER [252].

4.4.2. Anionen höherer Ladungszahl

Die spezifische Adsorption mehrwertiger anorganischer oder organischer *Anionen* verändert nicht nur, wie zu erwarten ist, vor allem die Zeta-Potentiale von positiv geladenen Mineralen oder Feststoffen, sondern auch von negativ geladenen; sie ist also nicht selektiv. Nur bei einigen Anionen, z. B. dem Phosphat-

oder Arseniat-Ion, ist — im ganz schwach sauren bis stärker alkalischen pH-Bereich — eine unmittelbare Fixierung, d. h. Chemisorption, auf der Mineraloberfläche gegeben oder wahrscheinlich; überwiegend reichern sich die mehrwertigen Anionen in der Stern-Schicht an, werden also *physikalisch* adsorbiert. Dafür spricht, daß sie in den meisten Fällen durch mehrmaliges Auswaschen mit reinem Wasser relativ leicht, rasch und vollständig desorbiert werden. Auch bei ihrer Adsorption erfolgt, zum Teil bereits bei sehr geringen Konzentrationen, eine Ladungsumkehr, allerdings stets nur eine einmalige. Wie bei den mehrwertigen Kationen herrschen in bestimmten pH-Bereichen Anionarten mit einer gewissen Ladungszahl vor. Deutliche Unterschiede bzw. Unstetigkeiten bei den pH/ZP-Kurven sind, wenn überhaupt, nur im stark sauren Gebiet zu erwarten; sehr kennzeichnend treten sie im gesamten Bereich $< \mathrm{pH}\ 7$ bei den Iso- und Heteropolysäuren des Wolframs, Molybdäns und Vanadiums auf.

Da zumindest bei reichlichem Anionenangebot schon aus räumlichen Gründen nicht alle negativen Ladungen eines Anions zur Absättigung entsprechender positiver Ladungen auf der Mineraloberfläche befähigt sind, werden die unabgesättigten Ladungen nach *außen* wirksam. Sie verleihen dem Mineralteilchen als Ganzem im Endergebnis eine *negative* Ladung, die um so höher ist, je größer die Ladungszahl des Anions ist. Sowohl für die Flotierbarkeit der Minerale als auch für das sonstige Verhalten von Feststoffteilchen in Suspensionen ergeben sich weitreichende Konsequenzen:

a) Je mehr negative Ladungen ein Mineralteilchen in der Stern-Schicht umgeben oder sich auf seiner Oberfläche befinden, um so stärker wird es in der Lösung angebotene andere Anionen *abstoßen*, um so schwieriger werden auch Sammler-Anionen Zugang zur Mineraloberfläche finden, selbst wenn sie spezifisch adsorbiert werden. Höhere Konzentrationen mehrwertiger Anionen in der „Trübe" verhindern ganz allgemein die Flotation mit Sammler-Anionen, sie drücken sozusagen die Mineralteilchen in den Flotationsrückstand und werden deshalb „*Drücker*" genannt; allerdings sind als Drücker noch einige andere Stoffgruppen wirksam. Durch die Anwendung von Drückern wird eine ganze Reihe flotativer Trennungen überhaupt erst ermöglicht oder selektiv gestaltet, wobei es abgesehen von ihrer stets vorsichtig vorzunehmenden Dosierung oft auch wichtig ist, ob sie *vor* oder *nach* dem Sammler zur „Trübe" gegeben werden.

b) Bei Flotationen im technischen Maßstab wird anstelle der flüchtigen, korrosiven Salzsäure fast ausschließlich die nichtflüchtige *Schwefelsäure* verwendet; auch bei vielen Laborversuchen und ZP-Messungen wird mit Schwefelsäure angesäuert. Das Sulfat-Ion übt jedoch als mehrwertiges Anion bereits eine drückende Wirkung, vor allem auf Minerale aus, die mehrwertige Kationen enthalten, und kann deshalb unter Umständen die Flotierbarkeit beeinträchtigen bzw. Flotationen mit Sammler-Anionen stören oder verhindern.

c) Viele Phosphat- oder auch Arseniat-Minerale, z. B. feinverteilter Apatit, sind zumindest in stärkeren Säuren relativ gut löslich. Sofern eine Paragenese derartige Minerale enthält, kann bei dem häufig geübten Konditionieren mit Schwefelsäure bei pH 2 bis 4 eine Freisetzung von Phosphationen eintreten, die wieder von anderen, an sich phosphatfreien Mineralen (bevorzugt solchen mit mehrwertigen Kationen) spezifisch adsorbiert werden. Bei ausreichend hohem Phosphatgehalt kommt es zu Störungen der Flotation.

d) Die Hydrophobierung einer Mineraloberfläche ist Voraussetzung jeder Flotation. Sie setzt ihrerseits wieder die Beseitigung von Wasserdipolen von der Mineraloberfläche und eine ausreichende Unterbrechung der Wasserhülle um das Mineralteilchen voraus. Die nicht durch Kationen abgesättigten Ladungen eines mehrwertigen Anions ziehen Wasserdipole an, vermitteln dadurch eine gute Verbindung zu anderen Wasserdipolen und verstärken damit insgesamt die Wasserhülle um das Mineralteilchen. Mehrwertige Anionen *und andere polyionische* Verbindungen verursachen somit eine verstärkte Wasserbindung, eine *Hydrophilierung* der Mineraloberfläche und wirken dadurch der Hydrophobierung entgegen. (Siehe hierzu auch [125]!)

e) Eine erhöhte negative Ladung von Feststoffteilchen bewirkt eine erhöhte Abstoßung zwischen den Teilchen und damit eine zunehmend bessere *Dispergierung*; hierüber wird in Abschnitt 5 berichtet. Für die Wirkung von mehrwertigen und komplexbildenden Kationen und Anionen auf das ZP werden in Abschnitt 6 mehrfach Beispiele vorgelegt.

4.4.3. Komplexbildende Anionen

Für Anionen, die *Komplexe* mit *großen* Komplexbildungskonstanten erzeugen und von den Kationen der Mineraloberfläche spezifisch adsorbiert werden, spielt das Vorzeichen und der Betrag ihres Zeta-Potentials für ihre Adsorption *keine* Rolle. Da allgemein durch sie positive Zeta-Potentiale erniedrigt und negative Zeta-Potentiale erhöht werden, ist ihre Wirkung aus ZP-Messungen ersichtlich.

Bei hinreichend großen Komplexbildungskonstanten und in einem pH-Bereich, in welchem die entstehenden Komplexe stabil sind, ist die Adsorption von komplexbildenden Anionen *sehr selektiv*, d. h., es liegt Chemisorption auf der Mineraloberfläche vor. Ein großer Teil der im vorhergehenden Abschnitt besprochenen mehrwertigen Anionen könnte auch hier eingereiht werden, z. B. die Polyphosphate, Polykarbonsäuren (z. B. Zitronensäure), Polyaminokarbonsäuren (AeDTE), doch tritt dort die hydrophilierende, dispergierende Wirkung und hier die Bildung besonders beständiger Komplexe mehr in den Vordergrund. *Gemeinsam* ist beiden Gruppen von Anionen die *drückende* Wirkung; Cyanid- und Fluorid-Ionen sind sogar die wichtigsten Drücker überhaupt.

Infolge ihrer Hydrolyse verhalten sich Cyanid- und Fluorid-Ionen gegenüber Mineralen, welche Elemente enthalten, mit denen sie keine Komplexe oder schwerlöslichen Verbindungen bilden, bei Abwesenheit von Hydronium-Ionen vorwiegend wie Oxhydryl-Ionen und nicht wie indifferente Ionen.

4.4.4. Wirkungsweise und Art der Sammler bei der Flotation

Für die Flotation ist es entscheidend, daß die Mineralkörner befähigt werden, der wässerigen Phase zu entfliehen und sich an der Grenzfläche zur gasförmigen Phase anzureichern. Dazu müssen ihre hydrophilen Oberflächen an hinreichend vielen Stellen der Wasserhülle beraubt und mit Ionen oder Molekeln belegt werden, die mit Wasser in keine wesentliche Wechselwirkung mehr treten: Sie müssen *hydrophobiert* werden. WEISS [403] hat an Schichtsilikaten Modellversuche zur Hydrophobierung durchgeführt, aus denen man folgendes entnehmen kann:

a) Eine Mineraloberfläche ist hydrophil, wenn sich auf ihr an genügend vielen Stellen die normale Wasserstruktur ausbilden kann. Die Wasser-Struktureinheiten benötigen dazu eine Fläche von 40 bis 60 Å^2, im Abstand von 6 Å von der Oberfläche sogar das Doppelte. Besonders ausgeprägt ist die Hydrophilie, wenn einzelne Ionen der Mineraloberfläche in die Hydrophilie einbezogen werden können.

b) Aufgabe hydrophobierender Substanzen ist es, die Ausbildung der Wasser-Struktureinheiten zu *verhindern*. Dazu ist eine dichte Abdeckung der Mineraloberfläche mit hydrophobierenden Molekelgruppen *keine* Voraussetzung; einzelne Wassermolekeln dürfen ungehindert an sie herantreten.

Die zur Hydrophobierung verwendeten Sammler müssen zwei Forderungen erfüllen:

a) Sie müssen spezifisch adsorbiert werden, d. h., ihre Wechselwirkung mit Ionen in der Mineraloberfläche muß nicht nur größer sein als die zwischen jenen und den Wasserdipolen, sondern es muß auch durch weitere Reaktion mit Bestandteilen der Mineraloberfläche oder mit fest auf dieser verankerten Wassermolekeln — durch Wasserstoff-Brücken-Bildung — ein möglichst großer Energieumsatz erzielt werden.

b) Die Sammler müssen in ihrem Molekül eine hydrophobierende Atomanordnung besitzen. Als solche kommen ganz überwiegend Kohlenwasserstoff-Ketten oder -Ringe in Frage, nur selten Silikone (NOLL [272], GLEMBOTSKII [141]). Über unlösliche Sammler berichten BURKIN und BROMLEY [48].

In Form neutraler Molekeln vorliegende Substanzen (unpolare oder nicht-ionogene Sammler) mit ausreichend hydrophobierender Wirkung können in Wasser bzw. in der Flotationstrübe meist nur schwierig gleichmäßig verteilt werden, so daß man Sammler bevorzugt, die sowohl eine hydrophile, die Wechselwirkung mit Wasser und Verteilung in ihm ermöglichende als auch eine hydrophobierende Atomgruppierung enthalten („polar-unpolare" oder ionogene Sammler). Wenn die hydrophobierende Atomgruppierung ein Anion ist, spricht man von *anionaktiven*, wenn sie ein Kation ist, von *kationaktiven* Sammlern. Die jeweiligen hydrophilen Gegenionen sind Natrium und Kalium bzw. Azetat, Chlorid oder Sulfat. Die freien Säuren oder Basen werden wegen ihrer meist schlechten Löslichkeit nur in besonderen Fällen oder in emulgiertem bzw. solubilisierten Zustand verwendet.

Fast alle Sammler sind mehr oder weniger oberflächenaktiv, d. h., sie setzen die Oberflächenspannung des Wassers herab. Es ist jedoch keineswegs so, daß alle oberflächenaktiven Substanzen als Sammler brauchbar sind; obwohl schon sehr viele organische Stoffe in dieser Hinsicht untersucht wurden (siehe z. B. bei WÜRZ [412]!) und noch ständig neue untersucht werden, haben nur sehr wenige von ihnen für diesen Zweck Eingang in die technische Flotation gefunden. Dafür sind allerdings in sehr großem Umfang auch wirtschaftliche Gründe maßgebend.

Die hydrophobierenden Anionen oder Kationen bzw. die zugrunde liegenden Säuren oder Basen neigen zur *Assoziation* und sind, wenn ihre Konzentration nicht unterhalb eines stoffspezifischen Wertes liegt, in sehr stark temperaturabhängiger Weise in der Lösung in Form von *Mizellen* (Assoziate aus etwa 100 bis 1000 Molekeln) vorhanden; hierüber berichtet z. B. PETHICA [294].

Bezüglich des Kohlenwasserstoff-Restes gilt als Regel, daß *gerade* Ketten wirksamer sind als verzweigte und Ketten wirksamer als Ringsysteme. Mit zunehmender Länge der Kohlenwasserstoff-Kette

nimmt die hydrophobierende Wirkung zu,
verringert sich die für die gleiche Mineralmenge benötigte Sammlermenge,
verringert sich aber auch die Selektivität des Sammlers,
sinkt die wahre Löslichkeit, d. h. diejenige der Sammlerionen, in Wasser,
steigt die Neigung zur Mizellenbildung,
nimmt die Assoziation adsorbierter Ketten auf der Mineraloberfläche zu,
läßt bei niederen Temperaturen die Sammlerwirkung nach.

Von den zahlreichen Untersuchungen hierüber seien diejenigen von FUERSTENAU und MILLER [127] und FUERSTENAU, HEALY und SOMASUNDARAN [122] PREDALI [310] erwähnt. Andere Beobachtungen zeigen, daß Sammler mit Doppelbindungen in der Kohlenwasserstoff-Kette wirksamer sind als gesättigte und daß die Wirkung durch vorherige Oxydation — vermutlich durch Bildung von Peroxyden — noch verbessert werden kann (DOROKHINA [96]).

Da es sich bei vielen Sammlern um Salze schwacher Säuren bzw. Basen oder um diese selbst handelt, erfolgt in der „Trübe" *Hydrolyse*; das Hydrolysengleichgewicht hängt von der Sammlerkonzentration, dem pH-Wert und der Temperatur ab. Es liegen also in der Lösung keineswegs nur die betreffenden Anionen oder Kationen vor, sondern *fast immer mehrere* Ionen- oder Molekülarten, oft auch Mizellen und zum Teil Oxydationsprodukte, wenn auch in sehr unterschiedlichen Konzentrationen.

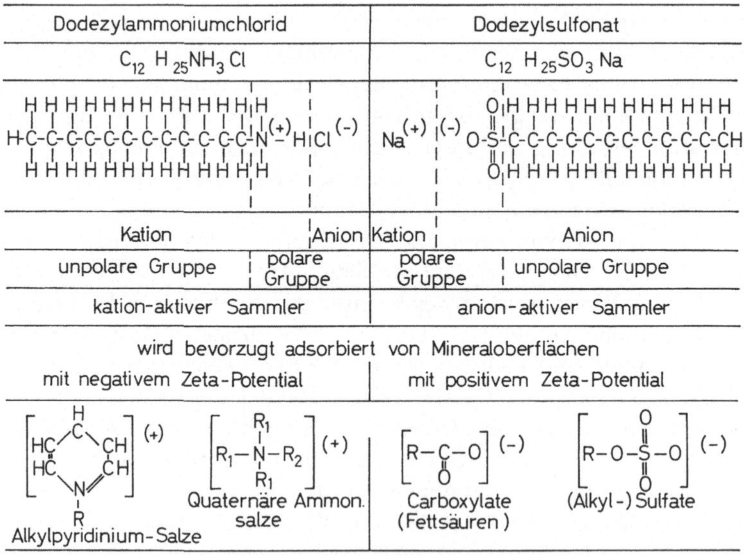

Dodezylammoniumchlorid		Dodezylsulfonat	
$C_{12}H_{25}NH_3Cl$		$C_{12}H_{25}SO_3Na$	
Kation	Anion	Kation	Anion
unpolare Gruppe	polare Gruppe	polare Gruppe	unpolare Gruppe
kation-aktiver Sammler		anion-aktiver Sammler	

wird bevorzugt adsorbiert von Mineraloberflächen

mit negativem Zeta-Potential		mit positivem Zeta-Potential	
Alkylpyridinium-Salze	Quaternäre Ammon. salze	Carboxylate (Fettsäuren)	(Alkyl-) Sulfate

Aufbau und Beispiele ionogener Sammler

Abb. 10. Arten von Sammlern

Da es nicht Aufgabe dieses Buches sein kann, über die weitverzweigten Grundlagen der Flotation, ihre Durchführung und die Chemie der Sammler zu unterrichten, ist in Abb. 10 lediglich der grundsätzliche Aufbau ionogener Sammler dargestellt und sind einige wichtige anion- oder kationaktive Sammler aufgeführt. Zu einer eingehenderen Unterrichtung sei auf einige grundlegende Werke und

Veröffentlichungen über die Flotation und Sammler hingewiesen, vor allem auf das zur Zeit beste deutschsprachige, auch in seinen übrigen Kapiteln für den Mineralogen sehr nützliche Buch von SCHUBERT [363] über die Aufbereitung fester mineralischer Rohstoffe: APLAN und FUERSTENAU [12], DE BRUYN und AGAR [80], DEJU und BHAPPU [85, 87], GAUDIN [133], HEJL [167, 168], JOY et al. [207, 208], KLASSEN und MOKROUSOV [214], PRYOR [312], ROGERS [324], SCHUBERT [365], SUTHERLAND und WARK [357].

Je nach Chemismus, Struktur und Bindungsverhältnissen an der Oberfläche der jeweils vorliegenden Mineralart kann die Fixierung der Sammlerionen oder -molekeln in der el. DS auch bei ein und demselben Sammler in ganz *verschiedener* Weise erfolgen:

1. Auf der Mineraloberfläche (Chemisorption)
a) direkt,
b) über eine Aktivierung durch eine *neue* Kationen- oder Anionensorte,
c) über eine Wasserstoffbrückenbindung.

2. In der Stern-Schicht (Physikalische Adsorption)

3. Auf einer Hydratschicht über Wasserstoffbrückenbindungen (bei Salzmineralen).

Bei der Chemisorption auf der Mineraloberfläche kann das Vorzeichen ihrer Ladung, ihr ZP, ausschlaggebend sein. Das Sammler-Ion neutralisiert ein entgegengesetzt geladenes Ion in der Oberfläche und bildet mit ihm eine besonders schwer lösliche, hydrophobierende „Oberflächenverbindung". Der naheliegende *Schluß*, daß positiv geladene Oberflächen anion-aktive und daß negativ geladene Oberflächen kation-aktive Sammler bevorzugt adsorbieren, gilt zwar in relativ *vielen*, aber keineswegs in allen Fällen. Seine allgemeine *Gültigkeit* wird durch folgende Faktoren *eingeengt* bzw. aufgehoben:

a) Der anzuwendende Sammler ist in dem betrachteten pH-Bereich überhaupt nicht dissoziiert.

b) Reaktionsprodukte aus dem Sammler- und Oberflächen-Ion sind in dem betrachteten pH-Bereich zu leicht löslich oder nicht stabil.

c) Es liegt ein andersartiger Mechanismus der Fixierung vor, eine andere Reaktion mit günstigerer Energiebilanz hat Vorrang. Die Fixierung kann z. B. über Störstellen erfolgen, die sich im ZP nicht bemerkbar gemacht haben.

Aus der pH/ZP-Kurve eines Minerals darf eine Schlußfolgerung, ob das Mineral in einem gegebenen pH-Bereich durch einen anion- *oder* kation-aktiven Sammler flotiert werden kann, nur gezogen werden, wenn folgende Voraussetzungen *erfüllt* sind:

a) In dem betreffenden pH-Bereich müssen Sammler-*Ionen* in ausreichender Konzentration existenzfähig und vorhanden sein; es genügt nicht, daß nur der undissoziierte Sammler (molekular oder kolloid als Mizelle gelöst oder als Bodenkörper) vorhanden ist.

Ein diesbezügliches Gleichgewichts-Verteilungsdiagramm für Dodezylammoniumchlorid liegt von KELLOGG und VASQUEZ-ROSAS [211] vor, zitiert und abgebildet bei GAUDIN [133], doch fehlen entsprechende Angaben offensichtlich für alle anderen Sammler. Dieser Mangel ist teils dadurch begründet, daß die handelsüblichen Sammler fast immer *Gemische* sind, teils durch die Schwierigkeit, die molekulare Löslichkeit der Sammler hinreichend genau bzw. sicher zu bestimmen.

Die Existenzfähigkeit und Löslichkeit von Reaktionsprodukten aus Sammler-Ionen und in Mineralen vorkommenden Kationen oder Anionen läßt sich am besten durch potentiometrische Titrationen ermitteln, wie sie von Du Rietz [101] und seinen Mitarbeitern in Stockholm ausgeführt wurden. Auch durch infrarot-spektroskopische Untersuchungen sind schon mehrfach [37, 230, 238, 292, 293] Reaktionsprodukte auf Mineraloberflächen bestimmt worden. Die von Fuerstenau und Cummins [124] als in manchen Fällen recht wichtig erkannten, besonders schwer löslichen „basischen", d. h. OH-Gruppen enthaltenden Reaktionsprodukte scheinen jedoch bei den bisherigen potentiometrischen Titrationen noch nicht erfaßt worden zu sein.

Es ist sehr wahrscheinlich, daß durch die besonderen Bindungsverhältnisse auf der Mineraloberfläche Reaktionsprodukte entstehen, die nur als „Oberflächen-verbindungen" existenzfähig sind und nicht präparativ, d. h. *ohne* die betreffende Oberfläche zugänglich sind und daß sich diese von den „in vitro" erzeugten Reak-tionsprodukten vor allem durch ihre noch geringere Löslichkeit wesentlich unter-scheiden. Für die Existenz solcher Oberflächenverbindungen sind manche Beweise vorgelegt worden; sie wird besonders von sowjetrussischen Forschern vertreten. Im Jahre 1957 fand sogar in Moskau ein ausschließlich ihnen gewidmeter Kongreß statt [263].

Epitaxie von Sammlern bzw. deren polarer Gruppe ist verschiedentlich als wesentlicher Faktor einer Sammler-Fixierung angenommen worden, z. B. von Schubert [364] oder von Blazy [30], aber die Beweise für sie sind nicht in allen Fällen überzeugend.

b) Das ZP des Minerals muß auch tatsächlich im gegebenen pH-Bereich durch Zugabe des Sammler-Ions *erniedrigt* werden (unabhängig von der Ladung der Mineraloberfläche), weil durch eine Neutralisationsreaktion Ladungen verschwin-den. Bei übermäßigem Angebot von Sammler-Ionen muß Ladungsumkehr ein-treten.

Wird dagegen das ZP des Minerals im betrachteten pH-Bereich durch Zugabe eines *gleichartig* geladenen Sammler-Ions *erhöht*, so darf geschlossen werden, daß auf der Mineraloberfläche unterschüssige Ladungen entgegengesetzten Vorzeichens durch Neutralisation bzw. Reaktion unwirksam gemacht werden und dadurch die bestehende Ladung noch mehr zum Überwiegen kommt. Dieser Schluß ist aller-dings *nur gültig* unter der von *ein*wertigen Sammler-Ionen wie Xanthogenaten, Dithiocarbaminaten, Oleaten und andere Fettsäuren, Alkylsulfonaten erfüllten Voraussetzung, daß das Sammler-Ion nicht als mehrwertiges, in der Stern-Schicht adsorbiertes Ion wirkt.

Durch ZP-Messungen kann *niemals* festgestellt werden, ob überhaupt eine Hydrophobierung stattgefunden hat; diese ist nur durch unter gleichen Bedingun-gen durchgeführte Flotationsversuche im Mikro- oder Labormaßstab, durch Rand-winkelmessungen [339] oder die Anwendung der Phaseninversionsmethode von Takugawa und Takamori [387] nachweisbar.

Selbstverständlich unterscheiden sich insbesondere die Sammler-Anionen hin-sichtlich ihrer Reaktionsfähigkeit mit den Kationen der Minerale, der Löslichkeit ihrer Reaktionsprodukte und der pH-Abhängigkeit beider Eigenschaften ganz *beträchtlich*, so daß es, um Selektivität bei flotativen Trennungen zu erreichen, darauf ankommt, ein ganz *bestimmtes* Sammler-Anion zu verwenden bzw. ausfindig zu machen und nicht irgendeinen anionaktiven Sammler schlechthin.

Der Schluß, daß positiv geladene Oberflächen eine Adsorption kationaktiver Sammler und daß negativ geladene Oberflächen die Adsorption anionaktiver Sammler *verhindern*, daß also bei Zugabe der betreffenden Sammler-Ionen *keine* Flotation möglich sein sollte, ist auch oft *nicht gültig* aus folgenden Gründen:

a) Es wird eine mit den Sammler-Ionen im Gleichgewicht befindliche, in ihrer Lösung anwesende *neutrale* Molekelsorte adsorbiert, so daß das Ladungsvorzeichen belanglos ist. Dieser Fall liegt z. B. auch vor, wenn eine nichtdissoziierte Fettsäure- oder Fettamin-Molekel zu ebenfalls nichtdissoziierenden OH-Gruppen in der Mineraloberfläche Wasserstoffbrückenbindungen herstellt. Die Adsorption von Neutralstoffen wird in Abschnitt 4.5 weiter behandelt.

b) Die Adsorption erfolgt überwiegend physikalisch in der Stern-Schicht.

c) Eine auf der Mineraloberfläche nur unterschüssig vorliegende Ionenart mit entgegengesetztem Vorzeichen liefert bei Reaktion mit dem Sammler-Ion eine zur Überwindung der Abstoßung mehr als ausreichende Adsorptionsenergie. Reaktionen dieser Art sind vor allem bei *niederen* Zeta-Potentialen (etwa < 10 bis $15\ \mathrm{mV}$) und im Bereich des IEP, *aber auch* beim Vorliegen von Störstellen zu erwarten.

Die Adsorptionsenergie eines Sammler-Ions setzt sich nach SCHUBERT [366, 368, 370] aus einem elektrostatischen und einem nichtelektrostatischen Anteil zusammen. Letzterer enthält neben der chemischen Wechselwirkung auch die Assoziationsenergie und diese, mit der Ausrichtung der unpolaren Teile des Sammlers auf der Mineraloberfläche zusammenhängend, kann zur Energiebilanz über-

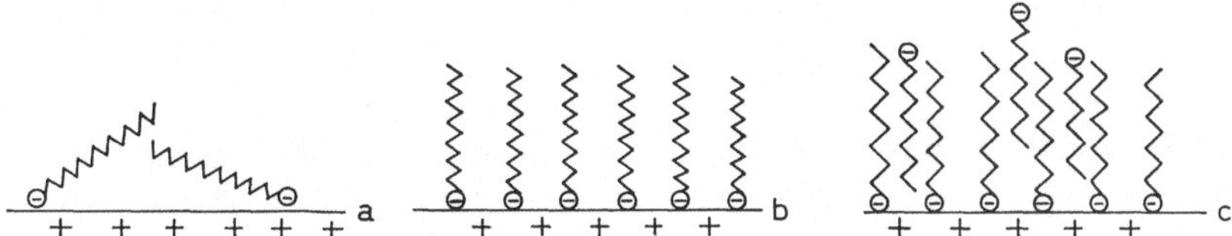

Abb. 11. Schematische Darstellung der Assoziation von Sammlermolekeln und ihr Einfluß auf das Zeta-Potential

raschenderweise in erheblichem Maße beitragen. Die Assoziation der unpolaren Teile der Sammler-Ionen ist um so vollkommener, je mehr Sammler-Ionen pro Flächeneinheit adsorbiert sind, je länger die Kohlenwasserstoff-Ketten sind und je weniger diese sich gegenseitig behindern; geradkettige Verbindungen sind also am günstigsten. In die *Filme* aus assoziierten Sammler-Ionen können auch ähnlich gebaute neutrale Molekeln eingebaut werden und insbesondere Sammler-Ionen selbst, deren polare Gruppe jedoch nun der Mineraloberfläche abgewandt ist. In diesem Fall wird — in der Stern-Schicht — eine der Mineraloberfläche entgegengesetzte und bei ausreichendem bzw. übermäßigem Sammlerangebot sie überwiegende Ladung erzeugt, wodurch sich die unter diesen Umständen sehr häufige Ladungsumkehr erklären dürfte. In Abb. 11 sind die Verhältnisse bei der Assoziation schematisch dargestellt.

4.5. Einflüsse von Neutralstoffen auf das Zeta-Potential

Über die Adsorption unpolarer, neutraler Stoffe bzw. Molekeln aus molekulardispersen, verdünnten oder auch konzentrierten sowie aus kolloiddispersen Lösungen an Feststoffoberflächen existiert ein fast unübersehbares Beobachtungsmaterial. Trotzdem liegen bis jetzt nur sehr *wenige* Untersuchungen und vor allem kaum an Mineralen darüber vor, welche Rolle das *gemessene Zeta-Potential* für die Adsorption der Neutralstoffe spielt und wie es sich bei dieser verändert. Solche Untersuchungen wären aber auch für den Mineralogen, welchen der organischen Chemie im allgemeinen gleichgültig oder abgeneigt gegenübersteht, in mehrfacher Hinsicht von Bedeutung:

a) Für die Wanderung, Anreicherung und Fixierung organischer Verbindungen vor allem in Verwitterungsbildungen und Sedimenten, dürften die elektrischen Doppelschichten und Zeta-Potentiale der von ihnen berührten Minerale nicht belanglos sein.

b) Verwandte, aber sowohl aktuellere als auch wegen der andersartigen Natur der Adsorbate (z. B. DDT, Bleitetraäthyl, Polychlordiphenyl) etwas abweichende Fragen und Beziehungen ergeben sich im Zusammenhang mit der Verschmutzung und dem Schutz der Umwelt.

c) Viele technologische Eigenschaften mineralischer Rohstoffe, Veredelungsprodukte (Füllstoffe, Bindemittel, plastische keramische Werkstoffe) oder Abfallstoffe (Schlämme des Bergbaus, der Aufbereitung und Metallurgie) können durch teilweise ganz geringe Zugaben geeigneter organischer Verbindungen, oft auch unpolarer, ganz wesentlich verbessert, gelegentlich auch beeinträchtigt werden.

d) Bei der Flotation wird manchmal eine günstige oder auch ungünstige Wechselwirkung zwischen bestimmten Sammlern und Schäumern festgestellt, deren im allgemeinen unbekannte Ursachen mit Veränderungen der el. DS zusammenhängen können.

Nach Gleichung [10] ist die „Dicke" der el. DS, $1/\varkappa$, proportional der Wurzel aus der Dielektrizitätskonstante ε. Während der Wert für ε bei reinem Wasser 78,5 beträgt, liegt er bei den meisten mit Wasser mischbaren oder in Wasser löslichen organischen Neutralstoffen (z. B. Alkoholen, Ketonen) nur in der Größenordnung von 10 bis 40, so daß durch ihre Zugabe zu einer wässerigen Suspension deren Dielektrizitätskonstante erniedrigt wird. Dies bedeutet aber, daß die Dicke der el. DS und damit auch das ZP verkleinert wird.

Da Neutralstoff-Molekeln außerdem wie Wasserdipole an Mineraloberflächen adsorbiert werden, aus energetischen und räumlichen Gründen oft sogar spezifisch, wie Untersuchungen von JOHNS und SEN GUPTA [204] zeigen, beeinflussen sie auch die Ladungsverteilung an der Mineraloberfläche und in der Stern-Schicht. Für Flotationen spielen nur zwei Gruppen von Neutralstoffen eine größere Rolle: a) unpolare Öle, meist Kohlenwasserstoff-Gemische, deren Wechselwirkung mit Mineralteilchen MACKENZIE [242] eine Studie gewidmet hat, und b) „Schäumer", meist Alkohole, Äther, Ketone und Phenole, die in den angewandten Konzentrationen zum Teil in Wasser völlig löslich sind.

5. Die Bedeutung des Zeta-Potentials für Dispergierung und Flockung

Bei mehreren wichtigen natürlichen Vorgängen und technischen Verfahren spielt die *Stabilität* von Suspensionen feinteiliger Minerale eine entscheidende Rolle, so z. B. bei der

Bildung von Tonsedimenten in Gewässern,
Bodenstabilisierung,
Permeabilität poröser Gesteine für Salz- bzw. Süßwasser,
Klärung und Filtration (Wasseraufbereitung),
Viskosität und Verarbeitbarkeit keramischer Schlicker,
Verhaltensweise und Rezeptur von Bohr-Flüssigkeiten bzw. -Schlämmen,
selektiven Agglomeration und Flockung feinstkörniger Minerale.

Unter „Stabilität" wird dabei meist der Widerstand der Mineralsuspensionen gegen eine Veränderung ihres Zustandes verstanden, wobei als verändernder Einfluß in erster Linie die Zeit in Betracht kommt, manchmal auch die Temperatur (Erhitzen, Gefrieren), die Konzentration (Verdünnung, Zugabe dritter Stoffe) oder die Bewegung. Der Idealfall ist durch eine von den genannten Einflußgrößen nicht begrenzte, in allen Raumelementen der Suspension gleichartige Verteilung des Minerals, durch eine maximale *Dispergierung* gegeben, von welcher aus alle Übergänge zur maximalen *Flockung*, der völligen Trennung von Mineral und Flüssigkeit, bestehen. Bei der Flotation im eigentlichen Sinne ist man bestrebt, eine Flockung zu *vermeiden*, weil sie die Trennungen unscharf macht.

Quantitative Theorien zur Stabilität lyophober Sole wurden unabhängig von DERJAGUIN und LANDAU sowie von VERWEY und OVERBEEK entwickelt; sie werden zusammengefaßt häufig als „D. L. V. O."-Theorie bezeichnet. Hinsichtlich ihrer ausführlichen Darstellung muß auf KRUYT [223] und VAN OLPHEN [395] verwiesen werden.

Die wesentliche Aussage der D. L. V. O.-Theorie besteht darin, daß die Stabilität erklärt wird durch eine vom Teilchenabstand abhängige Wechselwirkung von *anziehenden* London- und Van-der-Waals-Kräften einerseits und *abstoßenden* Kräften andererseits, die durch eine Überlappung elektrischer Doppelschichten bedingt sind. Aus den in Abhängigkeit vom Teilchenabstand aufgetragenen anziehenden und abstoßenden Energien wird durch Summenbildung eine resultierende Potentialkurve erhalten. *Nur* wenn diese Potentialkurve (bei einem relativ kleinen Teilchenabstand) eine genügend hohe Potential-*Barriere* aufweist, ist das Sol *stabil*. Im streng thermodynamischen Sinn kann allerdings ein Sol oder eine Suspension niemals wirklich stabil sein.

Die Form dieser Potentialkurven hängt von folgenden Werten ab: vom Oberflächenpotential ψ_0, der Dielektrizitätskonstante ε, der Ladungszahl z und Konzentration c der anwesenden Ionen, der (absoluten) Temperatur T, der Van der Waalsschen Konstante A und den Abmessungen der Teilchen, z. B. ihrem Radius a. Für viele Sole, aber leider nicht für alle Suspensionen in Flotationssystemen, ergibt sich aus der D. L. V. O.-Theorie eine weitgehend quantitative Bestätigung der Schulze-Hardy-Regel (die zur Flockung erforderlichen Elektrolytkonzentrationen verhalten sich für ein-, zwei- und dreiwertige Ionen etwa wie 100:1,6:0,13).

An Hand von Abb. 2 war gezeigt worden, daß zwar zwischen dem Oberflächenpotential ψ_0 und dem Zeta-Potential Zusammenhänge bestehen, daß jedoch im allgemeinen die beiden Potentiale keineswegs einander proportional sind. Aus dem Betrag des Zeta-Potentials, z. B. einem „kritischen" ZP-Wert, kann deshalb *nicht* unmittelbar auf die Stabilität einer Suspension geschlossen werden, zumal noch eine Reihe anderer Einflußgrößen, z. B. Form und Abstand der Teilchen (d. h. Feststoffkonzentration in der Suspension), oder die tatsächliche Verteilung der Ladungsträger auf ihren Oberflächen ebenfalls eine mehr oder weniger große Rolle spielen.

Trotzdem ergeben sich, sozusagen als „Faustregel", nach RIDDICK [322] aus vielen ZP-Messungen *und* entsprechenden anderen Untersuchungen an sehr unterschiedlichen, überwiegend technisch wichtigen Kolloiden und feinteiligen Feststoffen die in der folgenden Tabelle dargestellten ZP-Bereiche für Dispergierung und Flockung:

Kennzeichen der Stabilität	Zeta-Potential (mV)
Obere Grenze der Dispergierung im elektropositiven Potentialbereich (seltener Fall)	$+60$ bis $+\ 80$
Obere Grenze der Ausflockung	$+\ \ 3$ bis $\ \ +5$
Maximale Ausflockung	$-\ \ 5$ bis $\ \ +3$
Untere Grenze der Ausflockung	-10 bis -15
Obere Grenze schwacher Dispergierung im elektronegativen Potentialbereich	-16 bis -30
mäßige bis mittlere Stabilität	-31 bis $\ -60$
sehr gute Stabilität	-61 bis $\ -80$
extrem gute Stabilität	-81 bis -100

Die für möglichst gute Stabilität besonders *hohe negative* Aufladung der Mineralteilchen läßt sich auf zwei nahe verwandten Wegen erreichen:

a) Bei der spezifischen Adsorption von Anionen, die mehrere oder sehr viele, räumlich genügend weit voneinander entfernte negative Ladungen tragen, steht im allgemeinen nur eine dieser Ladungen mit einem Kation auf der Mineraloberfläche in unmittelbarer Wechselwirkung oder wird eventuell sogar auf ihr fixiert; die zahlreichen anderen negativen Ladungen ragen in die Stern-Schicht und verleihen dieser und damit dem Mineralteilchen nach außen eine hohe negative Ladung.

b) Anstelle molekulardisperser Polyanionen werden Kolloidteilchen mit negativer Ladung spezifisch adsorbiert, die zwar im Verhältnis zu den Abmessungen des Mineralteilchens nur klein sind, jedoch eine große spezifische Oberfläche besitzen („Schutzkolloide").

In beiden Fällen läßt sich durch ZP-Messungen sehr gut verfolgen, wie durch steigende Zugaben von Polyanionen bzw. Schutzkolloid der Betrag des Zeta-Potentials zunimmt. Die Dispergierung als solche läßt sich natürlich durch ZP-Messungen nicht feststellen; sie muß an gleichartigen oder vergleichbaren Proben in Parallelversuchen visuell oder noch besser durch die mehr oder weniger geringe zeitliche Abnahme der Intensität des durch die Suspension fallenden und von einer Photozelle gemessenen Lichtes ermittelt werden.

Dispergierung läßt sich auch dadurch erreichen, daß auf den Mineralteilchen ein *langkettiger* nichtionischer Neutralstoff bzw. in dem vorliegenden pH-Bereich am IEP befindlicher Polyelektrolyt möglichst spezifisch adsorbiert wird. Seine im allgemeinen *orientierte* Adsorption versieht sozusagen die Mineralteilchen mit einem Stachelpanzer von langkettigen Molekeln, welche eine zur Flockung notwendige bzw. führende enge räumliche Annäherung der Teilchen verhindern. In diesem Fall und auch wegen der meist recht geringen erforderlichen Neutralstoffmengen gestatten ZP-Messungen keinen Schluß auf die Stabilität.

Ganz analoge Überlegungen würden für Suspensionen gelten, die ihre Stabilität besonders hohen *positiven* Ladungen verdanken, aber derartige Fälle sind offenbar sehr selten.

Auch die Flockung (SLATER und KITCHENER [345]), also die Umkehrung und Aufhebung der Dispergierung, ist nur unter bestimmten Umständen, aber nicht generell, durch ZP-Messungen kontrollierbar. Allgemein gilt jedoch, daß Flockung nur bei relativ *kleinen* ZP-Werten möglich ist, daß also ein hohes negatives ZP durch entsprechende Zugabe von Kationen (am besten mehrwertigen) zunächst verkleinert werden muß.

Die Wirkungsweise der am häufigsten angewandten polymeren Flockungsmittel beruht vor allem auf einem *Brückenschlag* zwischen benachbarten Feststoffteilchen (HEALY [163]). Die anzuwendenden Mengen derartiger Polymere [9] sind teilweise außerordentlich gering.

Im Gegensatz hierzu sind ZP-Messungen zur Kennzeichnung der Flockung verwendbar, wenn bei negativ geladenen Mineralteilchen vor Zugabe der bei ihnen nicht wirksamen anionischen Polymeren zweiwertige Kationen (z. B. Ca^{++}) auf den Mineralteilchen adsorbiert werden, wie es z. B. Untersuchungen von SLATER et al. [344] zeigen.

Aus Versuchen von DIXON et al. [92] an SiO_2 geht hervor, daß niedrigpolymere kationische Polymere eine Koagulation bewirken, welche die Teilchen für eine Wasserstoffbrückenbindung zwischen ihnen genügend nahe zusammenbringt; sie vermuten, daß weitgehend hydratisiertes Fe_2O_3 oder Al_2O_3 in gleicher Weise wirken könnte. BLACK et al. [422] fanden bei Kaolinit- und Montmorillonit-Suspensionen eine enge Beziehung zwischen dem ZP, der Flockung (mit kationischen Polymeren) und der Restabilisierung, die nach der Sättigung mit diesen Polymeren eintritt. Aus der großen Zahl weiterer Arbeiten auf diesem Gebiet, die z. B. bei MACKENZIE [243] angeführt werden, seien hier nur diejenigen von DEPASSE und

WATILLON [89], HALL [158], KANE et al. [209], OTTEWIL und WATANABE [281], RAGOSTI und SRIVASTAVA [315] genannt.

Trotz der gebotenen Kürze der Darstellung dürfte erkennbar sein, daß im Grenzbereich zur Kolloidchemie ein sehr fruchtbares Arbeitsgebiet für Mineralogen liegt.

6. Die Flotierbarkeit der Minerale unter besonderer Berücksichtigung ihrer Zeta-Potentiale

Unter „Flotierbarkeit" soll die zur Flotation eines Minerals erforderliche selektive Hydrophobierung durch geeignete Wechselwirkung mit Wasser, Sauerstoff und Flotationsreagenzien verstanden werden, für die sich folgende „Randbedingungen" ergeben:

a) Die Korngrößen liegen im Bereich von 10 μm bis etwa 250 μm, schwerpunktartig zwischen 50 bis 100 μm.

b) Die Feststoffkonzentrationen in der „Trübe" bewegen sich zwischen 10 g/l (nur bei Labor- und Mikroflotationen) und 200 bis 400 g/l (bei technischen Flotationen).

c) Sofern es sich nicht um die Flotation von Salzmineralen, von sehr leicht oxydierbaren sulfidischen Erzen oder bestimmten natürlich hydrophoben Mineralen handelt, ist der Gesamtelektrolytgehalt der Trübe im allgemeinen kleiner als 10^{-2} Mol/l. Dementsprechend gehen die pH-Werte nur selten über den Bereich von 2 bis 12 hinaus.

d) Die Temperatur der Flotationstrübe liegt meist zwischen 10 bis 30°.

e) Die Minerale sind in Zeiträumen von Minuten bis Stunden mit anderen Stoffen in Berührung; allerdings wird dabei durch intensive Bewegung und Durchmischung für guten Stoffaustausch gesorgt.

Um aus einer Paragenese nur ein ganz bestimmtes Mineral durch Flotation abzutrennen, ist es unerläßlich, daß von *sämtlichen* anwesenden Mineralen folgendes bekannt ist:

a) ihre Art und Zusammensetzung, zumindest nach den Hauptbestandteilen,

b) ihre Löslichkeit und möglichst auch Lösungsgeschwindigkeit in reinem Wasser, in Säuren und Basen und gegebenenfalls auch in Lösungen von Komplexbildnern,

c) ihre pH-abhängigen Zeta-Potentiale.

Sollen aus einer Paragenese aber mehrere Minerale nacheinander durch Flotation abgetrennt werden, so ist zu beachten, daß die später zu flotierenden Minerale nicht bei einer notwendigen vorhergehenden Behandlung der Paragenese mit Säuren oder Basen durch Auflösung, Aktivierung, nachhaltige Komplexierung oder Oxydation irreversibel verändert werden dürfen. Die Reihenfolge aufeinanderfolgender Flotationen ist somit sowohl aus chemischen als auch aus wirtschaftlichen Gründen nicht willkürlich wählbar.

Um einerseits Wiederholungen zu vermeiden und um andererseits in ihren Flotationseigenschaften ähnliche Minerale nicht an ganz verschiedenen Stellen aufzuführen, wurde der Besprechung der Flotierbarkeit von Mineralen eine Gruppeneinteilung zugrunde gelegt, die zwar von der Systematik nach STRUNZ [384] abweicht, sich aber bei Flotationen durchaus bewährt hat. Sie wird im nächsten Abschnitt begründet.

Gruppeneinteilung der Minerale nach ihrem Verhalten bei der Flotation

Die Einteilung in

Gruppe 1: natürlich hydrophobe Minerale,
Gruppe 2: mit Sulfhydryl-Sammlern flotierbare Minerale,
Gruppe 3: in Säuren oder gegen sie empfindliche Minerale,
Gruppe 4: gegenüber Säuren im allgemeinen unempfindliche oxidische und silikatische Übergemengteile,
Gruppe 5: Silikate, die monomineralische Gesteine bilden,

erscheint aus folgenden Gründen zweckmäßig:

a) Sie entspricht in vielen, aber keineswegs in allen Fällen einem „Trennungsgang", d. h., die in der Reihe oben stehende Gruppe muß mit einer bestimmten Reagenzienkombination *vor* den darunterstehenden Gruppen abgetrennt werden. Die zugehörigen Minerale würden sonst zusammen mit denen der letzteren ausschwimmen (*auch* wenn dabei *andere* Reagenzien verwendet werden!) oder ihre Veränderung durch Reagenzien, z. B. völlige oder teilweise Auflösung in Säuren, könnte die Flotation von Mineralen anderer Gruppen erschweren oder verhindern.

b) Sie entspricht im allgemeinen einer allmählichen Veränderung des pH-Wertes der Trübe von Gruppe zu Gruppe, ausgehend von neutraler oder schwach basischer Reaktion bei den ersten beiden Gruppen zu stärker basischer Reaktion bei der Gruppe 3 und saurer bis stark saurer Reaktion bei den Gruppen 4 und 5.

c) Sie entspricht in groben Zügen (es gibt viele Ausnahmen) den zunehmenden Schwierigkeiten bei der flotativen Abtrennung. Dies bezieht sich zunächst nur auf die Gruppen als solche; die Trennungen von Mineralen innerhalb einer Gruppe können ganz unterschiedlich schwierig und öfters praktisch unmöglich sein.

Am leichtesten sind demnach Paragenesen zu flotieren, die von jeder Gruppe nur einen oder einige *wenige* Vertreter enthalten, während solche, die sich nur aus Mineralen ein und derselben Gruppe zusammensetzen, sehr schwierig trennbar sein können, z. B. Kohlegesteine, mittelhaltige bis reiche komplexe sulfidische Erze, Phosphorite, Bauxite, Tongesteine, oxidische Eisenerze, oxidische und silikatische Manganerze.

In vielen Fällen wird man sich bereits mit der Abtrennung einer Gruppe an sich begnügen (also mit einem Sammelkonzentrat), wenn deren Vertreter mit anderen Verfahren *einfacher* weiter getrennt werden können.

So, wie es in der chemisch-analytischen Praxis spezifische Reaktionen für bestimmte Kationen und Anionen gibt, sind auch spezifische flotative Trennungen möglich. Allerdings unterliegen diese drei Einschränkungen:

a) Die Zahl der Minerale ist sehr groß im Vergleich zur Zahl der verfügbaren, in ihrer Wirkung wesentlich verschiedenen polaren Gruppen von Sammlern. Es ist deshalb kein Beispiel für einen Sammler bekannt, der nur für ein einziges Mineral spezifisch wäre; stets werden durch ihn auch chemisch oder strukturell verwandte Minerale flotiert, wenn auch in unterschiedlichem Ausmaß.

b) Bei vielen Mineralarten ist die Zusammensetzung nicht konstant, sondern weist eine gewisse Variationsbreite auf. Eine solche Mineralart besetzt im flotativen Trennungsgang nicht einen Punkt, sondern überdeckt einen mehr oder weniger großen Bereich, der sich mit den Bereichen anderer Mineralarten überlappen kann.

c) So, wie eine Ionenart bei Anwesenheit bestimmter anderer Stoffe etwa durch Komplexbildung an einer ganz unerwarteten Stelle im chemisch-analytischen Trennungsgang auftauchen kann, so können auch durch *Aktivierung* die Flotationseigenschaften von Mineralen und ihre Stellung im flotativen Trennungsgang grundlegend verändert werden. Bei der Aufbereitung wird man demnach stets bestrebt sein, Aktivierung entweder peinlichst zu vermeiden oder sie ganz bewußt zu lenken. Häufig ist jedoch eine Aktivierung bereits während des natürlichen Werdeganges der zu trennenden Paragenese, vor allem durch Verwitterung, erfolgt. Alle nachfolgenden Ausführungen beziehen sich auf *frische*, nicht durch Verwitterung aktivierte oder sonstwie veränderte Minerale!

6.1. Gruppe 1: Natürlich hydrophobe Minerale

Den zu dieser Gruppe gehörenden Mineralen ist gemeinsam, daß von den bevorzugt an ihrer Oberflächenentwicklung beteiligten Spaltflächen nur schwache Van der Waalssche Kräfte ausgehen, so daß die Bindungsenergie zwischen den Wasserdipolen unter sich stets größer bleibt als diejenige zwischen dem größten Teil der Mineraloberfläche und den Wasserdipolen. Der größte Teil ihrer Oberfläche wird also nicht hydratisiert, sondern bleibt hydrophob. Ein derartiges Verhalten ist besonders bei Mineralen zu beobachten, die Schicht- oder Molekülgitter-Strukturen bilden:

Graphit und hochinkohlte Kohlen,
Kohlenwasserstoffe, Bitumina,
Schwefel,
Molybdänit (Molybdänglanz), wahrscheinlich auch Tungstenit,
Auripigment und Realgar,
Sassolin (Borsäure, H_3BO_3),
Talk *und* Pyrophyllit.

Nur *frische* Diamantoberflächen sind hydrophob. Sulfide wie Bleiglanz, Pyrit, Kupferkies, Kupferglanz und andere sind entgegen einer öfters und auch in Lehrbüchern geäußerten Meinung *nicht* hydrophob, zumindest nicht im völlig reinen Zustand und bei Abwesenheit von Sauerstoff, ebensowenig irgendwelche Oxide.

In praktischer Hinsicht besitzen die natürlich hydrophoben Minerale folgendes Gemeinsame:

a) Infolge ihrer sehr guten Spaltbarkeit und geringen Härte verschmieren sie, insbesondere bei einer Trockenmahlung, die Körner ihrer hydrophilen Begleitminerale und machen diese dadurch oft ebenfalls deutlich hydrophob.

b) Kleine Gehalte können ihrer Erfassung leicht dadurch entgehen, daß sie auch ohne Zugabe eines Schäumers aufschwimmen.

c) Sie benötigen kein Reagens zu ihrer Hydrophobierung und können allein durch Zugabe eines Schäumers (und Belüftung) flotiert werden. Da bei *jeder* Flotation Schaum erzeugt werden muß, sei es durch einen Schäumer oder durch einen gleichzeitig als solchen wirksamen Sammler, werden anwesende Minerale der Gruppe 1 in jedem Fall aufschwimmen. Sie werden also die Konzentrate aller anderen Gruppen verunreinigen. Bei ihrer Anwesenheit in größeren Mengen kann dies sehr störend sein; dann *muß* ihre Abtrennung an erster Stelle und *vor* der Flotation irgendwelcher anderen Minerale erfolgen.

d) Zu ihrer Flotation kann jeder Schäumer, auch ein mit Wasser mischbarer, für sich allein verwendet werden. Da die Körner dieser Minerale nicht nur durch hydrophobe, sondern auch durch hydrophile Flächen begrenzt werden, werden zur Verbesserung des Ausbringens fast immer noch unpolare Öle (Kohlenwasserstoffe) zugesetzt, wobei allerdings eine geringere Reinheit der Konzentrate in Kauf genommen werden muß und die Schaumqualität beeinträchtigt wird. Entscheidend für die Wirkung unpolarer Öle ist, daß sie möglichst fein verteilt auf die Kornoberflächen gelangen und diese verschmieren.

e) Für die stets nur „physikalische", d. h. schwache Adsorption der unpolaren Sammler und Öle auf den Kornoberflächen scheint deren Ladung keine Rolle zu spielen. Die Zeta-Potentiale der natürlich hydrophoben Minerale sind jedoch für deren Flotation nicht belanglos: Ihre technische Flotation wird optimal meist in dem pH-Bereich durchgeführt, in welchem das Zeta-Potential möglichst gering ist. Gerade bei der oft feinblätterigen Beschaffenheit der Minerale ist die Bildung größerer Flocken im Schaum (nicht etwa eine Ausflockung in der Trübe!) wünschenswert, und diese erfolgt vermutlich um so leichter, je geringer das Zeta-Potential ist.

6.1.1. Graphit

Graphit war das erste Mineral, das flotiert wurde. Im technischen Maßstab wird überwiegend der blättrig-kristalline Graphit flotiert (die maximal flotierbare Korngröße liegt bei etwa 2 bis 3 mm) und nur selten der ganz feinteilige, fälschlicherweise als „amorph" bezeichnete Graphit.

Abb. 12 zeigt die Zeta-Potentiale von zwei Graphiten und einem Anthrazit. Die durch ihren Verteilungszustand sehr verstärkte Befähigung von Kohlenstoffoberflächen zur physikalischen Adsorption ist allgemein bekannt, z. B. bei der Anwendung von Aktivkohle zum Entfernen von Farbstoffen aus Lösungen; sie wird sicher auch bei der Entstehung der hier beobachteten Zeta-Potentiale mitwirken. Viel weniger bekannt ist aber, daß Kohle- *und auch* Graphitoberflächen vielfältige *chemische* Reaktionen eingehen können, worüber z. B. DONNET [95] zusammenfassend berichtet. Bereits bei Raumtemperatur bilden sich durch Einwirkung von (Luft-)Sauerstoff „Oberflächenoxide", die man nach ihren Reaktionen in „saure" und „basische" unterteilt, von denen erstere weit besser untersucht sind. Der in Form verschiedener funktioneller Gruppen (Carboxyl, Lacton, Phenol, Chinon) gebundene Sauerstoff befindet sich bei den sauren Oberflächenoxiden ganz überwiegend am *Rand* der Graphitblättchen, bei den basischen dagegen wird eine in ihrer Art nicht näher bekannte Bindung auf den Basisflächen angenommen. Durch die Bildung von Oberflächenoxiden wird die Graphitoberfläche hydrophil, weil zwischen ihnen und den Wassermolekeln Wasserstoffbrücken gebildet werden.

STREL'TSYN, zitiert in [214], S. 41, hat durch Blasenhaftversuche nachgewiesen, daß während des Mahlens die Spalt- oder Basisflächen nur schwach, die Seitenflächen des Graphits jedoch stärker hydratisiert werden.

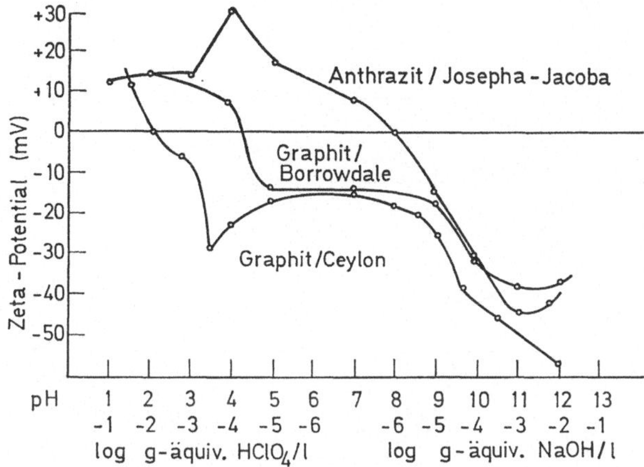

Abb. 12. Zeta-Potentiale von Graphit (Ceylon und Borrowdale) und Anthrazit/Josepha-Jacoba in Abhängigkeit von der HClO$_4$- bzw. NaOH-Konzentration

Bei der Dissoziation der schwach sauren Oberflächenoxide erhalten die Graphit- oder Kohleteilchen eine *negative* Ladung. Die positive Ladung des Anthrazits im sauren und der Graphite im stark sauren Gebiet dürfte auf Adsorption von Hydronium-Ionen beruhen. Möglicherweise können Vorzeichen und Betrag des Zeta-Potentials bei pH 7 sogar Aufschluß über die hydrophoben Eigenschaften der Oberflächen von Kohlenstoffteilchen geben: Je mehr hydrophilierende Oberflächenoxide sich gebildet haben, um so stärker negative Zeta-Potentiale werden auftreten. Es ist bekannt, daß sich hinreichend oxidierte Kohlenstoffe mühelos in Wasser verteilen lassen und sehr beständige Suspensionen ergeben.

Graphit und Kohlen lassen sich auch durch Lösungen anorganischer Salze — ohne Verwendung einer organischen Substanz als Schäumer — flotieren. Untersuchungen von KHARLAMOV und KLASSEN, zitiert in [214], S. 339, ergaben, daß dabei nicht die an sich zwar merkliche, aber im Vergleich zu organischen Schäumern doch geringe Schaumentwicklung maßgeblich ist, sondern die Veränderung des Zeta-Potentials und der Hydrathülle an der Kohlenstoffoberfläche. Aus Abb. 13 sind derartige Veränderungen ebenfalls zu ersehen. Da beim Graphit eine Zunahme der negativen Ladung und beim Anthrazit sogar Ladungsumkehr stattfindet, ist anzunehmen, daß bei beiden Stoffen unterschiedliche Vorgänge beteiligt sind.

Die Schaumentwicklung hängt vor allem von den Anionen ab; $SO_4^{--} >$ Cl$^-$ > NO$_3^-$. In etwa 0,5-normaler Lösung ergaben alle von den Autoren untersuchten Elektrolyte ein ähnliches Flotiervermögen, das sich bei höherer Salzkonzentration wieder verschlechterte.

In bezug auf die Flotation der Kohlen, die in der Technik eine sehr große Rolle spielt, soll hier nur folgendes erwähnt werden: Die natürliche Hydrophobie der Kohlearten hängt von ihrem Inkohlungsgrad ab. Lignit und Braunkohle sind noch ausgesprochen hydrophil, erst von etwa 80% C an macht sich nach BROWN [42] Hydrophobie bemerkbar. Je niedriger der Aschegehalt, um so besser flotiert die Kohle. Beim Liegen feuchter Kohle an Luft erfolgt Oxydation, welche die Flotierbarkeit herabsetzt.

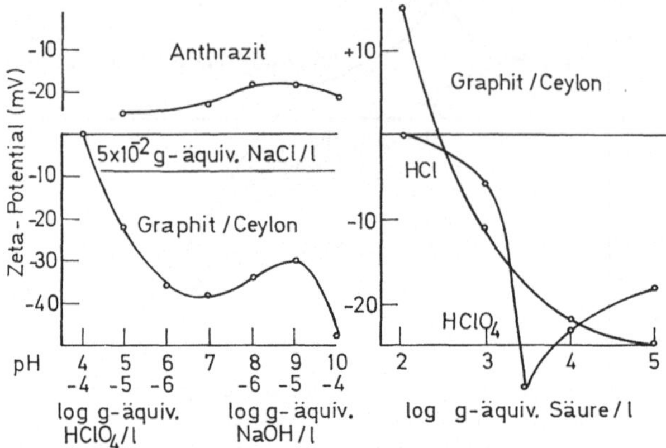

Abb. 13. Veränderungen der Zeta-Potentiale von Anthrazit/Josepha-Jacoba und Graphit/Ceylon durch NaCl sowie durch Verwendung von HCl anstelle von HClO₄ bei Graphit/Ceylon

Zu beachten ist bei geochemischen Untersuchungen, daß kohlehaltigen Proben möglichst wenig Gelegenheit zur Reaktion mit Elektrolyten geboten werden sollte, weil Kohlen Ionenaustauscher-Eigenschaften besitzen können. Über Zeta-Potentiale von Kohlen berichten CAMPBELL und SUN [51] [52].

6.1.2. Diamant

Ebenso wie der Graphit bildet auch der Diamant, der König der Edelsteine, bereits bei Raumtemperatur durch Lufteinwirkung Oberflächenoxide. Diese Reaktion beeinträchtigt zwar in keiner Weise sein Aussehen, aber entscheidend seine Flotierbarkeit. Eine wirklich saubere Diamantoberfläche ist sogar nur im Hochvakuum beständig. Die Oberflächenoxide und ihre Wasserstoffverbindungen sind angesichts der verschiedenartigen Strukturen der beiden Kohlenstoffarten ganz unterschiedlich: Beim Graphit entsprechen sie weitgehend aromatischen, beim Diamant aliphatischen Anordnungen.

SAPPOK und BOEHM [330] erreichten zwar unter bestimmten Bedingungen eine vollständige Absättigung der freien Valenzen des Diamanten mit Sauerstoff, jedoch nur zu ein Drittel mit Wasserstoff, Chlor oder Fluor. Sie nehmen an, daß an großen Teilen seiner Oberfläche eine etwa 5 Atomschichten tiefe Verzerrung seines Gitters mit gegenseitiger Absättigung der Valenzen der Bildung von Oberflächenverbindungen vorgezogen wird.

Durch die Bildung von Oberflächenoxiden *verliert* der frisch aus seinem primären Muttergestein freigelegte Diamant seine noch vorhandene Hydrophobie relativ rasch, z. B. schon bei zu langer Lagerung des gebrochenen Gesteines. Diamanten aus Seifen sind stets hydrophil. Durch Entgasen bei 950° im Hochvakuum wird der Diamant nach SAPPOK und BOEHM wieder hydrophob; auch chlorierte Diamanten sind (und bleiben) hydrophob.

Natürlich hydrophobe Diamanten lassen sich nach WEAWIND, WOLF und YOUNG [402] mit einer Mischung von 75 mg ,,Aerofloat 25"/kg und 90 mg Kresol/ kg unter Zugabe eines Kohlenwasserstofföles — am besten bei pH 7 bis 9, *nicht* im sauren Bereich! — im Lauf von 5 bis 10 Min. aus dem frisch zerkleinerten Gestein flotieren, sofern ihre Korngröße unter 1 mm (—16 mesh) liegt; bei Korngrößen unter 0,5 mm genügt ein Schäumer allein. Auch hydrophile Diamanten aus Seifen können nach LINHOLM [235] durch Behandlung mit verseiftem Maisöl wieder hydrophobiert werden (siehe auch [39], [401]!).

6.1.3. Schwefel

Durch Aufstreuen von Schwefelblüte auf Wasser kann man sich leicht vom hydrophoben Charakter des Schwefels überzeugen. Nach GAUDIN [133] sollen aber eigenartigerweise ganz saubere Schwefelflächen in reinem Wasser keinen Randwinkel zeigen; ein solcher tritt erst nach Zusatz kleinster Kohlenwasserstoff-Mengen auf.

Die technische Flotation von Schwefel wird nur dort betrieben, wo sehr große Mengen von Sanden oder Mergeln mit hinreichend hohem Schwefelgehalt vorkommen. Sie wird nach PRYOR [312] bei pH 2 bis 3 oder bei pH 7,5 durchgeführt,

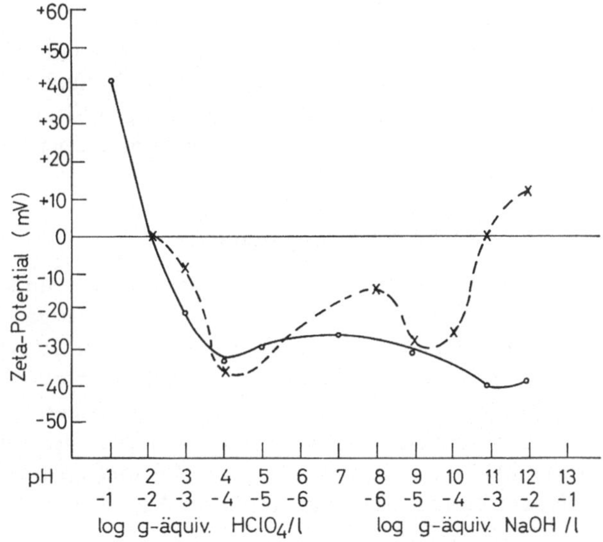

Abb. 14. Zeta-Potentiale von *Schwefel* in Abhängigkeit von der $HClO_4$- bzw. NaOH-Konzentration; in Wasser (ausgezogen) und gesättigter $CaSO_4$-Lösung (gestrichelt)

also in pH-Bereichen, in denen das Zeta-Potential möglichst niedrig ist. Zum Drücken von Gips, Calcit, Quarz, Tonmineralen werden Wasserglas oder Natriumpyrophosphat empfohlen; das negative Zeta-Potential des Schwefels wird durch Natriumsulfid stark vergrößert. Wie beim Graphit ist ebenfalls Flotation mit 0,5-normaler Natriumchlorid-Lösung möglich.

In Abb. 14 ist das Zeta-Potential des Schwefels in Wasser sowie in gesättigter Calciumsulfat-Lösung in Abhängigkeit von der Zugabe an Überchlorsäure bzw. Natriumhydroxid dargestellt.

Nach dem Mahlen des Schwefels mit Wasser im geschlossenen Achatbecher wurde deutlicher Geruch nach Schwefelwasserstoff festgestellt. Möglicherweise finden die von CHERBULIEZ [60] und GUTBIER [155] für die Wechselwirkung von Schwefel mit Wasser bei etwa 100° C angegebenen Reaktionen

$$3\,S + 2\,H_2O \rightleftharpoons SO_2 + 2\,H_2S$$
$$\text{und} \qquad 4\,S + 3\,H_2O \rightleftharpoons 2\,H_2S + S_2O_3^{--} + 2\,H^+$$

als tribochemische Reaktionen bereits bei etwa 20° C statt. Nach FOERSTER und HORNIG [117] sind als weitere Reaktionsprodukte Polythionsäuren zu erwarten Es ist in diesem Zusammenhang von geochemischem Interesse, daß CHERBULIEZ und HERZENSTEIN [61] in vielen H_2S-haltigen Thermalwässern Thiosulfat- und sogar spurenweise Polythionat-Ionen nachweisen konnten.

Das Zeta-Potential des Schwefels in Abhängigkeit vom pH-Wert ist bereits in einer nicht zugänglichen Arbeit von RUYSEN und VERSTRAETE und darüber hinaus auch in Abhängigkeit von unterschiedlichen Konzentrationen von Ionen mit verschiedenem Radius und verschiedener Wertigkeit durch Strömungspotential-Messungen von STACHURSKI [373] untersucht worden. Als potentialbestimmende Ionen kommen nur Hydronium- und vor allem Oxhydryl-Ionen in Frage, aber es muß zunächst offenbleiben, *wie* man sich deren Adsorption an die Schwefelmolekeln vorzustellen hat.

Die Änderung des Zeta-Potentials in gesättigter Calciumsulfat-Lösung im stärker alkalischen Bereich ist vielleicht derart erklärbar, daß an der Schwefeloberfläche vorliegende schwefelhaltige Anionen (aufgespaltene und teilweise oxidierte Ringe) mit Calcium-Ionen unter Bildung von insgesamt positiv geladenen $—S_xO_y\text{-}Ca^+$-Schichten reagieren.

6.1.4. Molybdänit

Die Erze, aus denen Molybdänit technisch flotiert wird, sind meistens sehr arm; die Gehalte liegen oft nur bei 0,015% und auch in günstigen Fällen nur bei 0,5%. Der Durchschnittsgehalt magmatischer Gesteine, an Molybdän, das nur in sauren Magmatiten überwiegend als Molybdänit, MoS_2, vorkommt, liegt noch um 2 Größenordnungen tiefer bei etwa 1 bis 1,5 ppm. Den Mineralogen interessiert nicht nur die bloße Anwesenheit von Molybdänit, sondern auch seine Gehalte an *Rhenium* (FLEISCHER [115] und BADALOV et al. [16]) und an *Osmium*, die nach HIRT, HERR und HOFFMEISTER [180] zur absoluten Altersbestimmung verwendet werden können.

Molybdänit ist parallel zur Basis ausgezeichnet spaltbar. Zwischen den Schwefelatomen zu beiden Seiten der Spaltebene sind überwiegend nur schwache Restkräfte wirksam; die Bindung zwischen S und Mo innerhalb eines Schichtpaketes ist nach PAULING [291] und KREBS [221] weitgehend kovalent.

Molybdänit ist, wie Abb. 15 zeigt, im gesamten pH-Bereich *negativ* geladen, wahrscheinlich durch die freien Elektronenpaare der S-Atome und nicht durch spezifisch adsorbierte Ionen. Möglicherweise trägt aber zur negativen Ladung auch noch die geringe randliche Herauslösung von Mo^{4+} im sauren pH-Bereich und die Adsorption von HS^--Ionen im alkalischen Bereich bei. Die bei pH 8,5 durchgeführte technische Flotation macht wieder vom Minimum des Zeta-Potentials Gebrauch.

Bei der technischen Flotation von Molybdänit wird eine besonders gute Verteilung unpolarer Öle auf seiner Oberfläche durch die Zugabe emulgierender oberflächenaktiver Stoffe (z. B. Glyzerin-Kokosfettsäure-monoschwefelsäure-ester) erreicht, die gleichzeitig als Schäumer wirken. KROKHIN und KOVALENKO, zitiert in [214], haben festgestellt, daß mit zunehmendem Gehalt an ungesättigten Kohlenwasserstoffen in den Ölen die hydrophobierende Wirkung auf die hydrophilen Flächen des Molybdänits senkrecht zur Basis steigt.

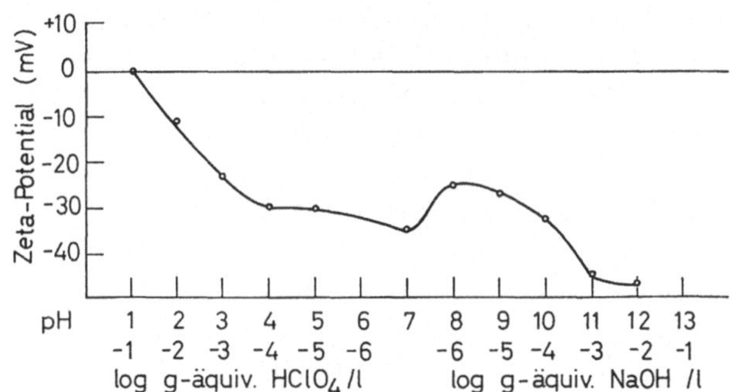

Abb. 15. Zeta-Potential von *Molybdänit* in Abhängigkeit von der HClO₄- bzw. NaOH-Konzentration

Die sehr hohe Hydrophobie der „geölten" Molybdänit-Spaltflächen bedingt, daß auch Verwachsungen von sehr wenig Molybdänit mit sehr viel hydrophilen Begleitmineralen noch gut flotieren. Dadurch wird die Flotation sehr erleichtert: Es genügt relativ grobe Mahlung, um ein erstes, praktisch den gesamten Molybdänit enthaltendes, aber noch recht unreines Konzentrat zu erhalten und die Hauptmenge der Begleitminerale als Rückstand abzustoßen. Durch wiederholte vorsichtige Naßmahlung und Flotation werden die Konzentrate immer reiner und die durchzusetzenden Mengen immer kleiner. (Zur Reaktionsfähigkeit von Molybdänit siehe auch [109]!)

Wie für andere Sulfide sind auch für Molybdänit Sulfhydrylsammler starke und spezifische Sammler; ihre Anwendung ist empfehlenswert, wenn der Molybdänit nicht allein aus Gesteinen abgetrennt werden soll. Auch bei technischen Flotationen ist Molybdänit meist zunächst in einem Sammelkonzentrat der Sulfide (vor allem des Cu und Fe) enthalten und muß aus diesen abgetrennt werden. Wegen der sehr ähnlichen spezifischen Gewichte von Molybdänit und Pyrit und ihres gleichen magnetischen Verhaltens (beide sind diamagnetisch) erfolgt die Trennung durch Flotation, und zwar nach PRYOR [312] auf verschiedene Weise:

a) Wenig Natriumcyanid drückt bei pH 8,3 Pyrit und Kupferkies, nicht aber Molybdänit (und Bleiglanz).

b) Bei pH 7,5 werden mit Dithiophosphaten ausgeschwommene Kupfersulfide durch Hexacyanoferrat(II)-Ionen gedrückt, nicht aber Molybdänit.

c) nach HOWARD [190] werden durch NaS_2CO—CH_2—$COONa$ bei erneuter Flotation der Sulfide alle Cu- und Fe-Sulfide gedrückt, nicht jedoch Molybdänit.

In Abb. 17 ist gezeigt, daß größere Zugaben von Kaliumcyanid oder Natriumsulfid das negative Zeta-Potential des Molybdänits ebenfalls vergrößern, also auch auf ihn drückend wirken.

6.1.5. Talk

Talk ist ein weitverbreiteter und oft sehr reichlicher Gemengteil metamorpher Gesteine ohne wesentliche geochemische Bedeutung. Die flotative Gewinnung irgendwelcher Minerale aus talkhaltigen Gesteinen setzt entweder seine vorherige Entfernung oder vollständiges Drücken voraus. Soll andererseits Talk möglichst rein flotiert werden, so können seine Begleitminerale im állgemeinen einfach gedrückt werden, z. B. durch frische Lösungen von Natriumpolyphosphaten. Die Wirksamkeit dieser Lösungen nimmt bei längerem Stehen infolge einer Depolymerisierung ab [31, 150]. Sulfidminerale können bei Gegenwart von Talk flotiert werden, wenn *zuerst* ein geeigneter kräftiger Sulfhydrylsammler in ausreichender Menge zugesetzt wird (ein Teil davon kann vom Talk adsorbiert werden), und dann erst und vorsichtig dosiert ein Drücker für Talk. Besonders geeignet sind als solche „Depressant 610“ und „Depressant 633“ [9, 41].

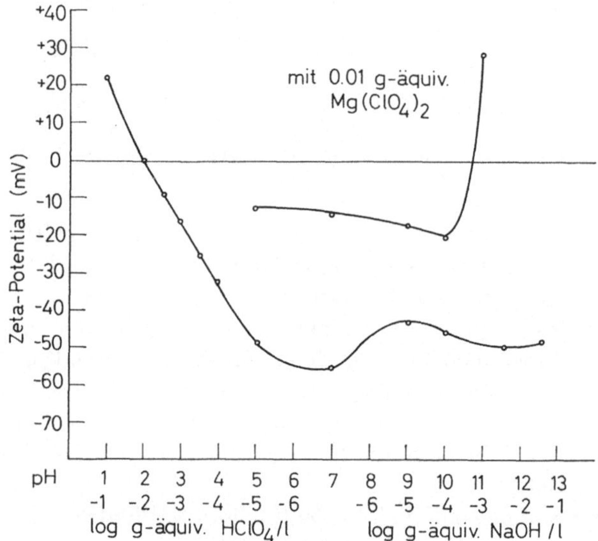

Abb. 16. Zeta-Potentiale von *Talk* in Abhängigkeit von der $HClO_4$- bzw. NaOH-Konzentration; ohne und mit 0,01 g-äquiv. Magnesiumperchlorat

Abb. 16 zeigt das Zeta-Potential des Talkes in Abhängigkeit von der Zugabe an Überchlorsäure bzw. Natriumhydroxid. Die auftretenden Zeta-Potentiale sind nicht durch Wechselwirkung der Ionen des Wassers mit den hydrophoben Spaltflächen, sondern mit den hydrophilen Seitenflächen der Talkblättchen bedingt. Im stärker sauren pH-Bereich wird die negative Ladung durch erhöhte Herauslösung von Mg^{2+}-Ionen, im neutralen und alkalischen Bereich durch Adsorption von Oxhydrylionen verursacht.

Da Talk häufig zusammen mit Magnesit oder Dolomit vorkommt, interessiert, ob bei einer eventuellen Behandlung des Gesteines mit Säuren freigesetzte Magnesiumionen, die vielleicht nicht gründlich genug ausgewaschen wurden, das Zeta-Potential des Talkes wesentlich verändern können. Ihre Wirkung ist nicht nur von ihrer Konzentration, sondern auch vom pH-Wert abhängig. Aus

Abb. 17 ist zu ersehen, daß bei pH = 7 (dasselbe gilt bis etwa pH 10) Magnesium-Konzentrationen bis 0,01-normal (bis 120 mg Mg^{2+}/l) zwar den Betrag des Zeta-Potentials ändern, nicht aber sein Vorzeichen. Erst im stärker alkalischen Bereich, wenn bereits die Ausfällung von $Mg(OH)_2$ beginnt, nimmt die Talk-Oberfläche positive Ladung an.

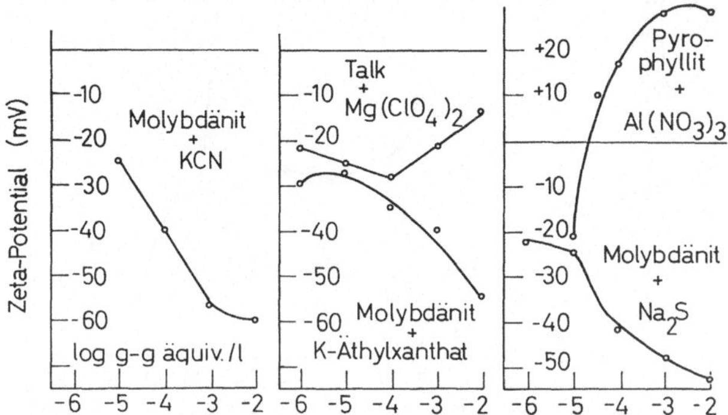

Abb. 17. Veränderungen der Zeta-Potentiale von Molybdänit durch Kaliumcyanid, Kaliumäthylxanthogenat und Natriumsulfid und von Talk durch Magnesiumperchlorat sowie von Pyrophyllit durch Aluminiumnitrat

Talk wird bei pH 6 bis 8 mit beliebigen Schäumern und eventueller Zugabe eines unpolaren Öles flotiert.

6.1.6. Pyrophyllit

Pyrophyllit, $Al_2(OH)_2Si_4O_{10}$, wird bisher technisch nicht durch Flotation gewonnen. Für mineralfazielle Untersuchungen ist, worauf WINKLER [409], S. 67, hingewiesen hat, der Nachweis auch kleiner Mengen von Pyrophyllit von Bedeutung. Die sichere mikroskopische Unterscheidung des feinkörnigen Pyrophyllits von Talk, Muskovit, Phengit, Paragonit, Kaolinit ist nach [390] meist nicht möglich und ebensowenig eine Trennung dieser Minerale nach ihren zum Teil sehr ähnlichen spezifischen Gewichten. Die an sich gut durchführbare röntgenographische Identifizierung kann aber neben sehr viel Quarz und anderen Blattsilikaten unsicher sein. Der Nachweis von Pyrophyllit wird jedenfalls erleichtert, wenn er gegenüber den begleitenden Mineralen angereichert wird. Eine solche Anreicherung ist, wie eigene Versuche gezeigt haben, auch noch bei recht kleinen Mengen und feinkörnigem Pyrophyllit möglich (siehe Abb. 19!).

Die natürliche Hydrophobie reicht nur bei dem relativ grobblätterigen Pyrophyllit pneumatolytischer oder hydrothermaler Entstehung zu einer flotativen Abtrennung mit Schäumern allein aus; sie muß im allgemeinen durch ein unpolares Öl verstärkt werden.

Die in Abb. 18 dargestellte pH-Zeta-Potential-Kurve läßt im Gegensatz zum Talk einen weniger glatten Verlauf erkennen. Die auftretenden Unstetigkeiten dürften durch Reaktionen der oktaedrisch koordinierten Al-Ionen mit der zugesetzten Säure bzw. Base bedingt sein. Es ist bekannt, daß Pyrophyllit im Gegen-

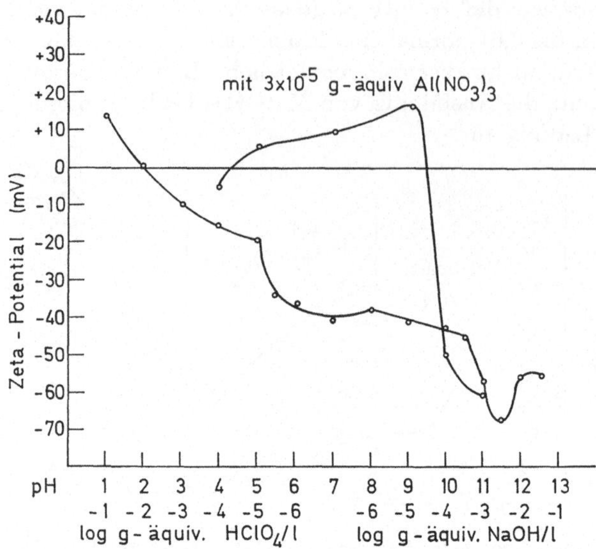

Abb. 18. Zeta-Potential von *Pyrophyllit* in Abhängigkeit von der HClO$_4$- bzw. NaOH-Konzentration; ohne und mit Aluminiumnitrat

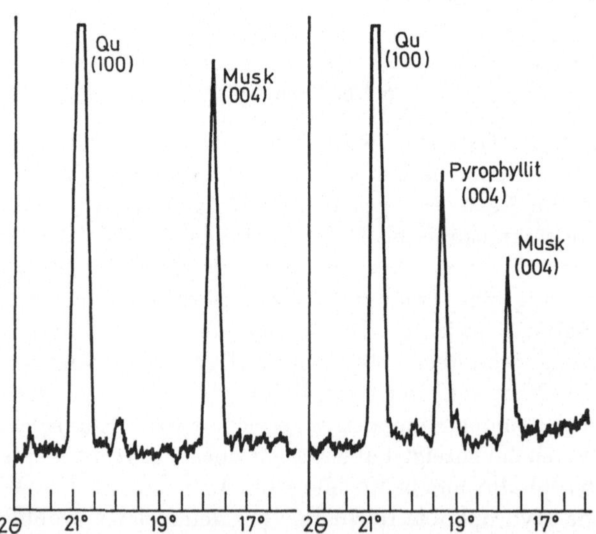

Abb. 19. Röntgenbeugungsaufnahmen der Texturpräparate von Quarz-Muskovit-Pyrophyllit-Gemischen (Cu-Strahlung — 40 kV, 20 mA — Durchflußzähler 1700 V — 200 Imp/sec — Dämpfung 8 — ¼ Grad/min — Papiervorschub 300 mm/h). Links: Ausgangsmischung von 90 g Quarz 20—63 µm, 10 g Muskovit 36—63 µm und *nur* 100 mg Pyrophyllit/Robbins 36—63 µm. Rechts: Nach zweimaliger Flotation mit 25 mg Kiefernöl/l, 40 mg Dowfroth-250/l und 25 mg Wasserglas/l erhaltenes Konzentrat (1,62 g), in welchem Pyrophyllit *deutlich angereichert* ist

satz zu Talk durch Schwefelsäure angegriffen wird, also reaktionsfähiger als dieser ist. Bereits durch 3×10^{-5}-normale Lösungen von Aluminium-Ionen (0,27 mg Al^{3+}/l) wird, wie aus den Abb. 17 und 18 zu ersehen ist, das Vorzeichen der Ladung geändert.

6.2. Gruppe 2: Mit Sulfhydrylsammlern flotierbare Minerale

Seit der Erfindung der Schaumschwimmaufbereitung durch SULMAN, PICKARD und BALLOT 1906 sind sulfidische Erze diejenigen mineralischen Rohstoffe geblieben, die vor allem und auch überwiegend diesem Trennverfahren unterworfen werden. Ohne Flotation wären Metalle wie Kupfer, Blei, Zink, Nickel, Kobalt, Cadmium, Molybdän in weit geringerem Maße und nur zu sehr viel höheren Preisen verfügbar. Sulfide im weiteren Sinne sowie auch Metalle wie Kupfer und Gold sind dank der Tatsache, daß es für sie ganz spezifische und sehr wirksame Sammler gibt, besonders lohnende Objekte der Flotation, wenn auch gerade die im technischen Maßstab stets erstrebte Trennung in die einzelnen Erzminerale besondere Schwierigkeiten bereitet und immer noch mehr eine Kunst als eine Wissenschaft ist.

Von der großen Zahl der überwiegend in hydrothermalen Bildungen auftretenden Minerale der Klassen der Elemente und der Sulfide im weiteren Sinne (nach STRUNZ) finden sich, wie besonders in den Untersuchungen von RAMDOHR [316] und von NEWHOUSE [269] dargelegt wird, in Gesteinen aller oder bestimmter Bildungsbereiche *verbreitet* nur relativ *wenige*, aber oft kennzeichnende und immer geochemisch wichtige Vertreter als meist nur in Mengen von 5 bis 500 ppm vorkommende Übergemengteile [114].

Auch wenn ihr Mengenanteil in den Gesteinen noch um eine Größenordnung kleiner ist als in den ärmsten, aber in riesigen Mengen aufbereiteten Erzen, ist es schwer begreiflich, daß noch kein ernsthafter Versuch unternommen wurde, sie wie aus jenen durch Flotation im Labormaßstab zu gewinnen. Ein solcher Versuch dürfte auch noch im Zeitalter der Mikrosonde durchaus lohnend sein. Während in einem Gesteinsanschliff häufig nur einige wenige Körner einer Untersuchung zugänglich sind und zur Sicherstellung einer ausreichenden Statistik sehr viele Anschliffe erforderlich wären, enthält ein auch nicht ganz reines Flotkonzentrat aus einer vergleichbaren Gesteinsmenge Hunderte oder Tausende genügend großer Erzmineralkörner — allerdings nicht mehr oder nur noch unvollständig in der ursprünglichen Kornform und Verwachsung.

Zu einer weiteren flotativen Trennung in die einzelnen Erzminerale sind jedoch die aus einem Gestein gewonnenen Gesamtsulfidmengen zu klein; eine Trennung oder zumindest Vortrennung ist in vielen Fällen durch Magnetscheidung möglich, im übrigen durch Auslesen unter dem Stereomikroskop.

Die nachfolgenden Ausführungen beschränken sich auf die Minerale Gold, Pyrit, Pyrrhotin (Magnetkies), Chalkopyrit (Kupferkies), Sphalerit (Zinkblende) und Galenit (Bleiglanz).

Bei der Zerkleinerung von Sulfidmineralen werden überwiegend starke Bindungen getrennt, die nur zum Teil Ionenbindungen oder metallische Bindungen sind, sondern überwiegend kovalente Bindungen. Da die Zerkleinerung praktisch stets an feuchter Luft oder in sauerstoffhaltigem Wasser erfolgt, reagieren die

Bruchflächen immer sofort mit Sauerstoff und Wasser. Im System S—O—H sind mehr als 40 Ionen- oder Molekelsorten bekannt, deren relative Stabilität vom pH-Wert und Redoxpotential bestimmt wird. Nach VALENSI, zitiert bei GARRELS und CHRIST [132], sind bei Raumtemperatur nur die auch in der Natur vorkommenden Spezies S^0, H_2S, HS^-, S^{--}, S_2^{--}, SO_4^{--} und HSO_4^- in ausreichenden bzw. nachweisbaren Mengen thermodynamisch absolut stabil. Es ist aber sehr wahrscheinlich und bezüglich SO_3^{--} und $S_2O_3^{--}$ sogar sicher, daß unter den Bedingungen einer intensiven Naßmahlung, wie sie bei der Flotation sulfidischer Erze bzw. Minerale allgemein angewandt wird, auch andere, thermodynamisch nur metastabile Ionen- und Molekelarten in größeren Mengen entstehen und mindestens 10 bis 100 Minuten lang beständig sind.

Das Vorliegen freier, d. h. getrennter starker Bindungen auf der Sulfidmineral-Oberfläche macht es verständlich, daß diese sofort die reichlich vorhandenen Wasserdipole anlagert, bevor noch irgendeine weitere Reaktion stattfindet. Unter Wasserbedeckung frisch erzeugte Sulfidmineral-Oberflächen *können* deshalb *nicht hydrophob* sein. Nach PLAKSIN, zitiert bei ROGERS [324], spielen sich folgende Vorgänge ab: Der in Wasser gelöste Sauerstoff (im allgemeinen 7 bis 8 mg/l) wird bevorzugt und in unterscheidbaren Stufen angelagert; andere Gase wie Stickstoff, Kohlendioxid, Argon werden erst später und in geringerem Umfang adsorbiert.

Durch die Aufnahme von Sauerstoff werden die Wasserdipole verdrängt, und die Sulfidoberfläche erhält einen mehr hydrophoben Charakter, ohne jedoch den Grad von Hydrophobie zu erreichen, der die Gruppe der natürlich hydrophoben Minerale auszeichnet. Die Geschwindigkeit der Sauerstoffadsorption und ihr Verlauf sind bei den einzelnen Sulfidmineralen verschieden. Die teilweise oder weitgehende Verdrängung der Wasserdipole von der Oberfläche ist zugleich die Vorbedingung für die Verankerung des Sammlers. Auch der Sauerstoffbedarf für vollständige Flotation (mit einem Sammler) ist bei den einzelnen Sulfidmineralen unterschiedlich; er nimmt nach PLAKSIN vom Bleiglanz über Pyrit, Zinkblende, Chalkopyrit, Pyrrhotin bis zum Arsenopyrit (Arsenkies) zu. Stundenlange Einwirkung von Sauerstoff verschlechtert dann die Flotationseigenschaften von Sulfiden wieder beträchtlich.

Wohl *alle* Sulfidminerale besitzen, mehr oder weniger ausgeprägt, *Halbleiter*-Eigenschaften, die z. B. auch durch sehr geringfügige nichtstöchiometrische Zusammensetzung bedingt sein können. Beim Überwiegen von Metallatomen werden deren sehr bewegliche Elektronen an das Leitfähigkeitsband des Kristalls abgegeben; überschüssige Schwefelatome *oder* Sauerstoffmolekeln nehmen aus dem gefüllten Valenzband Elektronen auf und bewirken dort das Entstehen von Elektronenlöchern. Bei manchen Mineralen sind beide Möglichkeiten gegeben, und zwar sogar bei ein und demselben Korn (z. B. beim Galenit). Die Bereiche unterschiedlichen elektrochemischen Potentials (nicht Zeta-Potentials) lassen sich durch kathodische Polarisation des betreffenden Kornes, z. B. in einer Lösung von $CuSO_4$, durch spannungsabhängige Belegung mit Kupfer sichtbar machen, wie PLAKSIN [301], PLAKSIN und SHAFEEV [303, 335] und SZEGLOWSKI [359] fanden.

Nach allem bereits früher Ausgeführten entscheidet die Verteilung der elektrochemischen Potentiale auf der Mineraloberfläche über die Adsorption des Sammlers bzw. der hydrophobierenden Spezies. Soweit die Adsorption von Sammler-*Anionen* der bestimmende Schritt ist, wird sie vor allem in den Oberflächenbereichen mit Elektronen*löchern* stattfinden und nicht an den Stellen mit Elektronenüberschuß. Mit zunehmender Leitfähigkeit werden deshalb bei n-Halbleitern mehr Stellen mit Elektronenüberschuß entstehen, die Sammleranionen werden abgestoßen, und die Flotierbarkeit wird verschlechtert. Bei p-Halbleitern werden dagegen mehr Elektronenlöcher entstehen, die Anionen des Sammlers werden angezogen und die Flotierbarkeit wird besser.

Bevor zum Mechanismus der Hydrophobierung bei den Sulfidmineralen Stellung genommen wird, sind die Sulfhydrylsammler zu besprechen, deren Name davon rührt, daß sie im polaren Teil ihrer Molekel eine mehr oder weniger stark saure —S—H-Gruppe enthalten, deren Wasserstoff durch Kationen, vor allem diejenigen der Schwermetalle, ersetzbar ist. Es sind sehr viele Anionen vorgeschlagen und untersucht worden, ganz überwiegend werden jedoch nur die folgenden Anionen verwendet, bei denen R einen (nicht zu großen oder langen) Kohlenwasserstoff-Rest bezeichnet:

a) Xanthogenate (abgekürzt: „Xanthate")

$$\left[R-O-C-S \atop \hphantom{R-O-}\| \atop \hphantom{R-O-}S \right]^{-}$$

(R = C_2H_5- bis C_6H_{13}-)

b) Dithiophosphate („Aerofloate", „Phosokresole")

$$\left[(R-O)_2 = P-S \atop \| \atop S \right]^{-}$$

(R = C_2H_5- bis C_5H_{11}- oder $C_6H_4(CH_3)$-, $C_6H_3(CH_3)_2$-)

c) Dithiocarbaminate

$$\left[R_2N-C-S \atop \| \atop S \right]^{-}$$

(R = C_5H_{11}-, C_6H_5- oder C_6H_{11}- = Cyclohexyl)

Die Xanthate und Dithiocarbaminate, die Dithiophosphate nur zum Teil, liegen meist als feste Natriumsalze vor, die sich in Wasser leicht lösen. Die Dithiophosphorsäuren sind unangenehm riechende, giftige und brennbare Flüssigkeiten, die mit Wasser emulgierbar sind. Die Lösungen der Xanthate und Dithiocarbaminate zersetzen sich rasch, besonders bei Zugabe von Säuren bzw. unterhalb pH 5; sie werden deshalb stets frisch angesetzt und vorzugsweise im Bereich von pH 7 bis 12 verwendet.

Die Sulfhydrylsammler sind nur für die mineralischen Sulfide und Metalle wie Kupfer, Silber, Gold spezifische und kräftige Sammler; in den üblichen Mengen (20 bis 120 mg/l) angewandt, sind sie gegenüber fast allen gesteinsbildenden Silikaten und Karbonaten und den meisten Oxiden völlig unwirksam. Die Tatsache, daß ihre *Wirkung* auf Halbmetalle wie Wismut oder deren Verbindungen, etwa Nickelin, und auf die schwermetallhaltigen Minerale der Oxydationszone, etwa Cerussit, Malachit, Smithsonit, wesentlich *schwächer* ist und sowohl höhere Sammlerzugaben als auch eine vorhergehende *Sulfidierung* voraussetzt, läßt bereits vermuten, daß an ihr noch andere Vorgänge als nur die Bildung eines schwerlöslichen Schwermetallsalzes allein beteiligt sind [102].

Während die meisten Autoren diesen Schwermetallverbindungen der Sulfhydrylsammler viel Interesse widmen, ist nichts darüber zu erfahren, *welche Rolle* eigentlich der *Sulfid-Schwefel* bei der Fixierung der hydrophobierenden Spezies spielt. Die altbekannte Beobachtung, daß die Oxydationsminerale der Schwermetalle zu ausreichender Flotation oberflächlich in Sulfide verwandelt werden müssen, obwohl bei ihnen die Schwermetall-Kationen in den meisten Fällen sicher besser für die Sammler-Anionen zugänglich sind als bei den Sulfidmineralen, weist bereits in die Richtung, in der man die offenbar *unentbehrliche* Mitwirkung des Sulfidschwefels vermuten muß:

Durch die Belegung mit Sulfid-Ionen erhält das Mineral Halbleiter-Eigenschaften, auch wenn das Mineral an sich kein Halbleiter ist! Die Disulfid- oder Sulfid-Ionen vermögen bei der Oxydation (durch den Luft-Sauerstoff), welche die dritte Voraussetzung für die Flotation der Sulfidminerale ist, in elementaren Schwefel überzugehen, der aus dem gefüllten Valenzband Elektronen aufnimmt und damit *die* Elektronenlöcher erzeugt, welche erst die Adsorption von Sammler-Anionen ermöglichen.

Auf Grund ihrer sehr geringen Löslichkeit in Wasser, fast immer sehr guten Löslichkeit in organischen Lösungsmitteln und intensiven Färbung darf man annehmen, daß es sich bei den meisten Reaktionsprodukten von Schwermetallen mit Sulfhydrylsammlern *nicht* um salzartige Verbindungen mit Ionenbindung, sondern um Substanzen mit überwiegenden *kovalenten* Bindungen handelt; auch ihre Bindung an die Mineraloberfläche dürfte weitgehend kovalent sein. Die *Art* der auf der Oberfläche der Elemente und Sulfidminerale im weiteren Sinn gebildeten, für deren Hydrophobierung wirklich *maßgeblichen* Reaktionsprodukte ist in den meisten Fällen noch immer *nicht* mit Sicherheit bekannt. Es ist auch nicht geklärt, ob bei allen Mineralen bzw. Sammlern derselbe Reaktionsmechanismus vorliegt [58].

Die meisten Sulfidminerale besitzen im pH-Gebiet über 2 *negative* Zeta-Potentiale, die meist schon ab pH 9 stark negativ werden. Die Gegenwart von Metallkationen macht sich also im Zeta-Potential nicht bemerkbar. Die negative Ladung ist sehr wahrscheinlich durch die freien Elektronenpaare der Sulfid- und Disulfid-Ionen verursacht und *nicht* durch Oxhydrylionen, zumindest nicht unterhalb pH 7. Es ist deshalb zu erwarten, daß die negativ geladene Mineraloberfläche Sammler-Anionen abstößt oder nur dann adsorbiert, wenn ein besonders hoher Energiegewinn resultiert. Letzteres dürfte gerade dann der Fall sein, wenn Sammler-Anionen trotz der negativen Ladung zu den im Zeta-Potential nicht in Erscheinung tretenden, aber durchaus vorhandenen Elektronenlöchern vordringen. Für eine Adsorption *neutraler* Sammlermolekeln wäre die negative Ladung ohne Bedeutung.

Bei niedrigem Sammlerangebot bleibt, auch wenn bereits eine Reaktion mit Schwermetall-Kationen stattfand bzw. Hydrophobierung erfolgte, das Zeta-

Potential praktisch unverändert. Erst wenn immer mehr Sammler-Anionen angeboten werden, nimmt erfahrungsgemäß die negative Ladung rasch zu; ganz Entsprechendes gilt von den ebenfalls spezifisch adsorbierten Hydrogensulfid- und Cyanid-Ionen.

Die Sammler-Anionen stehen an der Mineraloberfläche in Konkurrenz mit den dort vorhandenen bzw. bereits adsorbierten anderen Anionen. Insbesondere gibt es für *jedes* Sulfidmineral eine von der Temperatur und Sammlerkonzentration abhängige *kritische Oxhydryl*-Ionenkonzentrationen bzw. ein kritischen pH-Wert, unterhalb dessen das Mineral mit Sulhydrylsammlern flotiert und oberhalb dessen es auf keinen Fall mehr flotiert. Entsprechende kritische Konzentrationen gibt es bezüglich der HS^-- und CN^--Ionen, die beide ebenso wie die HO^--Ionen bei genügend hohen Konzentrationen stark drückend wirken. Von den Xanthaten zu den Dithiocarbaminaten und mit längeren Kohlenwasserstoff-Ketten werden die kritischen HO^--Ionenkonzentrationen im allgemeinen nach *höheren* pH-Werten hin verschoben.

Die Schwermetall-Kationen der Minerale der Gruppe 2 können auch mit anderen hydrophobierenden Anionen (Alkyl-Carboxylate, -Sulfate usw.) bei hinreichender Konzentration derselben reagieren; auch diese Anionen können spezifisch adsorbiert werden. Da die betreffenden Anionen aber für die Abtrennung der Minerale *anderer* Gruppen aus der Paragense benötigt werden und für diese häufig die *einzigen* in Frage kommenden Sammler darstellen, *sollen* sie einerseits nicht oder nur in ganz speziellen Fällen zur Flotation der Minerale der Gruppe 2 verwendet werden und *müssen* diese andererseits *vor* der Flotation der Minerale anderer Gruppen mit den für sie spezifischen Sulfhydryl-Sammlern flotiert werden.

Das negative Zeta-Potential der Sulfidminerale in einem weiten pH-Bereich legt nahe, sie mit *kationaktiven* Sammlern zu flotieren. Tatsächlich sind sie auch bis zur Erfindung der Xanthate mit Aminen, z. B. dem (krebserregenden) a-Naphthylamin, ausgeschwommen worden. Da aber die kationaktiven Sammler wieder für eine Reihe anderer Minerale die Sammler der Wahl sind und z. B. im Bereich oberhalb von pH 7 die meisten Silikate flotieren, können auch sie für die Sulfidmineral-Flotation nur in besonderen Fällen verwendet werden, z. B. um aus einem Karbonatgestein die in kleinen Mengen enthaltenen Sulfide *und* Silikate gemeinsam zu flotieren. Wie bei den anionaktiven Sammlern ist auch bei den kationaktiven das Verhalten der einzelnen Sulfidminerale prinzipiell ähnlich, aber graduell verschieden insofern, als ihre Wirksamkeit wieder mit zunehmender Länge des Kohlenwasserstoff-Restes im unpolaren Teil des Kations steigt. Dieser Effekt kann gegebenenfalls zur Trennung von Sulfidmineralen benutzt werden und wird bei deren Einzelbehandlung besprochen.

Sowohl durch stoffliche Unterschiede innerhalb einer Mineralart (z. B. Eisengehalt des Sphalerits) und Halbleitereigenschaften als auch durch eine sehr oft mögliche und schwer zu verhindernde Aktivierung (vor allem durch Kupfer aus einem Kupfermineral der Paragenese) bedingt, kann das Verhalten von Sulfidmineralen bei der Flotation in manchmal beachtlichem Ausmaß schwanken. Ihre Trennung voneinander kann deshalb niemals schematisch erfolgen, vielmehr muß ein dazu möglicher Weg meist durch umfangreiche empirische Versuche aufgesucht werden.

6.2.1. Gold

Dem Vorkommen und der Paragenese des Minerals Gold sind sehr viele Untersuchungen gewidmet worden, von denen diejenigen von RAMDOHR [317], SCHWARTZ [423] und KIRCHHEIMER [212] erwähnt seien. Seine Geochemie als Element und Mineral ist erstaunlicherweise weit weniger intensiv untersucht worden.

Obwohl der größte Teil des „freien" Goldes aus seinen Erzen durch Cyanidlaugung und Schwerkraftverfahren und in bereits angereichertem Zustand durch Amalgamation gewonnen wird, wird doch auch ein beachtlicher Teil seit etwa 50 Jahren mit gemeinsam flotierten Sulfidmineralen in ein Sammelkonzentrat gebracht, bei dessen metallurgischer Verarbeitung es dann in einer besonderen Verfahrensstufe rein erhalten wird. Eine selektive und ausschließliche Flotation des Goldes wird technisch nicht durchgeführt; nur Erze, in denen freies Gold mit Arsen-, Antimon- und/oder Tellurmineralen oder mit teilweise verwittertem Pyrit vorkommt und die für eine Cyanidlaugung ungeeignet sind, werden grundsätzlich flotiert. Nähere Angaben hierzu finden sich z. B. bei PRYOR [312]. Im übrigen beeinträchtigt die Flotation des Goldes mit Sulfhydrylsammlern und auch mit Aminen seine Cyanidlaugung sehr stark, worüber eine neuere Untersuchung von FINKELSTEIN und ASHURTS [112] vorliegt. Überzüge von Goethit oder Kerargyrit können, wie RAMDOHR [317] erwähnt, die Flotation stören oder vereiteln.

Die geringe Härte verursacht bei der Mahlung leicht ein Flachschlagen bzw. die Bildung großer Oberflächen, an denen tonige Feinstanteile gerne haften, wie OLDRIGHT und READ [278] fanden. Trotz des hohen spezifischen Gewichtes wurden in Flotationsschäumen Goldkörner bis 0,38 mm Größe gefunden. Gold ist schwer im Schaum zu halten, der durch die minimalen Mengen nicht stabilisiert wird, und erfordert besondere Schäume mit kleinen festen Blasen. Die Flotation wird vor allem für Korngrößen unter 0,2 mm empfohlen.

Die besten Ergebnisse werden nach einer Firmenschrift der American Cyanamid Co. [9] mit einer Kombination von Sulfhydrylsammlern erhalten; der pH-Wert soll bei 7 liegen. Eine ganze Reihe von Stoffen drückt Gold: höhere HO^-- und HS^--Ionenkonzentrationen, Cyanid bildet lösliche Cyanokomplexe; aber auch Eisen(II)- und Eisen(III)-Sulfat, die bei Gegenwart von verwitterndem Pyrit nicht auszuschließen sind. Drücker für kohlige Substanzen (welche die Cyanidlaugung sehr behindern) oder für Blattsilikate müssen vorsichtig dosiert werden, da ihr Überschuß auch Gold drückt. Unter geeigneten Bedingungen flotiert Gold sehr gut; das Ausbringen liegt meist über 90%.

6.2.2. Pyrit

Pyrit ist das verbreitetste und häufigste Sulfidmineral und auch als Träger von Spurenelementen (Co, Ni, As) von geochemischer Bedeutung. Wenn Pyrit in großem Maßstab flotiert wird, geschieht dies nur noch selten seiner selbst willen, sondern vor allem zur Gewinnung und Abtrennung begleitender Sulfidminerale, wegen seines häufigen Goldgehaltes und zur Reinigung von Rohstoffen, in denen er stört, z. B. von Kohlen.

Über die Flotation von Pyrit existiert zwar ein umfangreiches Schrifttum, allerdings meint BUSHELL [50], daß sich die Kenntnis der Chemie der Pyritflotation noch nicht bis zu dem Punkt entwickelt hat, wo sie von ersichtlichem Nutzen für den Aufbereiter ist.

Für das Verhalten von Pyrit bei der Flotation erscheinen folgende Eigenschaften bzw. Beobachtungen wichtig:

a) Die Fe—S- und S—S-Bindungen in der Struktur des Pyrits sind, wie nach PAULING [291] aus magnetischen Messungen hervorgeht, im wesentlichen *kovalent*.

b) Pyrit ist in nichtoxidierenden Säuren (konz. Salzsäure, 48%ige Flußsäure, konz. Schwefelsäure) nicht nachweisbar löslich; er löst sich aber leicht in oxidierenden Säuren. Nach REMY [320] ist er auch in Alkalisulfid-Lösungen unlöslich und bildet keine Thiosalze, jedoch sind Hydroxothiosalze bekannt. Pyrit gibt im gesamten pH-Bereich von 1 bis 13 weder S^{--}- noch HS^{-}-Ionen an die Lösung ab.

c) Wird feingemahlener Pyrit mit Wasser von pH 7 bei Gegenwart von Luftsauerstoff behandelt, so nimmt, wie MAJIMA und TAKEDA [247] fanden, der pH-Wert *zu*. Nach MAJIMA [246] entsteht als erstes Reaktionsprodukt elementarer *Schwefel*. Dies legt folgenden Reaktionsmechanismus nahe:

$$\frac{1}{2} O_2 \text{ (adsorb.)} + 2 (H_3O)^+ + 2\,e = 3\,H_2O$$
$$S_2^{--} = 2\,S^0 + 2\,e$$
$$\overline{\frac{1}{2} O_2 \text{ (adsorb.)} + 2 (H_3O)^+ + S_2^{--} = 3\,H_2O + 2\,S^0}$$

d) Nach PETERS und MAJIMA, zitiert in [247], verhält sich Pyrit, welcher der Luft ausgesetzt war, „passiv", was auf Adsorption von Sauerstoff zurückgeführt wird. Diese Passivität bewirkt das Auftreten einer ziemlich niedrigen Wasserstoff-Überspannung an einer Pyrit-Elektrode und eine größere Reversibilität derselben, so daß sich Pyrit, ähnlich wie Platin, in Redoxsystemen als Katalysator verhalten kann. Damit dürfte eine alte Beobachtung von GOTTSCHALK und BUEHLER [146] in Zusammenhang stehen, wonach Pyrit (und Markasit) bei Gegenwart vieler anderer Sulfidminerale vor Oxydation geschützt wird, während die Oxydation und Auflösung der anderen Sulfidminerale beschleunigt wird. Es ist einerseits fraglich, ob die Hypothese einer Lokalelement-Bildung bei der Untersuchung des Flotierverhaltens komplexer Erzmineralparagenesen bisher ausreichend berücksichtigt wurde, andererseits würde ihre Gültigkeit den Wert von Untersuchungen an Einzelmineralen einschränken; auf jeden Fall werden die flotativen Eigenarten gewisser Erze und manche scheinbaren Widersprüche im Schrifttum ursächlich mit ihr zusammenhängen.

BOCHAROV und GOLIKOV [32] fanden, daß beim gemeinsamen Mahlen von Pyrit und Quarz in Wasser bei Luftzutritt in einer Stahlmühle der abgeriebene Stahl schneller oxidierte als der Pyrit; die Oxydationsgeschwindigkeit nahm mit abnehmendem pH-Wert zu. Im alkalischen Medium wurde der abgeriebene Stahl nur wenig oxidiert, dagegen nahm mit dem pH-Wert auch die Geschwindigkeit der Pyrit-Oxydationen zu. Die Menge der S und O enthaltenden Ionen (Sulfit-, Thiosulfat-, Polythionat-Ionen) nimmt zu mit steigendem pH-Wert und zunehmender Mahldauer.

e) Abb. 20 zeigt die Zeta-Potentiale eines Pyrits in Abhängigkeit von den Zugaben an Überchlorsäure bzw. Natriumhydroxid. Da zumindest im Bereich von pH 2 bis 7 Oxhydryl-, Hydrogensulfid- und Sulfid-Ionen nicht existenzfähig und damit nicht potentialbestimmend sein können, ist anzunehmen, daß das negative Zeta-Potential als solches durch die unabgesättigten Restladungen und freien

Elektronenpaare der Disulfid- und Sulfid-Gruppen bedingt wird. Die Abnahme der negativen Ladung von pH 7 nach pH 2 dürfte sowohl auf die vielleicht nur physikalische Adsorption der zunehmend reichlicher angebotenen Hydroniumionen als auch auf die Elektronen-*Abgabe* beim Übergang der Disulfid-Ionen in elementaren Schwefel zurückzuführen sein. Oberhalb von pH 9 nimmt das negative Zeta-Potential durch die zunehmende (spezifische) Adsorption von Oxhydrylionen zu.

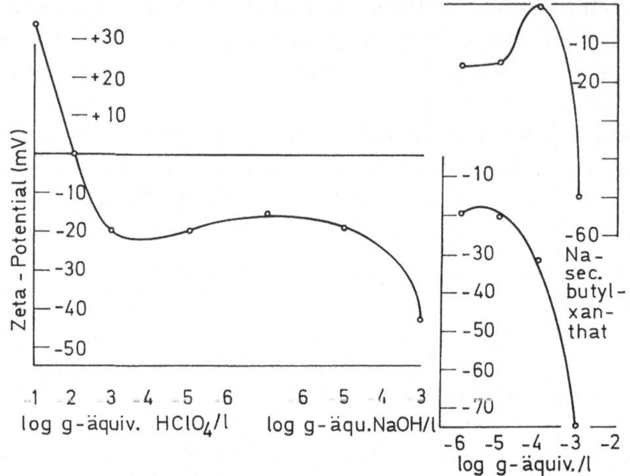

Abb. 20. Zeta-Potential des Pyrits/Elba in Abhängigkeit von der HClO$_4$- bzw. NaOH-Konzentration (links) und von den Konzentrationen an KCN und Na-sec. butylxanthat (rechts)

f) Untersuchungen von ABRAMOV [1], DE BRUYN und MELLGREN [424] und von FUERSTENAU, KUHN und ELGILLANI [126] haben zu der Auffassung geführt, daß die Oberflächen von Pyrit (und von anderen Sulfidmineralen) *nicht* oder zumindest nicht wesentlich durch spezifisch adsorbierte Xanthat-Ionen hydrophobiert werden, sondern durch *neutrale* Molekeln von *Dixanthogenen*. Es sind dies im allgemeinen ölige Oxydationsprodukte von Xanthogenaten, aus denen sie nach folgender Reaktionsgleichung entstehen:

$$2 \begin{bmatrix} R-O-C-S \\ \| \\ S \end{bmatrix}^- -2\,e \rightleftharpoons \begin{array}{c} R-O-C-S-S-C-O-R \\ \| \qquad\qquad \| \\ S \qquad\qquad S \end{array}$$

Elektrochemische Untersuchungen von MAJIMA und TAKEDA [247] machen es sehr wahrscheinlich, daß sich auf der Pyritoberfläche in einer Xanthogenat-Lösung folgende Reaktion abspielt:

$$\tfrac{1}{2}\,O_2\ (\text{adsorb.}) + 2\,X^- + H_2O = X_2\ (\text{adsorb.!}) + 2\,HO^-$$

X$^-$ sind dabei die Xanthogenat-Ionen, X$_2$ ist das Dixanthogen. Die Pyritoberfläche *katalysiert* nach den genannten Autoren die Oxydation von Xanthogenat; die nach dem Einbringen von Pyrit in eine neutrale Xanthogenatlösung nach vorstehender Reaktionsgleichung zu erwartende Zunahme des pH-Wertes infolge der Entstehung von HO$^-$-Ionen konnte von ihnen bestätigt werden.

g) Während die Fe^{2+}- oder Fe^{3+}-Ionen in der Pyritoberfläche nach dem soeben Ausgeführten für die Hydrophobierung mit Xanthogenaten offenbar nicht wichtig sind, sind sie dies bei der Adsorption von Oxhydrylsammlern und bei Reaktionen mit hydrophilierenden, drückenden Anionen durchaus. Zu letzteren gehören außer HO^-- und HS^--Ionen vor allem Cyanid-Ionen, aber auch Xanthogenat-Ionen in größerem Überschuß; ihre Wirkung auf das Zeta-Potential des Pyrits ist aus Abb. 20 ebenfalls zu ersehen.

h) Auch Kationen können gegenüber Pyrit drückend wirken. Wenn die „Gesamtsulfide" ausgeschwommen werden, darf die Trübe vorher nicht stark angesäuert werden, weil sich Sphalerit, Pyrrhotin und auch Galenit relativ leicht in Säure lösen und freigesetzte Ca^{2+}- und Fe^{3+}-Ionen stark drückend auf Pyrit wirken. Da in Flotationsanlagen zur Einstellung hoher pH-Werte bei der Flotation von Kupfersulfiden (zum Drücken des Pyrits) meist als billigste technische Base Kalkmilch (Calciumhydroxid) verwendet wird, beschäftigen sich mehrere Autoren mit den dabei ablaufenden Reaktionen. Die Ansichten, zitiert in [214], reichen von einer Bedeckung der Pyritoberfläche mit Eisen(III)-hydroxid über die Bildung eines Mischfilmes aus $FeOOH$, $CaSO_4$ und $CaCO_3$ bis zu orientierten Verwachsungen von Pyrit und Portlandit.

i) Pyrit läßt sich mit primären aliphatischen Aminen, also mit kationaktiven Sammlern, nur flotieren, wenn deren Kohlenwasserstoffkette genügend lang ist (mehr als 8 bis 9 C-Atome). Nach SCHULMAN [371] ist bei Gegenwart von Xanthogenat auch mit wesentlich kürzerkettigen oder mit tertiären Aminen Flotation möglich infolge der Bildung von Mischfilmen.

Der kritische pH-Wert für die meisten Sulfhydrylsammler liegt beim Pyrit ziemlich tief, etwa bei pH 7 bis 8, so daß auf jeden Fall hohe Oxhydrylionen-Konzentrationen zu vermeiden sind. Da es bei geochemischen Untersuchungen anzustreben ist, die spärlichen Sulfidminerale, unter denen Pyrit oder der ihm im Flotationsverhalten ganz ähnliche Pyrrhotin meist stark vorherrscht, möglichst vollständig zu gewinnen, muß einerseits der pH-Wert besonders auf den Pyrit abgestimmt sein und müssen andererseits besonders wirksame Sulfhydrylsammler verwendet werden. Dies sind die Dithiocarbaminate, die z. B. von GÖTTE und KOENIG [148] für diesen Zweck vorgeschlagen wurden und über deren Eigenschaften und Reaktionen unter anderen WEVER, KOCH und MALISSA [407] unterrichten.

Die Bildung von elementarem Schwefel auf der Pyritoberfläche bei der Zerkleinerung in sauerstoffhaltigem Wasser erhöht seine Hydrophobie; sie erfolgt um so rascher und ausgiebiger, je reaktionsfähiger der Pyrit ist. Diese Aussage wird sehr schön bestätigt durch eine auf andere Weise kaum zu deutende Besonderheit des Meggener Derberzes: Die geringen Gehalte des Erzes an dem besonders reaktionsfähigen, d. h. oxydationsempfindlichen Melnikovitpyrit flotieren *vor* der Hauptmenge des wesentlich träger flotierenden Pyrits zusammen mit dem ebenfalls sehr schwimmfreudigen Galenit.

6.2.3. Pyrrhotin

Pyrrhotin ist ein in magmatischen und metamorphen Gesteinen sehr verbreitetes und auch häufiges Sulfidmineral. Infolge der sehr häufigen Verwachsung mit Pentlandit, seltener mit Kupferkies, sind die Angaben über seine Spurenelementgehalte oft etwas problematisch. Er besitzt wechselnd starken, aber sehr richtungs-abhängigen Magnetismus und findet sich deshalb bei der Aufbereitung von Erzen oder Gesteinsproben durch Magnetscheidung im allgemeinen in einer Fraktion mit überwiegendem Magnetit, von dem er wegen seines bereits hohen spezifischen Gewichtes nicht mehr bzw. nur noch durch Flotation getrennt werden kann.

Die wechselnde, nichtstöchiometrische Zusammensetzung wirkt sich auch auf sein Verhalten bei der Flotation aus, worüber z. B. ALEKSEEVA [425] berichtet, aber die Unterschiede sind stets geringer als diejenigen zwischen Pyrrhotin und anderen Sulfidmineralen. Er ist in relativ verdünnten Säuren löslich.

Seine in Abb. 21 dargestellten Zeta-Potentiale zeigen, daß Pyrrhotin aus bereits beim Pyrit angeführten Gründen im Bereich oberhalb pH 2 negative Ladung be-sitzt. Die Entwicklung von Schwefelwasserstoff beginnt in merklichem Umfang erst bei pH 4,5. Wahrscheinlich sind bereits oberhalb pH 5 Oxhydrylionen poten-tialbestimmend bis etwa pH 11,5, wo Adsorption von Na^+-Ionen einsetzt.

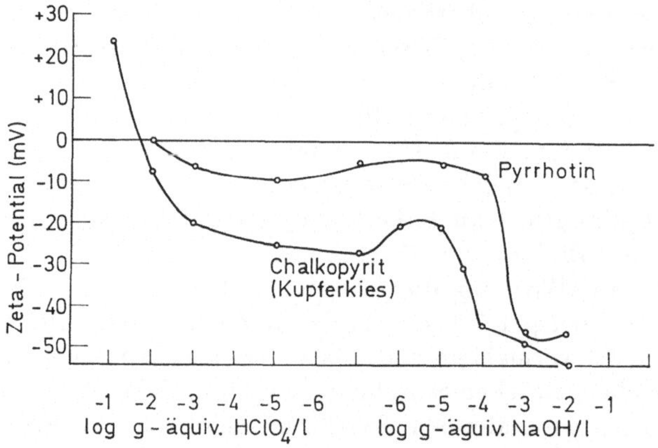

Abb. 21. Zeta-Potentiale von Pyrrhotin/Habachtal und Chalkopyrit/Füsseberg in Abhängig-keit von der HClO$_4$- bzw. NaOH-Konzentration (Messung an die Mahlung sofort anschließend)

ISHIHARA und KAGAMI [197] haben festgestellt, daß auch bei der Oxydation von Pyrrhotin in Wasser elementarer Schwefel entsteht; die Flotierbarkeit war etwa dem gebildeten Schwefel proportional. Der Mechanismus der Schwefelbildung dürfte aber hier ein anderer sein als beim Pyrit, nämlich

$$\tfrac{1}{2}\,O_2 \text{ (adsorb.)} + H_2S = S^0 + H_2O$$

und wirkt sich auf die Ladung der Pyrrhotinoberfläche nicht aus. Nach den genann-ten Autoren wird das Ausbringen durch Belüftung mit Sauerstoff verringert und auch die Löslichkeit des Pyrrhotins in saurer Lösung. Dies erscheint plausibel, weil das bei zu weitgehender Oxydation in seiner Oberfläche entstehende Eisen (III)-ion sowohl eine viel geringere Tendenz zur Lösung als auch zur Reaktion mit Xanthat-Ionen besitzt und außerdem bereits in schwach saurer Lösung Oxhydryl-Ionen spezifisch adsorbiert.

In seinem Verhalten gegenüber Sulfhydrylsammlern ist Pyrrhotin dem Pyrit ganz ähnlich. Nach PLAKSIN et al., zitiert in [324], wirken Ammonium-Ionen sowohl auf Pyrrhotin als auch auf Pyrit aktivierend; sie verdrängen drückende Calcium- oder Natrium-Ionen von deren Oberflächen, verhindern die Bildung einer Wasserhülle und verbessern die Reaktion mit Xanthaten. Ebenso wie Pyrit kann auch Pyrrhotin durch kurzkettige aliphatische Amine allein *nicht* flotiert werden.

6.2.4. Chalkopyrit

Chalkopyrit ist das verbreitetste, in allen Bildungsbereichen vorkommende Kupfermineral. Geochemisch ist er bedeutsam als ein wesentlicher Träger des Selengehaltes in Erzen und Gesteinen. Seine Zusammensetzung ist recht konstant, und seine allenfalls vorhandenen Halbleiter-Eigenschaften wirken sich auf das Verhalten bei der Flotation nicht aus. Er ist nur in oxidierenden Säuren merklich löslich.

Bei der Deutung seiner in Abb. 21 gezeigten pH-Zeta-Potential-Kurve wird man seine Oxydationsempfindlichkeit beachten müssen sowie die Tatsache, daß bei seiner Verwitterung bzw. Oxydation durch Reaktion von frei gewordenen Cu^{2+}-Ionen mit unverändertem Kupferkies zunächst immer kupferreichere Sulfide entstehen. Vielleicht ist die Verlangsamung der Oxhydrylionen-Adsorption oberhalb pH 10 bereits auf die Bildung von Hydroxocupraten(II) auf der Oberfläche zurückzuführen.

Chalkopyrit kann bei *höheren* pH-Werten als Pyrit oder Pyrrhotin mit Sulfhydrylsammlern flotiert werden; diese Tatsache wird zu seiner Trennung von den genannten Mineralen in großem Umfang ausgenützt, indem der pH-Wert durch $Ca(OH)_2$- oder Na_2CO_3-Zugabe so weit erhöht wird, daß die Eisensulfide mit Sicherheit gedrückt werden. Allerdings funktioniert diese Trennung nur dann ganz einwandfrei, wenn der Pyrit z. B. nicht zuvor Gelegenheit hatte, in saurer Lösung mit Cu^{2+}-Ionen zu reagieren, durch die er aktiviert wird.

Chalkopyrit ist, solange seine Oberfläche nicht merklich oxydiert ist, ein sehr schwimmfreudiges Mineral, das auch mit Sulfhydrylsammlern ausschwimmt, die nur eine sehr kurze Kohlenwasserstoffkette besitzen. Durch Cyanid-Ionen wird er gedrückt.

Im Gegensatz zu Pyrit und Pyrrhotin flotiert Chalkopyrit bereits mit n-Pentylamin oder n-Hexylamin sehr gut (5 bis 50 mg/l). Da mit den gleichen Reagenzien Glimmer flotieren, müssen diese abwesend sein, wenn Chalkopyrit gewonnen werden soll. Da die genannten Amine (schwache) Basen sind, stellt sich der optimale pH-Wert von etwa 10 bis 11,5 allein durch ihre Zugabe zur Trübe ein. LIDSTRÖM [233], ABRAMOV [2] und insbesondere RUNOLINNA [327] haben in neuerer Zeit die Flotation von Sulfiden bzw. Chalkopyrit mit kationaktiven Sammlern (mit 12 und mehr C-Atomen in der Kette) untersucht. Bei relativ hohem pH bildet sich auf der Sulfidmineral-Oberfläche ein Komplex aus Molekeln des *freien* Amins und den betreffenden Metallkationen. Man wird annehmen dürfen, daß analog zu den Hexammin-Komplexen der Übergangsmetalle die Beständigkeit der Alkylamin-Komplexe in der Reihenfolge $Fe^{2+} < Co^{2+} < Ni^{2+} < Cu^{2+} > Zn^{2+}$ zunimmt, wobei $Fe^{2+} < Zn^{2+}$ ist. Dies würde auch erklären, warum die Komplexe des Eisens mit kurzkettigen Aminen für eine Hydrophobierung noch nicht ausreichen, wohl aber diejenigen des Zinks.

6.2.5. Sphalerit

Sphalerit findet sich in Gesteinen nur mäßig verbreitet und auch nur in sehr kleinen Mengen; er ist geochemisch durch seine Gehalte an Cadmium, Gallium, Indium, Thallium und Germanium bedeutsam.

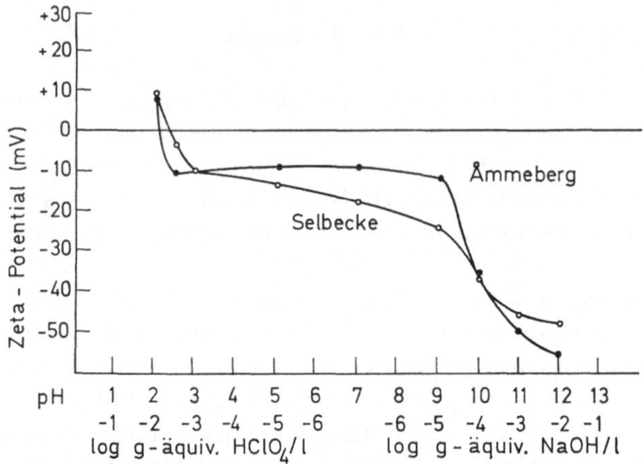

Abb. 22. Zeta-Potentiale der Zinkblenden von Selbecke und Åmmeberg in Abhängigkeit von der HClO₄- und NaOH-Konzentration

Abb. 22 zeigt die Zeta-Potentiale eines sehr eisenarmen und eines eisenreichen Sphalerits in Abhängigkeit von den Zugaben an Überchlorsäure bzw. Natriumhydroxid. Sphalerit löst sich schon in relativ verdünnten bzw. schwachen Säuren und oxidiert in feuchtem Zustand sehr rasch. In einer tribochemischen Reaktion — beim Verreiben oder Mahlen mit Wasser — wird er sogar bereits durch Wasser zersetzt nach

$$ZnS + 2\,H_2O = Zn^{2+} + H_2S + 2\,HO^-$$

Vermutlich schon unterhalb pH 7 sind an seiner Oberfläche Oxhydryl-Ionen potentialbestimmend, offenbar in noch stärkerem Maße als beim Pyrrhotin, dessen pH-Zeta-Potential-Kurve derjenigen des eisenreichen Sphalerits ähnlich ist. Im stärker alkalischen Bereich entstehen Hydroxozinkat-Anionen [320], die nach KONEV [218] bei pH 10,5 bis 12,0 auf seiner Oberfläche adsorbiert werden.

Ganz reiner Sphalerit reagiert bzw. flotiert *nicht* mit allen Sulfhydrylsammlern, sondern, wie STEININGER [378] gezeigt hat, nur mit *schwach* dissoziierten; z. B. sehr gut mit Oktanthiol, überhaupt nicht mit Xanthogenaten oder Dithiophosphaten. Dabei findet eine Reaktion der auf der Sphalerit-Oberfläche haftenden HO⁻-Ionen mit den adsorbierten und dissoziierten Sammlermolekeln statt nach

$$-Zn\text{-}OH + HS\text{-}R = -Zn\text{-}SR + H_2O$$

Die Bildung von Wasser liefert dabei den entscheidenden Energiebeitrag; die direkte Verdrängung der HO⁻-Ionen durch die Sammler-Anionen ist dagegen wegen der niedrigen Bildungsenergien der betreffenden Zinksalze nicht möglich. Da unterhalb von pH 7 die Menge der HO⁻-Ionen auf der Sphalerit-Oberfläche rasch abnimmt, können Sammlermolekeln nur noch physikalisch, d. h. relativ schwach, adsorbiert werden, und dementsprechend nimmt unterhalb pH 7 auch die Flotierbarkeit stark ab.

Bei der technischen Flotation des Sphalerits werden stets Cu^{2+}-Ionen als Aktivatoren zugesetzt, und zwar im alkalischen pH-Bereich. In die Sphalerit-Oberfläche werden dabei anstelle von Zn^{2+}-Ionen Cu^{2+}-Ionen eingebaut, und nur diese reagieren mit den Sulfhydrylsammlern, und zwar gerade auch mit solchen, mit denen reiner Sphalerit nicht zu flotieren ist. Beim Vorliegen von Sphalerit *und* Chalkopyrit (oder einem anderen Kupfersulfid) in einer Paragenese entstehen infolge der bei der Zerkleinerung stets stattfindenden Oxydation Cu^{2+}-Ionen, welche den Sphalerit (aber auch andere Sulfidminerale!) aktivieren, so daß er fast immer teilweise flotierbar wird; im allgemeinen reicht aber diese Aktivierung nicht zur vollständigen Flotation des Sphalerits aus. Für die Gewinnung von Sphalerit bei geochemischen Untersuchungen dürfte allerdings eine derartige Aktivierung undiskutabel sein [300].

Es hat nicht an Versuchen gefehlt, eine Aktivierung ohne Schwermetall-Kationen zu erreichen; KHAZHINSKAYA und MAKSIMOV [210] schlagen gemeinsame Verwendung von Xanthogenaten und Alkylarylsulfonaten vor, SCHULMAN [371] diejenige von Xanthogenaten und Octyltrimethylammoniumbromid, andere höhere Zugaben von Natriumsilicofluorid [91].

Durch Cyanid-Ionen wird Sphalerit ebenso gedrückt wie die anderen bisher besprochenen Sulfidminerale. Im Gegensatz zum Pyrit flotiert auch nichtaktivierter Sphalerit mit n-Pentylamin oder n-Hexylamin recht gut, aber nicht vollständig [233].

6.2.6. Galenit

Galenit (Bleiglanz) ist das wichtigste Blei-Erzmineral, findet sich aber nur sehr selten und außerordentlich spärlich in Gesteinen. Er ist das wohl am intensivsten hinsichtlich seines Verhaltens bei der Flotation untersuchte Sulfidmineral. Bei vielen geologischen und lagerstättenkundlichen Fragestellungen interessieren die Blei-Isotopenverhältnisse [189]; allerdings wird zu deren Bestimmung bisher nicht der als Übergemengteil in Gesteinen vorkommende, sondern der aus hydrothermalen oder syngenetisch-sedimentären Bildungen stammende Galenit verwendet. Über die Bedeutung seiner Spurenelementgehalte berichtet HERTEL [176].

Galenit besitzt Halbleiter-Eigenschaften; die Geschwindigkeit und das Ausmaß der Hydrophobierung hängen bei ihm von den durch Halbleiter-Eigenschaften gesteuerten Oxydationsvorgängen auf seiner Oberfläche ab. REUTER und STEIN [321] fanden, daß auf verschiedenem Wege hergestellte Bleisulfid-Präparate ein sehr unterschiedliches Verhalten bei der Oxydation zeigen können. Als erste Oxydationsprodukte entstehen nach ihnen Bleioxid und elementarer Schwefel; bei Gegenwart von Wasser (Luftfeuchtigkeit) ist bei Raumtemperatur das Endprodukt der Oxydation ein basisches Bleithiosulfat (dessen Entdeckung als natürliches Mineral noch aussteht).

MANOJLOVIC-GIFLING [249] beobachtete, daß mit anderen Sulfidmineralen verwachsener Galenit leichter oxidiert und leichter hydrophobiert werden konnte als solcher aus monomineralischen Proben. GLEMBOTSKII und DMITRIEVA [142] stellten bei Proben aus 25 Lagerstätten fest, daß grobkristalliner Galenit homogener Zusammensetzung, bei dem die Verunreinigungen im wesentlichen auf den Spaltflächen konzentriert sind, sowohl mit Äthylxanthat als auch mit Äthyldithiophosphat lebhaft reagiert, während feinverwachsener, verformter Galenit mit emulsionsartig verteilten Einschlüssen mit Äthylxanthat nur schwach, mit Äthyldithiophosphat überhaupt nicht reagiert bzw. flotiert.

Bei elektronenmikroskopischen Untersuchungen von Galenit-Spaltflächen, die mit Xanthatlösungen behandelt waren, beobachteten HAGIHARA, UCHIKOSHI und YAMASHITA, zitiert in [156], mehrfach *Blei*-Kristallite. HAGIHARA und SAKORAI [156] schließen deshalb auf stark reduzierendes Milieu und halten es auf Grund von Elektronenbeugungsaufnahmen nicht für ausgeschlossen, daß zunächst ein Pb—S—C(=S)—OR mit *ein*wertigem Blei entsteht, welches mit einer freien Valenz eines Schwefelatoms auf der Galenitoberfläche zu einem Bleixanthogenat mit zweiwertigem Blei weiterreagiert.

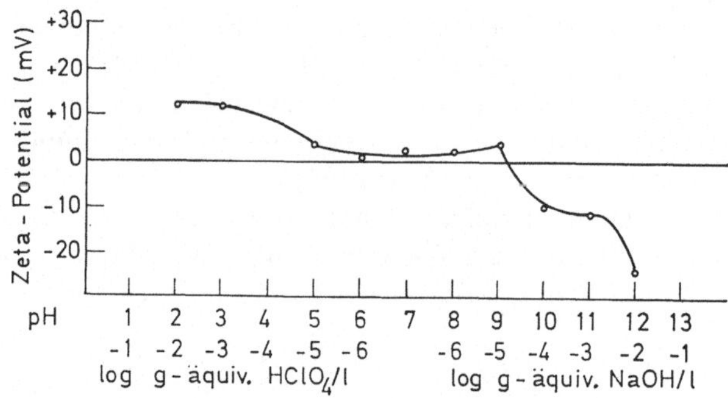

Abb. 23. Zeta-Potential des Bleiglanzes/Bleialf in Abhängigkeit von der HClO₄- bzw. NaOH-Konzentration (Messung sofort an die Mahlung anschließend)

Wie bereits beim Pyrit ausgeführt wurde, neigt man heute zu der Ansicht, daß die hydrophobierenden Spezies nicht oder zumindest nicht allein [371] die Xanthogenat-Anionen bzw. ihre Reaktionsprodukte mit den Schwermetall-Kationen, sondern die neutralen Dixanthogen-Molekeln sind. Zu dieser Frage liegt auch eine wichtige Stellungnahme von COOK [71] vor. Ähnlich wie beim Pyrit wirkt auch beim Galenit die Oberfläche als Katalysator für die Oxydation von Xanthogenat-Ionen zu den entsprechenden Dixanthogenen, wie aus den Arbeiten von TOLUN und KITCHENER [389] und von GAUDIN und FINKELSTEIN [136] hervorgeht. Mit den Reaktionen anderer Sulfhydrylsammler beim Galenit haben sich YARAR, HAYDON und KITCHENER [413] und MELLGREN und RAO [426] beschäftigt sowie [116].

Abb. 23 zeigt die Zeta-Potentiale eines grobspätigen Galenits in Abhängigkeit von den Zugaben an HClO₄ und NaOH, auf dessen Oberfläche im Bereich von pH 2 bis etwa pH 9 die Elektronenlöcher (und Pb^{2+}-Kationen) überwiegen dürften, da das Zeta-Potential in diesem Bereich *positiv* ist.

Da Blei keine Cyano-Komplexe bildet, wird Galenit durch Cyanid-Konzentrationen, bei welchen alle anderen bisher besprochenen Sulfidminerale mit Sicherheit gedrückt werden, *nicht* gedrückt, wodurch sich eine flotative Trennmöglichkeit von anderen unmagnetischen Sulfiden ergibt. Dagegen ist Galenit sehr empfindlich gegenüber HS⁻-Ionen. Obwohl das Blei keine Ammin-Komplexe bildet, kann Galenit sogar mit kurzkettigen Aminen, allerdings nicht ganz vollständig, flotiert werden.

6.3. Gruppe 3: In Säuren lösliche oder gegen sie empfindliche Minerale

Die Flotation vieler Minerale kann optimal nur im sauren bis stark sauren pH-Bereich erfolgen. Die Anwendung von Säuren hat jedoch vier schwerwiegende Konsequenzen, vor allem, wenn anschließend noch andere Minerale flotiert werden sollen, falls die betreffende Paragenese mehr oder weniger große Mengen von in Säuren löslichen oder gegenüber Säuren empfindlichen Mineralen enthält:

a) Die Säure wird durch säurelösliche Minerale neutralisiert, so daß es schwierig ist, einen bestimmten pH-Wert bei der Flotation einzuhalten, und unwirtschaftlich große Säuremengen benötigt werden.

b) Die gegen Säuren nicht beständigen Minerale werden entweder völlig aufgelöst oder zumindest angelöst und dadurch chemisch verändert.

c) Es gelangen *mehr*wertige Kationen oder Anionen in die Trübe und bewirken infolge spezifischer Adsorption teils Aktivierung, teils Drücken anderer Minerale; sie gestalten jedenfalls die Flotationsbedingungen sehr unübersichtlich.

d) Bei geochemischen Untersuchungen wird die ursprüngliche und eigentlich interessierende Elementverteilung mancher Minerale durch adsorbierte oder eingetauschte Kationen oder Anionen unter Umständen stark und unübersehbar verändert.

Die angedeuteten Störungen lassen sich — allerdings nicht in jedem Fall — dadurch vermeiden, daß die säurelöslichen oder -empfindlichen Minerale *vor* den säureresistenten oder zur Flotation Säuren benötigenden Mineralen flotiert werden, wobei ihre Flotation überwiegend im neutralen bis stark alkalischen Medium erfolgt und erfolgen muß. Da unter den dabei gewählten Bedingungen aber auch die bereits besprochenen natürlich hydrophoben Minerale und die Sulfide im weiteren Sinn flotieren würden, müssen diese noch vorher abgetrennt werden.

Dieselben Störungen wären bei größeren Gehalten von in Wasser löslichen Mineralen bzw. Salzen in der Paragenese, insbesondere von solchen, die mehrwertige Kationen oder Anionen enthalten, gegeben. Es wird stets vorausgesetzt, daß im Laufe der Zerkleinerung, die fast immer eine Naßmahlung einschließt, diese wasserlöslichen Minerale vollständig in Lösung gehen und daß sie vor dem Konditionieren durch Filtration und Auswaschen sehr weitgehend aus der Probe abgetrennt werden.

Die in der Gruppe 3 zusammengefaßten Minerale stammen aus ganz verschiedenen Bereichen der Mineralsystematik: Fluoride, Oxide, Hydroxide, Carbonate, Borate, Sulfate, Phosphate, Wolframate, Calciumsilikate, Foide, Zeolithe und andere. Sie können selbstverständlich von ihren Begleitern nicht in allen Fällen durch den gleichen Sammler flotativ getrennt werden. Sehr häufig muß bei selektiven Trennungen innerhalb der Gruppe 3, sofern keine Zeta-Potentiale unterschiedlichen Vorzeichens auftreten oder keine wesentlichen Löslichkeitsunterschiede der Oberflächenverbindungen des geeigneten, verwendeten Sammlers vorliegen, auf die Anwendung von *Drückern* zurückgegriffen werden. Trotz vieler

Untersuchungen ist aber über deren Wirkungsweise, über ihre Reaktionen mit der Mineraloberfläche und den Sammlern noch zu wenig bekannt, so daß ihre Anwendung weitgehend empirisch erfolgt, oft große Erfahrung voraussetzt und im allgemeinen nur bei mehrfacher Wiederholung der Flotation zu befriedigenden Ergebnissen führt.

Sind Minerale der Gruppe 3 abwesend oder kann, z. B. auch infolge nur ganz geringer Gehalte (Apatit in vielen Magmatiten und Metamorphiten), ihre Auflösung in Säuren vernachlässigt werden, könnte sich die Flotation anwesender Vertreter der Gruppen 4 und 5 anschließen. Bei Gegenwart von *Glimmern* (Muskovit, Biotit, Phlogopit) in der Paragenese ist es jedoch sehr empfehlenswert, diese jetzt zu flotieren, und zwar mit kurzkettigen Alkylaminen, weil dadurch die Reingewinnung mancher anderen Minerale, vor allem der Feldspäte, bei nachfolgenden Flotationen außerordentlich erleichtert wird. Ein solches Vorgehen hat den weiteren Vorteil, daß der pH-Wert der Trübe noch im alkalischen Bereich bleiben kann, bevor ein saures Milieu erforderlich wird.

6.3.1. Calcit

Calcit, $CaCO_3$, tritt gesteinsbildend in allen Bildungsbereichen auf (Karbonatite, hydrothermale Gangmassen; Kalksteine, Mergel, Kalksandsteine; Marmore, Skarne, Kalksilikatfelse). Bei technischen Flotationen kommt eine Auflösung des Calcits zur Gewinnung seiner Begleitminerale kaum jemals in Frage; bei mineralogischen Untersuchungen wird der Calcit meist mit verdünnter Säure (am besten mit 4%iger Monochloressigsäure) weggelöst. Ein Vorteil dieser Methode ist, daß die Begleitminerale in kaum veränderter Form und Größe erhalten werden; Nachteile sind, daß die Auflösung nur langsam vor sich geht, bei mehreren Proben viel Platz und Gefäße beansprucht, beachtliche Säuremengen erfordert, und besonders, daß eine ganze Anzahl von Gastmineralen von der Säure aufgelöst, angegriffen oder in ihrem Stoffbestand verändert werden. Sofern die ursprüngliche Form und Korngröße der Begleitminerale keine Rolle spielt, kann in Anbetracht des meist günstigen Verhaltens der Calcitgesteine bei der Zerkleinerung eine recht weitgehende Freilegung der Begleitminerale erreicht werden, so daß eine Flotation Vorteile bietet. Wenn Zusammensetzung und Spurenelementgehalt des Calcits interessieren oder aus diesem das Strontium für Altersbestimmungen nach der von GARBE, EWALD und NEY [104] benützten Methode abgetrennt werden soll, scheidet seine Auflösung von vornherein aus.

Zeta-Potentiale sind beim Calcit von verschiedenen Forschern mit unterschiedlichen Methoden und Ergebnissen bestimmt worden. Im Bereich von etwa pH 6 bis pH 12 fanden DOUGLAS und WALKER [98] durchwegs negatives Zeta-Potential, auch SUN, dessen Ergebnisse in [363] und [12] zitiert werden, gibt negatives Zeta-Potential, jedoch keinen point-of-zero-charge für Calcit an. STEINER [376] und BORISOV, zitiert in [214], S. 297 und 347, finden dagegen nur positive Zeta-Potentiale, ebenfalls ohne pzc, während SOMASUNDARAN und AGAR [351] sowie FUERSTENAU, GUTIERREZ und ELGILLANI [125] einen point-of-zero-charge-finden, der nach den letzterwähnten Autoren bei pH 10,1 liegen soll. Schließlich stellten BERLIN und KHABAKOV [24] bei der elektroosmotischen Untersuchung von über 150 Calcit-, Kalkstein- und Fossilproben fest, daß *alle* auf rein *a*norganischem Wege entstandenen Calcite *positive* Ladung tragen, während *alle* von ihnen untersuchten *biogenen Calcite* (mit Ausnahme von Belemniten-Rostren) ein *negatives* Zeta-Potential aufweisen.

Eigene Zeta-Potential-Messungen an isländischem Doppelspat und einem lateralsekretionären Calcit ergaben, wie Abb. 24 zeigt, im pH-Bereich von etwa 7 bis 12,5 *positives* Zeta-Potenital *ohne* einen point-of-zero-charge. Dagegen wurden bei *Aragoniten* neben häufigeren positiven Zeta-Potentialen auch negative beobachtet.

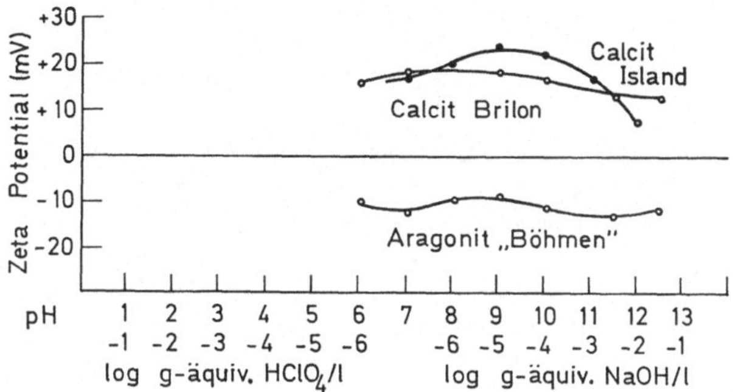

Abb. 24. Zeta-Potential von Calcit/Island („Doppelspat"), Calcit/Brilon und Aragonit/ „Böhmen" in Abhängigkeit von der $HClO_4$- bzw. NaOH-Konzentration

BERLIN und KHABAKOV [24] nehmen zur Deutung ihrer Befunde an, daß das Zeta-Potential des Calciumcarbonates von den Fällungs- und Kristallisationsbedingungen abhängt, derart, daß beim Vorliegen eines Ca^{2+}-Ionen-Überschusses während der Bildung $CaCO_3$ mit positiver Ladung, beim Vorliegen eines CO_3^{--}-Ionen-Überschusses dagegen negatives Zeta-Potential resultiert. Es bietet sich jedoch eine andere, wahrscheinlichere Erklärung an. Zunächst mag ein gewisser Teil ihrer Proben aus Aragonit bestanden haben (dies wurde von ihnen nicht überprüft), der als instabile Modifikation des $CaCO_3$ ein vom Calcit abweichendes negatives Zeta-Potential besitzen kann. Vor allem aber könnte das negative Zeta-Potential durch geringe Beimengungen organischer Substanzen bzw. Kolloide verursacht sein. GRÉGOIRE [151, 152] hat in zahlreichen Untersuchungen mit dem Durchstrahlungs-Elektronenmikroskop gefunden, daß in fossilen, sogar noch in ordovizischen Molluskenschalen Überbleibsel des organischen Perlmuttergerüstes vorhanden sind. Ein wesentlicher Bestandteil des letzteren sind mucopolysaccharidische Proteine (Konchyolin). Es ist bekannt, daß ähnliche Eiweißstoffe wie Leim, Gelatine, in Flotationssystemen sehr wirksame Drücker sind, d. h., daß sie auch noch in großer Verdünnung das Zeta-Potential aller Minerale erniedrigen. Aus Abb. 25 ist zu ersehen, daß noch eine $10^{-4}\%$ige Gelatine-Lösung das Zeta-Potential des isländischen Doppelspates von $+17$ mv auf -14 mV erniedrigt; dies würde einem Gehalt von 0,2% organischer Substanz im Fossil entsprechen.

Beim Einbringen von Calcit in reines Wasser findet neben der Hydratation und der geringfügigen Herauslösung von $CaCO_3$ aus seiner Oberfläche auch eine Hydrolyse sowohl der gelösten als auch der auf der Oberfläche verbliebenen Ionensorten statt. An sich sollte man erwarten, daß wegen der höheren Hydratationsenergie des Calcium-Ions (360 kcal/Mol) gegenüber derjenigen des CO_3^{--}-Ions (etwa 300 kcal/Mol) das erstere bevorzugt aus der $CaCO_3$-Oberfläche herausgelöst und dieser dadurch eine negative Ladung verliehen wird. Insbesondere sollte das der Fall sein bei der instabilen und deshalb besser löslichen $CaCO_3$-Modifikation, dem Aragonit. Von vier untersuchten Aragoniten wies jedoch nur einer negative Ladung auf.

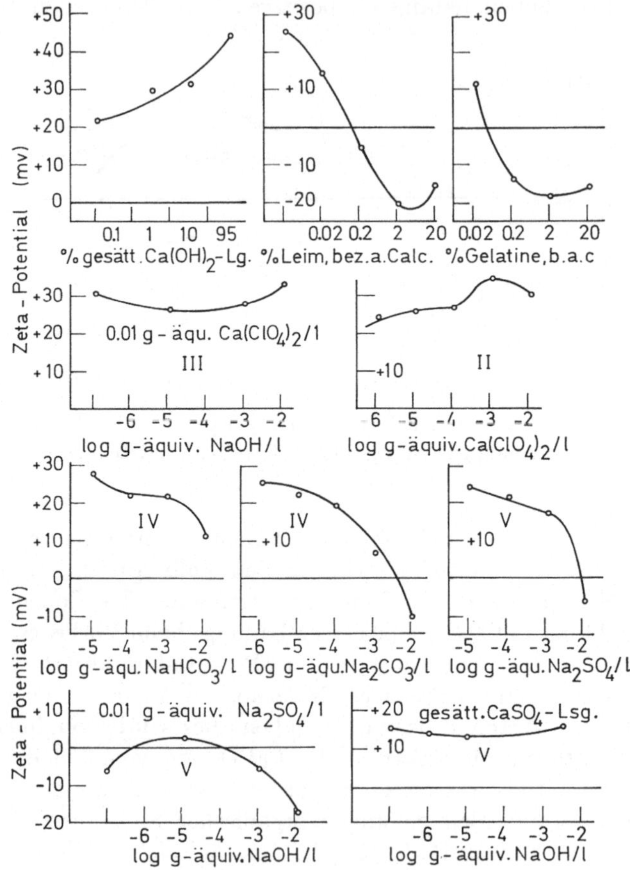

Abb. 25. I—V. Veränderungen des Zeta-Potentials von *Calcit* durch Ca(OH)₂, Calcium-, Hydrogencarbonat-, Carbonat- und Sulfat-Ionen sowie durch Leim und Gelatine; zum Teil in Abhängigkeit von der NaOH-Konzentration

Vielleicht ist die im Gegensatz zum Calcit negative Ladung der Aragonit-Oberfläche auch für das Funktionieren der bekannten Unterscheidungsreaktion für Aragonit nach FEIGL und LEITMEIER [110, 228] maßgeblich. Nach FEIGL entstehen beim Befeuchten einer Aragonitoberfläche nach

$$CaCO_3 + H_2O \rightleftharpoons Ca^{++} + HCO_3^- + HO^-$$

rascher und mehr HO⁻-Ionen als beim Calcit, die dann nach

$$Mn^{++} + 2\,Ag^+ + 4\,HO^- \rightarrow MnO_2 + 2\,Ag^0 + 2\,H_2O$$

weiterreagieren, wobei es innerhalb von 10 Minuten nur beim Aragonit zur Ausbildung eines tiefschwarzen Belages an der Oberfläche kommt. Durch dieselbe Reaktion können auch Strontianit und Witherit nachgewiesen werden, welche wie Aragonit negative Oberflächenladung besitzen. Bei den positiv geladenen Oberflächen von Dolomit und Magnesit erfolgt dagegen die Reaktion genausowenig wie beim Calcit. Der entscheidende Schritt dürfte demnach die Adsorption der Mn- und Ag-Kationen auf den negativ geladenen Mineraloberflächen sein.

In der Lösung und als Adsorbat auf der Calcitoberfläche sind mehrere calciumhaltige Ionensorten denkbar: Ca^{2+}, $CaHCO_3^+$ und $CaOH^+$; ihre jeweiligen Konzentrationen in der Lösung sind aus Gleichgewichtsdaten berechenbar. Infolge der Hydrolyse liegen die genannten Ionensorten neben HCO_3^-- und HO^--Ionen auch auf der Calcitoberfläche vor; ihre jeweiligen Mengen- oder Flächenanteile auf der letzteren werden aber von Probe zu Probe verschieden sein und von der Zusammensetzung, von Baufehlern, von der Zerkleinerung usw. abhängen.

Da bei der Zugabe steigender Mengen von Natriumhydroxid zu einer Calcitsuspension sich die Zahl der positiven Ladungen *zunächst vermehrt*, muß eine Reaktion ablaufen, bei welcher die Träger negativer Oberflächenladungen durch die zugefügten HO^--Ionen entfernt werden, nämlich

$$HCO_3^- \text{ (in der Oberfläche)} + HO^- \text{ (gelöst)} \rightarrow H_2O + CO_3^{--} \text{ (gelöst)}$$

Die Anwesenheit von HCO_3^--Ionen in der Calcitoberfläche setzt wiederum die Hydrolysereaktion

$$CaCO_3 \text{ (fest)} + H_2O \rightarrow CaOH^+ \text{ (in der Oberfläche)} + HCO_3^- \text{ (in der Oberfläche)}$$

voraus. Wenn $CaOH^+$-Ionen potentialbestimmend sind, was sehr wahrscheinlich ist, so ist zu erwarten, daß durch steigende Zugaben von Calciumhydroxid das positive Zeta-Potential des Calcits zunehmen muß. Dies ist, wie Kurve I in Abb. 25 zeigt, tatsächlich der Fall. Die nach

$$Ca(OH)_2 \rightleftharpoons CaOH^+ + HO^-$$

entstehenden $CaOH^+$-Ionen werden bevorzugt vom Calcit adsorbiert, die HO^--Ionen entfernen die Träger der negativen Ladung, die an der Oberfläche befindlichen HCO_3^--Ionen. Demgegenüber ist der Einfluß der Ca^{2+}-Ionen als solcher, die z. B. in Form einer Calciumperchlorat-Lösung zugegeben werden, auf das Zeta-Potential des Calcits *ohne* gleichzeitige Zugabe bzw. Vermehrung der HO^--Ionen relativ gering, wie Kurve II in Abb. 25 zeigt, und, wegen ihres Einflusses auf die Dicke der Doppelschicht bei höheren Konzentrationen, sogar gegenläufig. Erst bei hohen NaOH-Zugaben nimmt das positive Zeta-Potential des Calcits wieder zu (Kurve III in Abb. 25). Bei steigendem Angebot an HO^--Ionen werden diese auch in zunehmendem Maße adsorbiert, so daß das Zeta-Potential des Calcits schließlich wieder abnimmt.

Allerdings ist der Einfluß von HO^--, HCO_3^-- und CO_3^{--}-Ionen auf das Zeta-Potential des Calcites im *einzelnen* nicht ganz eindeutig darstellbar, weil diese drei Ionensorten sowohl in NaHCO_3- als auch in Na_2CO_3-Lösungen stets gemeinsam vorkommen, wenn auch in Anteilen, die von der jeweiligen Konzentration abhängig sind. Da nach aller Erfahrung die Löslichkeit des Calcits mit steigender NaOH-Zugabe nicht zunimmt, können die HCO_3^-- und CO_3^{--}-Ionen-Konzentrationen in 0,05%igen Calcitsuspensionen kaum wesentlich über 10^{-3} Mol/l hinausgehen; aus den Kurven IV in Abb. 25 ist ihr Einfluß auf das Zeta-Potential des Calcits ersichtlich.

Sulfationen erniedrigen, wie die Kurven V in Abb. 25 zeigen, das Zeta-Potential des Calcits ebenfalls; ihre Wirkung bei konstanter Sulfat-Ionenkonzentration hängt aber vom pH-Wert ab. Die Verschiebung zu niedrigeren negativen bzw. zu kleinen positiven Zeta-Potentialen bei geringer NaOH-Zugabe dürfte wieder auf die Vermehrung der $CaOH^+$-Ionen in der Calcitoberfläche zurückzuführen sein. In gesättigter $CaSO_4$-Lösung dagegen bleibt das Zeta-Potential des Calcits zwischen pH 7 und 12,5 positiv, weil durch das hohe Ca^{2+}-Ionen-Angebot stets genügend viel $CaOH^+$-Ionen auf seiner Oberfläche vorhanden sind.

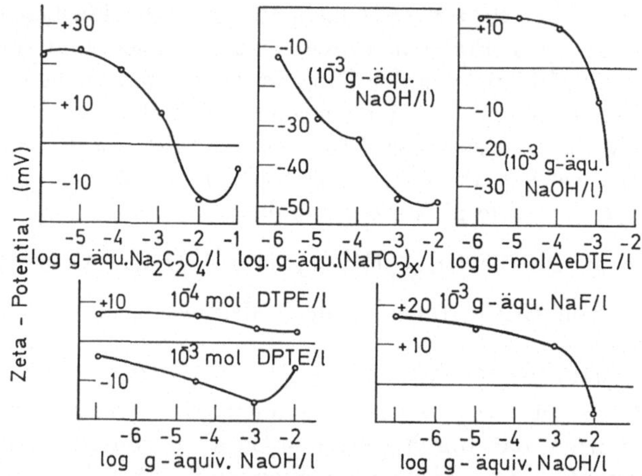

Abb. 26. VI. Veränderung des Zeta-Potentials von *Calcit* durch Oxalat-, Polyphosphat- und Fluorid-Ionen sowie durch die Komplexbildner AeDTE und DTPE; zum Teil in Abhängigkeit von der NaOH-Konzentration

Konzentrationen zwei- und mehrwertiger Anionen, die höher sind als 10^{-3} Mol/l, bewirken eine Ladungsumkehr. In den Kurven VI der Abb. 26 ist dies belegt für das Oxalat- und ein Polyphosphat-Ion sowie für die polyanionischen Komplexbildner Äthylendiamintetraessigsäure (AeDTE) und Diäthylentriaminpentaessigsäure (DTPE).

Für die Flotierbarkeit des Calcits ergibt sich aus der positiven Ladung seiner Oberfläche folgendes: Optimale Flotation ist bei Anwendung anionaktiver Sammler zu erwarten; kationaktive Sammler werden, wenn überhaupt, nur schwach adsorbiert.

Im Hinblick auf flotative Trennungen kann man die Begleitminerale des Calcits in zwei Gruppen einteilen:

a) solche, die infolge ihrer ebenfalls positiven Zeta-Potentiale im gleichen pH-Bereich in ihrem Verhalten bei der Flotation bzw. gegenüber anionaktiven Sammlern dem Calcit gleich oder ähnlich sind,

b) solche, die infolge eines negativen Zeta-Potentials im betreffenden pH-Bereich sich gerade entgegengesetzt wie Calcit verhalten, also mit kationaktiven Sammlern flotierbar sind.

Zunächst muß festgestellt werden, daß es ein spezifisches Flotationsreagens für Calcit nicht gibt. Anionaktive Sammler wirken prinzipiell gleichartig auf alle anderen Minerale der Gruppe a ein, und zwar auch dann noch, wenn deren Zeta-Potentiale (niedrige) negative Werte angenommen haben. Zugaben bestimmter Elektrolyte und/oder Drücker, unterschiedliche Längen der Kohlenwasserstoffketten, spezielle Reagenzienkonzentrationen, Trübedichten oder -temperaturen u. ä. können bei Paragenesen eines bestimmten Vorkommens oder bei einer bestimmten Gesteinsart *graduelle* Unterschiede im Flotationsverhalten der Minerale entstehen lassen. Diese Unterschiede können bei vielfacher Wiederholung der Flotation, wie sie in technischen Anlagen üblich ist, durchaus zu einer zwar nicht vollständigen, aber immerhin befriedigenden Trennung ausgenützt werden, sind jedoch bei Laborflotversuchen kaum verwertbar.

Zur Gruppe a gehören außer Calcit und Aragonit noch Dolomit, Ankerit, Magnesit, Strontianit, Nesquehonit, Witherit, Rhodochrosit, Siderit, Smithsonit, Cerussit sowie Fluorit. Für die flotative Trennung von Paragenesen oder Produkten, welche diese Minerale als Hauptgemengteile in vergleichbaren Mengen enthalten, sind nur teilweise Wege bekannt. Liegen mehrere der genannten Minerale in kleinen Mengen nebeneinander in einer Paragenese vor, so können sie meist recht vollständig in einem Sammelkonzentrat angereichert werden, das aber mehr oder weniger stark durch Minerale der Gruppe b und der später zu behandelnden Gruppen 4 und 5 verunreinigt sein kann.

Die Flotation von Calcit und verwandten Mineralen ist in den grundlegenden Werken über Flotation, z. B. [133, 214, 363] ausführlich dargestellt. Neuere Beiträge hierzu liegen vor von BUCKENHAM und MACKENZIE [44], FUERSTENAU und MILLER [127], PREDALI [310], SOMASUNDARAN [350].

Als anionaktive Sammler werden meist geradkettige gesättigte Fettsäuren mit 8 bis 12 C-Atomen oder ungesättigte Fettsäuren mit 18 C-Atomen (Ölsäure) verwendet, seltener entsprechende Alkylsulfonate. Allgemein gilt, daß für ein hohes Ausbringen der pH-Wert der Trübe um so niedriger gewählt werden muß, je kürzer die Kohlenwasserstoffkette ist. Die Flotationen setzen eine sorgfältige Entfernung von Feinstanteilen in der Trübe voraus und verlaufen am besten bei pH 9,5 bis 11,5.

In die vorhin erwähnte Gruppe b der mit kationaktiven Sammlern flotierbaren Minerale gehören außer säureunempfindlichen Oxiden und Silikaten auch einige technisch oder geochemisch wichtige säurelösliche Minerale wie Apatit, Scheelit, Monazit, Goethit. Geeignete Sammler für sie, mit denen sie im Bereich von pH 5 bis 11 im allgemeinen auch bei Gehalten von nur 0,1 bis 1% in der Paragenese zu mehr als 95% ausschwimmen, sind das Präparat CWW-12 der Dynamit Nobel AG., Witten, und quaternäre Ammoniumverbindungen von der Art des Cetyl-trimethylammoniumbromids (CTMAB).

6.3.2. Dolomit
6.3.3. Magnesit

Dolomit tritt ähnlich wie Calcit in allen Bildungsbereichen gesteinsbildend auf; weitgehend monomineralische Magnesitgesteine kommen vor allem als metamorphe und metasomatische Bildungen vor. Die Gewinnung von Begleitmineralen aus Dolomit- oder Magnesitgesteinen durch selektive Auflösung in Säuren erfordert wegen der sehr geringen Lösungsgeschwindigkeiten dieser Karbonate relativ konzentrierte Säuren und eventuelle Erwärmung, was bedingt, daß eine noch größere Zahl der Begleitminerale als beim Calcit aufgelöst oder verändert werden kann. Da aber auch bei solchen Gesteinen eine weitgehende Freilegung der Begleitminerale erreicht werden kann, ermöglicht auch bei Laboruntersuchungen die Flotation eine wesentlich raschere und schonendere Abtrennung derselben.

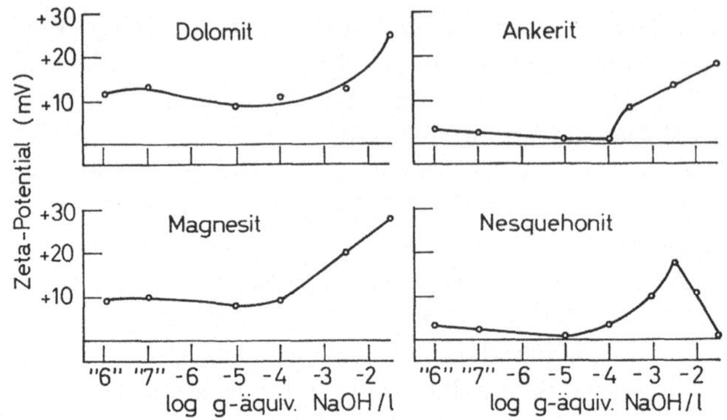

Abb. 27. Zeta-Potentiale von Dolomit, Ankerit, Magnesit und Nesquehonit (synth.) in Abhängigkeit von der NaOH-Konzentration. Bei pH „6" wurden 10^{-6} g-äquiv. $HClO_4$/l zugegeben; pH „7" entspricht einer Suspension in reinem Wasser

Aus Abb. 27 ist der Verlauf der Zeta-Potentiale von Dolomit, Magnesit, Nesquehonit, Ankerit und Breunnerit in Abhängigkeit von der Zugabe an Überchlorsäure bzw. Natriumhydroxid zu ersehen. Auch beim Magnesium — und hier sicher noch in ausgeprägterem Maße als beim Calcium — ist damit zu rechnen, daß Hydroxyl-Kationen, in diesem Fall $MgOH^+$-Ionen, gebildet werden. Bei ihrer Entstehung nach

$$Mg^{++} + HO^- \rightleftharpoons MgOH^+$$

auf den Oberflächen von Dolomit und Magnesit müssen HO^--Ionen zu den durch relativ viele und stark gebundene Wasserdipole „gepanzerten" Mg^{2+}-Ionen vordringen; je mehr HO^--Ionen angeboten werden, um so mehr wird das Reaktionsgleichgewicht auf der rechten Seite liegen. Diese mit steigender Basizität zunehmende Bildung von $MgOH^+$-Ionen *auf der Oberfläche* der Magnesiumminerale dürfte der Grund für den auffallenden Anstieg des Zeta-Potentials nicht nur beim Dolomit und Magnesit, sondern auch beim Periklas, Bruzit und Forsterit sein. Beim Nesquehonit, der richtiger als $(MgOH^+)(HCO_3^-) \cdot 2\,H_2O$ zu schreiben ist, sinkt das Zeta-Potential von $+12$ mV bei etwa pH 11,5 dagegen auf 0 mV bei etwa pH 12,5 ab, weil hier vermutlich die bereits an $MgOH^+$-Ionen gesättigte Oberfläche durch Aufnahme weiterer HO^--Ionen unter Bildung von Hydroxomagnesaten, etwa $[Mg(OH)_3]^-$, eine zunehmende negative Ladung erhält (SCHOLDER und KELLER [360]).

In ihrem Verhalten gegenüber anion- und kationaktiven Sammlern verhalten sich Dolomit und Magnesit ganz analog wie Calcit; über das System Dolomit — Natriumoleat berichtet PREDALI [309].

Bei der technischen Verwendung des Magnesits können bereits kleinere Gehalte an CaO, die im allgemeinen an beigemengten Dolomit oder Calcit gebunden sind, eine störende Rolle spielen, so daß die Trennung der drei Karbonatminerale von Interesse ist. Umfangreiche neue Untersuchungen liegen hierzu vor von STEINER [375] und PREDALI [311].

6.3.4. Siderit
6.3.5. Rhodochrosit

Die Abhängigkeit des Zeta-Potentials von der NaOH-Zugabe bzw. vom pH-Wert ist bei beiden Mineralen recht ähnlich, wie Abb. 28 zeigt. Die im stärker alkalischen Bereich eintretende Ladungsumkehr und Ausbildung deutlich negativer Zeta-Potentiale ist mit großer Wahrscheinlichkeit auf die Oxydation unter Bildung

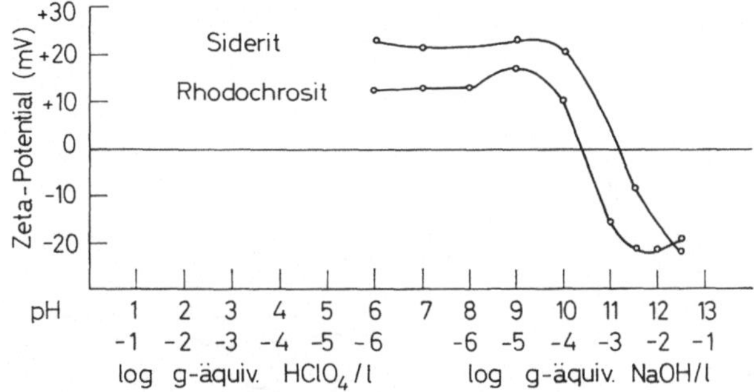

Abb. 28. Zeta-Potentiale von *Siderit*/Siegerland und *Rhodochrosit*/Argentinien in Abhängigkeit von der $HClO_4$- bzw. NaOH-Konzentration

der Hydroxide bzw. Oxidhydrate von Eisen und Mangan zurückzuführen, deren Oberflächen im gleichen pH-Bereich durch reichlich adsorbierte Oxhydrylionen stark negativ geladen sind. Bei den Messungen machte sich die Oxydation durch eine rasch eintretende Dunkelfärbung der Proben bemerkbar.

Im Bereich von pH 6 bis etwa pH 11 können beide Minerale mit anionaktiven Sammlern wie Calcit ausgeschwommen werden. Siderit flotiert auch ausgezeichnet mit Alkylsulfonaten, z. B. mit „Aero Promoter 801 bzw. 825" im Bereich von etwa pH 4 bis pH 6,5 sowie nach GAUDIN [133], S. 477, bei pH 11 mit langkettigen primären aliphatischen Aminen.

6.3.6. Gips
6.3.7. Anhydrit

Gips, $CaSO_4 \cdot 2\ H_2O$ und Anhydrit, $CaSO_4$, bilden sehr verbreitete monomineralische Gesteine. Da die Abtrennung der Begleitminerale entweder durch Behandeln mit sehr viel Wasser (1 Liter Wasser löst ca. 2 g Gips) oder, vorteilhafter, mit gesättigter Natriumchlorid- oder Natriumthiosulfat-Lösung sehr langwierig ist, liegt ihre Gewinnung durch eine rasch durchzuführende Flotation nahe. Es sei jedoch vorweggenommen, daß eine solche bei Gips und auch bei Anhydrit auf große Schwierigkeiten stößt.

Kurven I und II in Abb. 29 zeigen zunächst die Zeta-Potentiale von Gips und Anhydrit in Abhängigkeit vom pH-Wert, und zwar in gesättigter Calciumsulfat-Lösung. Erstaunlicherweise unterscheiden sich die entsprechenden Kurven beider Minerale wesentlich. Die Anhydritoberfläche nimmt selbst während mehr als 24stündiger Einwirkung von Wasser keinesfalls die Eigenschaften einer Gips-

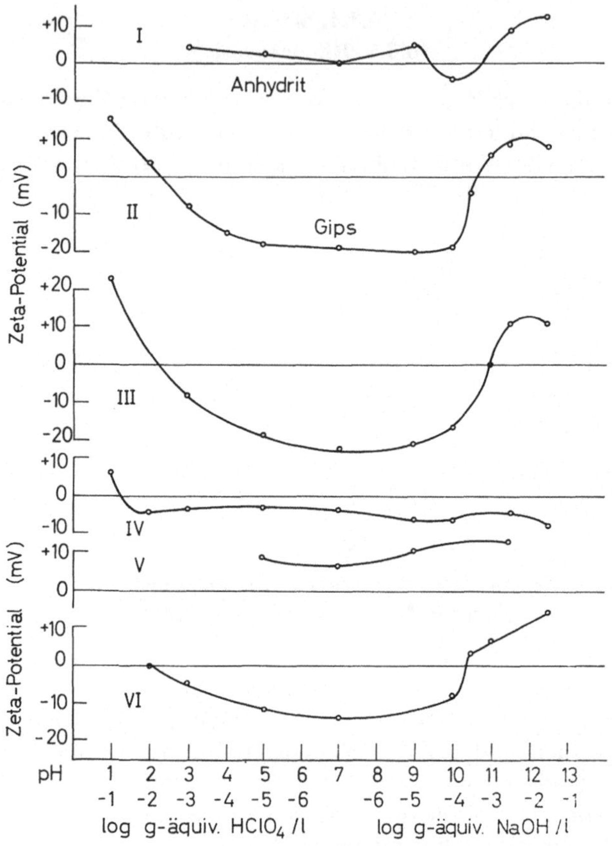

Abb. 29. Zeta-Potentiale *Anhydrit*/Mooseck (I), *Gips*/Spanien (II) sowie von Quarz (III), Hämatit (IV), Dolomit (V) und Cölestin (VI) in gesättigter Calciumsulfat-Lösung; sämtliche Zeta-Potentiale in Abhängigkeit von der $HClO_4$- bzw. NaOH-Konzentration

Oberfläche an. Es kann in Anbetracht der hohen Hydratisierungsenergie des Calciumions, aber auch des Sulfations, kein Zweifel bestehen, daß auch beim Anhydrit die Oberfläche stark hydratisiert ist, aber die Zeta-Potentiale zeigen, daß die Oberflächen beider Minerale trotzdem grundverschieden sein müssen.

Beim Anhydrit wird das Zeta-Potential durch eine nur ganz geringfügig überwiegende positive Ladung durch die Ca^{2+}-Ionen, die im Gitter nach allen Seiten jeweils durch eine SO_4^{--}-Gruppe getrennt sind, bestimmt. Beim Gips überwiegt zwischen pH 2,3 und pH 10,7 die negative Ladung der SO_4^{--}-Ionen, die im Gitter bereits gewissermaßen Anhäufungen negativer Ladungen bilden. Die Abnahme der negativen Ladung der Gipsoberfläche unterhalb von pH 5 dürfte auf die zunehmende Adsorption von Hydronium-Ionen im Bereich der dichteren Gruppierung von SO_4^{--}-Ionen zurückzuführen sein. Dagegen sind die isolierten SO_4^{--}-Ionen in der Anhydrit-Oberfläche infolge allseitiger Nachbarschaft von Ca^{2+}-Ionen mit kaum abgeschirmter positiver Ladung nicht bzw. erst bei sehr niedrigen pH-Werten in der Lage, $(H_3O)^+$-Ionen zu adsorbieren. Die Abnahme der negativen Ladung beim Gips im alkalischen Bereich und das Umschlagen in positive Ladung ist vermutlich durch zwei Faktoren bestimmt: a) Bei zunehmendem HO^--Ionen-Angebot verlieren die Ca^{2+}-Ionen ihre schützende Wasserhülle und gehen in $CaOH^+$-Ionen über; b) Na^+-Ionen werden von der Gipsoberfläche bzw. den SO_4^{--}-Plätzen auf dieser in zunehmendem Maße adsorbiert.

Flotationsversuche bestätigen die aus den Abb. 29 zu ziehenden Schlußfolgerungen: In einem weiten pH-Beich flotieren Gips und Anhydrit sowohl mit anionaktiven als auch mit kationaktiven Sammlern. Allerdings müssen insbesondere bei ersteren bei etwa gleicher Korngröße im Vergleich z. B. zu Calcit wesentlich größere Sammlermengen angewandt werden, um ein vergleichbares Ausbringen zu erzielen; ein großer Teil der Sammlerionen reagiert bereits mit den Ca^{2+}-Ionen der $CaSO_4$-Lösung.

Ca^{2+}- und SO_4^{2-}-Ionen werden als mehrwertige Ionen von vielen Mineralen spezifisch adsorbiert und sind zumindest in der Konzentration einer gesättigten $CaSO_4$-Lösung (etwa 10^{-2}-normal) für manche Minerale potentialbestimmend. In den Kurven III bis VI der Abb. 29 wird am Beispiel der Minerale Quarz, Dolomit, Hämatit und Cölestin die Wirkung der Ca^{2+}- *und* SO_4^{2-}-Ionen auf die Zeta-Potentiale demonstriert. Die in 10^{-3}-normaler Natriumperchlorat-Lösung gemessenen Zeta-Potentiale der gleichen Minerale sind aus den Abb. 60, 27, 47 und 30 zu ersehen. Aus den Kurven III bis VI der Abb. 29 ist folgendes zu entnehmen:

a) Im Bereich bis pH 9 wird lediglich durch die hohe Elektrolytkonzentration der Lösung die Doppelschicht um die *Quarz*körner komprimiert unter entsprechender Abnahme des Zeta-Potentials. Ab etwa pH 9 setzt die spezifische Adsorption von Ca^{2+}- oder, wahrscheinlicher, von $CaOH^+$-Ionen auf der Quarzoberfläche ein, wodurch deren negative Ladung immer stärker abnimmt und schließlich Ladungsumkehr erfolgt. Die auffällige Ähnlichkeit der pH-Zeta-Potential-Kurven von Quarz und Gips in gesättigter $CaSO_4$-Lösung dürfte aber nur zufallsbedingt sein. Eine flotative Abtrennung des Quarzes vom Gips erscheint nur im stark alkalischen Bereich durch kationaktive Sammler möglich, aber auch dort verläuft sie unbefriedigend. Ähnlich wie Quarz dürften sich viele Silikate verhalten.

b) Im sauren pH-Bereich adsorbiert die stark positiv geladene *Hämatit*-Oberfläche spezifisch SO_4^{--}-Ionen und erhält dadurch in gesättigter $CaSO_4$-Lösung negative Ladung. Im alkalischen Bereich, in welchem sie bei Abwesenheit von $CaSO_4$ negative Ladung trüge, werden von ihr Ca^{2+}- oder $CaOH^+$-Ionen spezifisch adsorbiert. Im gesamten pH-Bereich erfolgt Verdichtung der Doppelschicht mit entsprechender Erniedrigung der Zeta-Potentiale. Das niedrige negative Zeta-Potential ermöglicht eine Flotation des Hämatits *sowohl* mit kationaktiven *als auch* mit anionaktiven Sammlern, so daß eine flotative Trennung von Gips oder Anhydrit wenig aussichtsreich erscheint und auch, wie Versuche zeigten, nicht möglich ist.

c) Die Zeta-Potentiale des *Dolomits* in gesättigter $CaSO_4$-Lösung zeigen gegenüber den in reinem Wasser bzw. in 10^{-3}-n $NaClO_4$-Lösung gemessenen Werten

kaum Unterschiede. Da Gips und Anhydrit oberhalb pH 7 mit anionaktiven Sammlern ebenfalls flotieren, ist eine Abtrennung des Dolomites durch Flotation nicht
möglich; dasselbe gilt für Calcit und Magnesit.

d) Cölestin besitzt trotz der völlig andersartigen Struktur eine dem Gips recht
ähnliche pH-Zeta-Potential-Kurve. Eigenartigerweise ist diese jedoch von der des
strukturgleichen Baryts völlig verschieden (siehe Abb. 30!) Bei Abwesenheit von
$CaSO_4$ sind beim *Cölestin* im gesamten Bereich oberhalb pH 2,5 die SO_4^{--}-Ionen
potentialbestimmend. In gesättigter $CaSO_4$-Lösung erfolgt eine geringfügige
Erniedrigung der negativen Zeta-Potentiale infolge der hohen Elektrolytkonzentration und im Bereich oberhalb pH 10,4 Ladungsumkehr und Angleichung an die
Kurve des Gipses durch Adsorption von $CaOH^+$-Ionen. Eine flotative Trennung
des Cölestins vom Gips und auch vom Anhydrit erscheint demnach kaum möglich.

e) Schwefel, der in Gipsgesteinen häufig, in Anhydritgesteinen nur selten ange-
troffen wird, kann als natürlich hydrophobes Mineral leicht von den beiden Cal-
ciumsulfaten flotativ getrennt werden. Seine Zeta-Potentiale in gesättigter $CaSO_4$-
Lösung sind bereits in Abb. 14 gezeigt worden.

f) Die bei geochemischen Untersuchungen interessierende Abtrennung geringer
Mengen Cölestin von überwiegendem Dolomit oder Calcit ist wegen der hinreichen-
den Unterschiede hinsichtlich Vorzeichen und Betrag der Zeta-Potentiale durch
Flotation mit kationaktiven Sammlern möglich. Allerdings wird bei der Durchführung dieser Flotation (z. B. mit CWW-12) an Karbonatgesteinen das Konzentrat
je nach deren Silikatgehalt (Quarz, Illit, authigene Feldspäte) mehr oder weniger
stark verunreinigt sein, so daß der Cölestin mit Hilfe einer Schwereflüssigkeit
rein gewonnen werden muß.

6.3.8. Baryt

Nur ein Teil des Barytes, $BaSO_4$, wird bei technischen Flotationen als Neben-
produkt gewonnen, z. B. bei der Erzeugung reiner Sulfiderz-, Fluorit- oder Siderit-
Konzentrate.

Die Zeta-Potentiale des Barytes sind schon vielfach und, da es sich fast immer
um gefälltes Bariumsulfat handelte, mit je nach dem Herstellungsverfahren unterschiedlichem Vorzeichen der Ladung bestimmt worden. Angaben hierüber finden
sich bei HONIG und HENGST [184] und bei OVERBEEK [282] und [399]. Bei der
Betrachtung der in Abb. 30 gezeigten pH-Zeta-Potential-Kurven von drei Baryt-
proben aus deutschen Vorkommen fällt sofort die abweichende Kurve des Meggener Schwerspates neben den gut übereinstimmenden Kurven der Baryte von
Clarashall und Dreislar auf. Der Meggener Baryt enthält neben 95% $BaSO_4$ und
etwa 2% $SrSO_4$ noch äußerst fein verteilten Quarz, Kohlenstoff und Tonminerale.
Diese auf der an sich in einem weiten pH-Bereich *positiv* geladenen Barytoberfläche *adsorbierten feinstkörnigen* Verunreinigungen mit überwiegend *negativer*
Ladung sind vielleicht für seine ungewöhnliche pH-Zeta-Potential-Kurve verant-
wortlich.

Da das relativ große Barium-Ion nur in geringem Umfang hydratisiert, dürfte
die stärkere Hydratation der Sulfat-Ionen und deren infolgedessen geringfügig
überwiegende Herauslösung aus der Barytoberfläche viel eher die Ursache für das
positive Zeta-Potential sein als etwa eine spezifische Adsorption von Ba^{2+}-Ionen.

Unterhalb von etwa pH 4 macht sich die zunehmende Neigung der SO_4^{--}-Ionen zur spezifischen Adsorption von $(H_3O)^+$-Ionen bemerkbar, die auch schon beim Gips und Cölestin auftrat. Im Bereich von etwa pH 3 bis pH 11 hängt, wie Abb. 30 zeigt, das Zeta-Potential des Barytes somit fast überhaupt nicht von der Hydronium- bzw. Oxhydryl-Ionen-Konzentration ab.

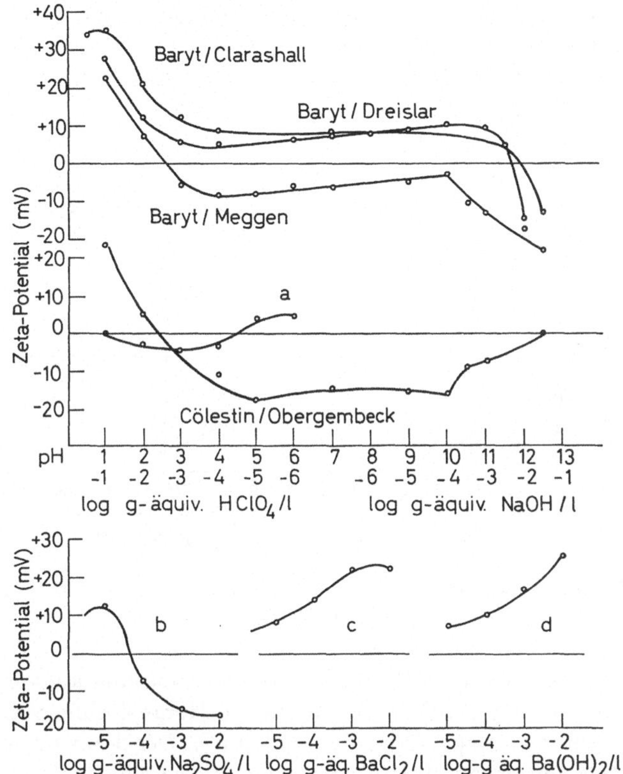

Abb. 30. Oben: Zeta-Potentiale von *Baryten* verschiedener Herkunft in Abhängigkeit von der $HClO_4$- bzw. NaOH-Konzentration. Mitte: Zeta-Potentiale von *Cölestin*/Obergembeck in Abhängigkeit von der $HClO_4$- bzw. NaOH-Konzentration; Zeta-Potentiale von Baryt/Dreislar in Abhängigkeit von der H_2SO_4-Konzentration (a). Unten: Zeta-Potentiale von Baryt/Dreislar in Abhängigkeit von der Konzentration an Natriumsulfat (b), Bariumchlorid (c) und Bariumhydroxid (d) bei Abwesenheit von $HClO_4$ bzw. NaOH

Aus den Kurven a und b der Abb. 30 geht hervor, daß SO_4^{--}-Ionen schon bei Konzentrationen von etwa 3×10^{-4}-normal an potentialbestimmend sind, während Ähnliches erst für höhere Ba^{2+}-Konzentrationen gilt.

Entsprechend dem Verlauf der pH-Zeta-Potential-Kurve kann Baryt bis etwa pH 11 mit anionaktiven Sammlern, vor allem auch ganz ausgezeichnet mit Alkyl-Sulfonaten und -Sulfaten flotiert werden [363]. Die Trennung des Baryts von den mit den gleichen Sammlern aufschwimmenden Mineralen Fluorit, Siderit, Calcit ist bei technischen Flotationen von Bedeutung [169, 69, 392]; sie ist mit Hilfe spezieller Drücker möglich.

Da die Barytoberfläche bis etwa pH 11 positiv geladen ist, können Quarz, silikatische und oxidische Verunreinigungen des Barytes mit Hilfe geeigneter kationaktiver Sammler von ihm getrennt werden.

6.3.9. Alunit

Alunit, $KAl_3(OH)_6(SO_4)_2$, der häufig durch Silikate oder Gibbsit verunreinigt ist, kann durch Flotation im pH-Bereich von 5,5 bis 7,5 mit anionaktiven Sammlern, z. B. Fettsäuren, leicht rein gewonnen werden. Aus Abb. 31 ist zu ersehen,

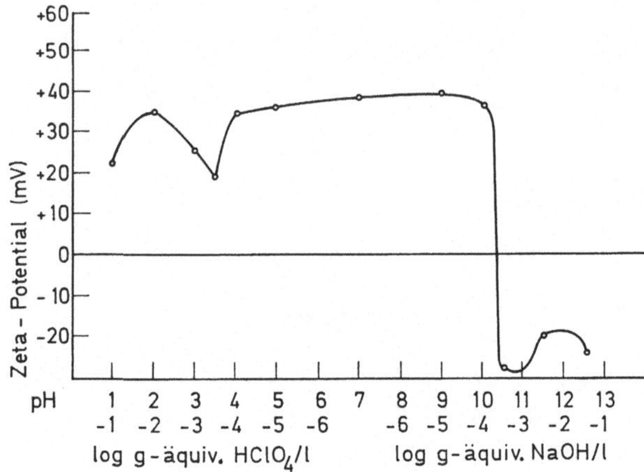

Abb. 31. Zeta-Potentiale von *Alunit*/Tolfa in Abhängigkeit von der $HClO_4$- bzw. NaOH-Konzentration

daß seine Oberfläche bis etwa pH 10 stark positive Ladung aufweist, deren Abnahme unterhalb von pH 4 auf eine geringfügige Herauslösung von Aluminium-Ionen durch die Säure zurückgeführt werden könnte. Der dann erfolgende Anstieg des positiven Zeta-Potentials dürfte wieder auf die bereits bei anderen Sulfaten beobachtete zunehmende spezifische Adsorption von Hydronium-Ionen bei Gegenwart von Sulfat-Ionen zurückgehen. Es ist bekannt, daß sich Alunit auch in starken Säuren kaum löst, leicht dagegen in stärkeren Basen. Der starke, mit Ladungsumkehr verbundene Abfall des Zeta-Potentials bei pH 10 ist somit durch die Entstehung negativ geladener, vermutlich mehrkerniger Hydroxoaluminat-Komplexe bedingt, er erfolgt ganz analog im gleichen pH-Bereich auch bei anderen Aluminium-Mineralen, z. B. bei Korund oder Diaspor. Über die Flotation von Alunit liegt eine Arbeit von ANDREEV et al. [11] vor.

6.3.10. Apatit

Mehrere Millionen Tonnen Apatit, $Ca_5(F, Cl, OH) (PO_4)_3$, werden alljährlich durch Flotation gewonnen. Apatit als der verbreitetste Träger des Phosphorgehaltes der Gesteine aller Bildungsbereiche hat schon wiederholt das Interesse der Geochemiker auf sich gezogen, wie die Veröffentlichungen von KIND [213], TABORSZKY [385], COCKBAIN [70], FLEISCHER [113], GOLDBERG [144], CRUFF [75] und SIMPSON [340, 427] beweisen. Allerdings ist seine Abtrennung aus den Gesteinen, in denen er im allgemeinen nur in Anteilen von 0,05 bis 0,5% vorkommt, mit den herkömmlichen Verfahren, wie aus den Versuchsbeschreibungen von KIND und TABORSZKY hervorgeht, sehr zeitraubend und mühsam und oft unergiebig. In manchen Fällen konnte TABORSZKY aus 25 kg (!) zerkleinertem Gestein trotz keineswegs unterdurchschnittlicher Gehalte mit Hilfe eines Vibrationsherdes nur weniger als 1% des vorhandenen Apatits gewinnen. Es sei vorweggenommen, daß entgegen einer von KIND geäußerten Befürchtung die flotative Abtrennung bzw. Anreicherung von Apatit bei den meisten Gesteinen ganz einfach durchzuführen ist und recht zufriedenstellend verläuft.

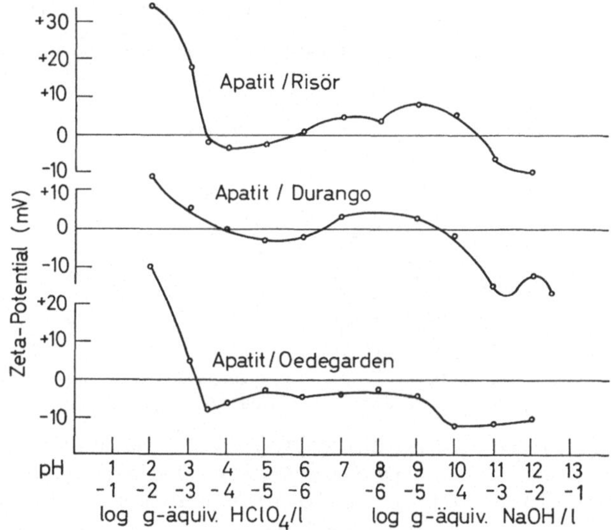

Abb. 32. Zeta-Potentiale von *Apatiten* unterschiedlicher Herkunft in Abhängigkeit von der HClO$_4$- bzw. NaOH-Konzentration

Obwohl Apatit eine seit langem und schon oft untersuchte Substanz ist und für viele natürliche und technische Vorgänge das elektrochemische Verhalten seiner Oberfläche von großer Wichtigkeit ist, beginnt sich das Wissen über dieses erst in neuerer Zeit zu mehren. So liegen bereits Zeta-Potential-Bestimmungen an Apatit vor von SOMASUNDARAN [349] und drei anderen, bei ihm zitierten Forschern. Die Meßergebnisse unterscheiden sich im wesentlichen hinsichtlich ihrer Lage zum Lösungsgleichgewicht, das sich erst nach etwa 2 Wochen einstellen würde; die Unterschiede sind nicht bedeutend. Für den vorliegenden Zweck wird dahingehend Stellung bezogen, daß diejenigen Eigenschaften der Mineraloberfläche wichtig sind, die unmittelbar nach der Zerkleinerung, während des Konditionierens und Flotierens wirksam sind, auch wenn sie nicht den Eigenschaften des Systems im Gleichgewicht entsprechen.

Abb. 32 zeigt die Zeta-Potentiale von 3 Apatitproben in Abhängigkeit von den Zugaben an HClO$_4$ bzw. NaOH; die Messungen wurden unmittelbar nach der Vermahlung durchgeführt. Die Unterschiede der im Prinzip ähnlichen Kurven sind folgendermaßen zu deuten:

a) Die Apatite von Durango und Risör sind Fluorapatite mit unterschiedlichem Fluorgehalt; der Apatit von Oedegarden ist ein Chlorapatit.

b) Die Apatite besitzen verschiedenen Realkristallbau: Apatit/Durango besteht aus 15 mm großen Einkristallen ohne erkennbaren Fehler; Apatit/Risör stellt ein grobverwachsenes Kristallmosaik dar, und der Apatit/Oedegarden bildet sehr fein und unregelmäßig verwachsene Massen.

c) Obwohl die Vermahlung der Apatite unter möglichst gleichartigen Bedingungen erfolgte, ist nicht damit zu rechnen, daß sich übereinstimmende Korngrößenverteilungen einstellten. Die unterschiedlichen Zeta-Potentiale sind insofern von der Korngröße abhängig, als diese die Reaktionsfähigkeit der Apatite mit Wasser, $HClO_4$ und NaOH beeinflußt. Nicht nur entsprechend dem verschiedenartigen Realkristallbau, sondern auch je nach der Menge *feinster* Teilchen verlaufen die Reaktionen bei den einzelnen Apatiten unterschiedlich rasch und weit.

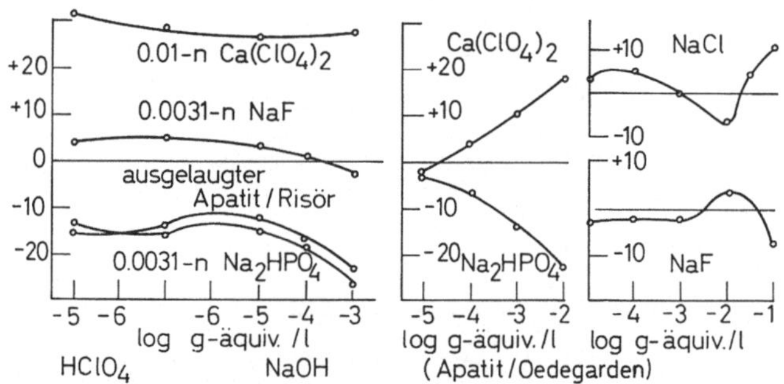

Abb. 33. Links: Einfluß verschiedener Elektrolyte auf das ZP von ausgelaugtem Apatit/Risör bei verschiedenen $HClO_4$- bzw. NaOH-Konzentrationen. Rechts: Einfluß unterschiedlicher Elektrolyt-Konzentrationen auf das ZP von Apatit/Oedegarden bei Abwesenheit von $HClO_4$ bzw. NaOH

Aus mehreren Untersuchungen, z. B. von LA MER [226], DEITZ, ROOTARE und CARPENTER [83], ROOTARE, DEITZ und CARPENTER [326], geht hervor, daß die (Hydroxyl-)Apatit-Oberfläche in einer langsam verlaufenden Reaktion sowohl Ca^{2+}- als auch HPO_4^{--}-Ionen abgibt nach

$$Ca_{10}(PO_4)_6(OH)_2 + 6\,H_2O \rightleftharpoons 4\,[Ca_2(HPO_4)(OH)_2] + 2\,Ca^{2+} + 2\,HPO_4^{--}$$

Eine Interpretation der pH-Zeta-Potential-Kurven der Abb. 32 dürfte in Anbetracht der großen Zahl möglicher Ionenarten und -gleichgewichte im System Apatit — Wasser sehr schwierig sein. In der Abb. 33 ist der Einfluß verschiedener Elektrolyte auf das Zeta-Potential des Apatits von Oedegarden dargestellt. Potentialbestimmend sind, in Übereinstimmung mit den Befunden von SOMASUNDARAN [349], Ca^{2+}- und HPO_4^{--}-Ionen; bei niederen pH-Werten werden auch $(H_3O)^+$-Ionen potentialbestimmend.

Im Bereich zwischen pH 2 und pH 12 flotieren Apatite mit kräftigen anionaktiven Sammlern; optimal bei pH 9 bis 11,5 z. B. mit Natrium-Naphthenat. Bei Verwendung von Fettsäuren, insbesondere auch Oleaten als Sammler, wird Apatit nach FUERSTENAU, GUTIERREZ und ELGILLANI [125] im Gegensatz zum

Calcit auch bei sehr hohen pH-Werten und relativ großen Zugaben von Wasser-
glas-Lösung nicht gedrückt. Im sauren pH-Gebiet ergeben Fettsäuren generell
sehr schlechte Schäume; Alkylsulfonate, bei denen das nicht der Fall ist, flotieren
Apatit bis herab zu pH 2. Da die Anwendung von Alkylsulfonaten und -phosphaten
aber vor allem für Minerale der Gruppe 4 vorgesehen ist, sollte Apatit *vor* den
Mineralen dieser Gruppe flotiert werden, auch schon deshalb, weil die beim Ansäuern frei werdenden Phosphat-Ionen sehr wirksame Drücker für die meisten Minerale
der Gruppe 4 sind.

Frisch freigelegte, noch nicht ausgelaugte Apatite lassen sich trotz ihrer
schwach positiven Zeta-Potentiale im schwach alkalischen Bereich mit geeigneten
kräftigen kationaktiven Sammlern flotieren; soweit es die Begleitminerale zulassen, ist allerdings eine Flotation im schwach sauren Gebiet vorzuziehen. Eine
derartige Flotation mit kationaktiven Sammlern ist dann angebracht, wenn bei
Abwesenheit nennenswerter Mengen von Quarz oder Silikaten Apatit von Mineralen
getrennt werden soll, die wie er selbst sehr gut mit anionaktiven Sammlern flotieren, also besonders von Calcit (Karbonatite!), Dolomit, Magnesit, Siderit, Fluorit,
Baryt. Hierfür eignet sich besonders gut wieder das Präparat CWW-12. Nicht
möglich nach diesem Verfahren sind die Trennungen Apatit-Anhydrit und Apatit-
Scheelit. (Siehe hierzu auch [225]!)

Auf eine Eigenart des Apatits sei hier noch aufmerksam gemacht, weil ihre
Nichtkenntnis vermutlich ganz wesentlich zu den unbefriedigenden Ergebnissen
der Apatit-Abtrennung mittels Schüttelherds beigetragen hat: *Frisch* aus dem
Kornverband freigelegter Apatit besitzt, vielleicht infolge seines geringen, nahe
Null liegenden Zeta-Potentials, vielleicht auch nur durch Spuren von Fett,
Ölen usw., an den benutzten Geräten vorgetäuscht, aber jedenfalls stets gut
erkennbar, eine *geringe natürliche Hydrophobie*. Infolgedessen sammelt er sich
beim Anrühren des gebrochenen, gesiebten Gesteines mit Wasser, meist zusammen
mit etwas dunklem Gesteinsstaub, mehr oder weniger reichlich auf der Wasser-

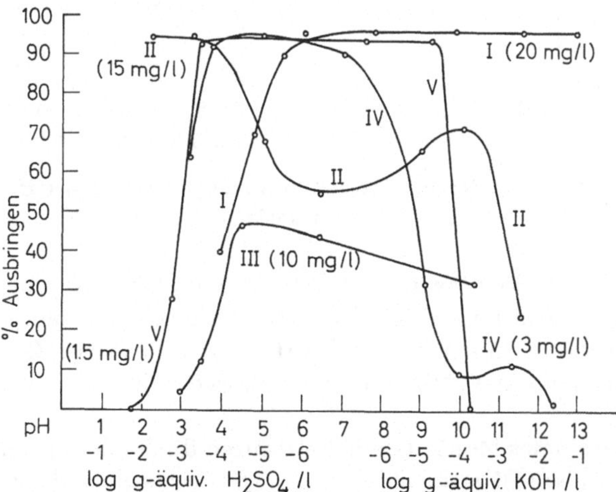

Abb. 34. Schwimmverhalten von *Apatit* mit Na-Naphthenat (I), Aero-Promoter 801 + 825
(1:1) (II), Isooctylphosphat (III), Fettsäure-Polyamin-Base CWW-12 (IV), Dehymin DK (V)
in Abhängigkeit von der H_2SO_4- bzw. KOH-Konzentration

oberfläche und wird dann leicht beim Abgießen dieser Schaum-Schmutz-Schicht entfernt, bei den oft sehr geringen Gehalten vielleicht manchmal nahezu quantitativ. Es ist durchaus möglich, daß sich infolge dieser „skin flotation" beim Arbeiten mit Naßschüttelherden überhaupt kein Apatitkonzentrat bildet, sondern daß nach und nach der größte Teil des Apatits über der Schicht von bewegten Körnern abfließt und verlorengeht.

Abb. 34 zeigt das Ausbringen von Apatit/Risör bei verschiedenen H_2SO_4- bzw. NaOH-Konzentrationen der Trübe und verschiedenen Sammlern; die Trübedichte betrug 1:100, die Konditionierzeit meist 7 Minuten, die Flotierdauer meist 3 Minuten. Als Schäumer wurden 15 mg Dowfroth-250/l und 5 mg F-286/l verwendet.

6.3.11. Monazit

Monazit findet sich recht verbreitet, aber immer nur in Mengen von etwa x0 bis x00 ppm in Plutoniten, klastischen Sedimenten und Metamorphiten; Gehalte bis zu x0% sind in gewissen hydrothermalen Bildungen, in einigen Karbonatiten und in Seifen anzutreffen. Als wichtiger, aber nicht einziger Träger von seltenen Erden in der Gesteinswelt ist er von besonderer geochemischer, aber auch von wirtschaftlicher Bedeutung. Da die Zusammensetzung der Monazite variabel

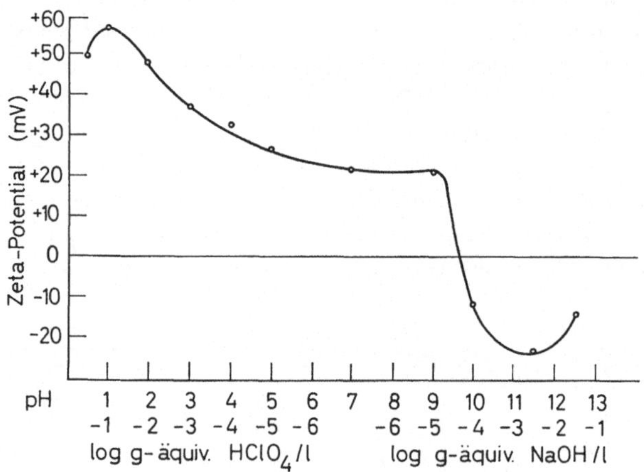

Abb. 35. Zeta-Potentiale von *Monazit*/Iveland in Abhängigkeit von der $HClO_4$- bzw. NaOH-Konzentration

ist, wird die in Abb. 35 gezeigte pH-Zeta-Potential-Kurve eines Monazits von Iveland/Norwegen nicht unbedingt allgemein gültig sein. Aus ihr geht hervor, daß die Monazit-Oberfläche in einem weiten pH-Bereich positives Zeta-Potential aufweist und demgemäß das Mineral vorzugsweise mit anionaktiven Sammlern flotierbar ist.

Bei der Flotation des Monazits mit Fettsäuren dürfte der optimale pH-Bereich nahe bei seinem point-of-zero-charge liegen. SOERENSEN und LUNDGAARD [348] flotierten Monazit (und Steenstrupin) aus einem Lujaurit mittels Linolensäure (bei Zugabe von Wasserglas als Drücker für Silikate); sie fanden, daß beide Minerale empfindlich gegen Kationen in der Trübe sind und durch Lanthan-Ionen aktiviert werden. Besonders geeignet für die Monazit-Flotation sind nach eigenen Versuchen bei niederen pH-Werten Alkyl*phosphate*, z. B. ,,Isooctylphosphat", nach [59] auch Alkylphosphanate und -hypophosphate; auf diese Sammler wird bei Besprechung der Minerale der Gruppe 4 noch näher eingegangen. Bei der Abtrennung von Monazit aus Karbonatiten kann man sich sein negatives Zeta-Potential im alkalischen Bereich zunutze machen; er flotiert dann mit kationaktiven Sammlern, vor allem quaternären Ammoniumsalzen, z. B. CTMAB, praktisch vollständig.

Es ist üblich, Monazit aus Seifen durch Schwerkraftverfahren zu gewinnen. Die Notwendigkeit einer flotativen Trennung ergibt sich aber häufig aus zwei Gründen:

a) Seine Begleiter, besonders Zirkon, besitzen gleiches oder sehr ähnliches spezifisches Gewicht.

b) Sowohl Monazit als auch seine Begleiter enthalten diadoch oder in Form feinster Einschlüsse Eisen bzw. Eisenminerale, so daß auch eine Magnetscheidung nicht zum Erfolg führt.

Über Versuche zur Flotation von Monazit aus Seifen liegen zahlreiche Veröffentlichungen vor [105, 106, 108, 397], die aber keine allgemeineren Schlüsse zulassen.

6.3.12. Scheelit

Die weite Verbreitung von Scheelit ist erst offenkundig geworden, seitdem billige, batteriegespeiste Ultraviolettlampen für Prospektoren, Mineralogen und Mineralsammler zur Verfügung standen[1]. MAUCHER [253] hat einen wichtigen Beitrag zur Kenntnis europäischer Scheelitvorkommen und zur Genese der Sb-Hg-W-Formation geliefert. Scheelit kommt im allgemeinen in Gehalten von 0,0 x bis 0,x% vor. Da er spaltbar und außerdem sehr spröde ist, reichert er sich auch bei vorsichtiger Zerkleinerung in den Feinstanteilen an. Infolge seines hohen spezifischen Gewichtes verbleibt er aber beim Abschlämmen doch größtenteils in der Probe.

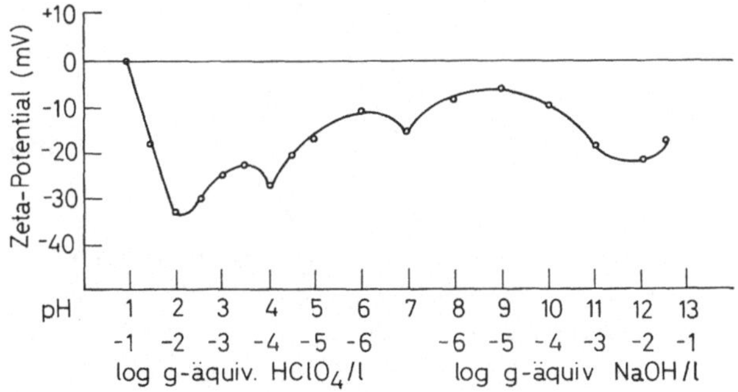

Abb. 36. Zeta-Potentiale von *Scheelit* in Abhängigkeit von der $HClO_4$- bzw. NaOH-Konzentration

Aus Abb. 36, in der seine Zeta-Potentiale in Abhängigkeit von den Zugaben an $HClO_4$ bzw. NaOH dargestellt sind, geht hervor, daß Scheelit, $CaWO_4$, im gesamten für eine Flotation in Frage kommenden pH-Bereich *negatives* Zeta-Potential auf-

---

[1] Vgl. hierzu HÖLL [182]!

weist, woraus folgt und z. B. durch Versuchsergebnisse von SCHUBERT [364] bestätigt wird, daß er durch kationaktive Sammler, z. B. Alkylpyridiniumsalze, flotierbar ist. Optimale Ergebnisse erhielt SCHUBERT im sauren pH-Gebiet; zur Trennung von Quarz erfolgte die Flotation in flußsaurer Trübe. Im alkalischen Gebiet ist das negative Zeta-Potential so gering, daß auch Flotation mit anionaktiven Sammlern möglich wird. Allerdings sind beide Arten von Sammlern empfindlich gegenüber den in Scheelit-Trüben nicht zu vermeidenden reichlichen Feinstanteilen, d. h., die Ergebnisse sind oft unbefriedigend. Eine eingehende Studie der Scheelitoberfläche liegt vor von O'CONNOR [276].

VON DER GATHEN [398] hat die Eignung von Fettsäure-Kondensationsprodukten mit Aminokarbonsäuren für die Flotation gerade von feinstkörnigem Scheelit (und Wolframit) aufgezeigt; diese eignen sich auch für feinstkörnige Eisenminerale wie Hämatit, Goethit und Siderit. Am besten bewährte sich Medialan KA®, das Natriumsalz des Kokosfettsäure-sarcosids (Farbwerke Hoechst AG.).

VON DER GATHEN nimmt zur Deutung der Wirkung des Medialan KA an, daß bei pH 2 bis 3, wo optimale Flotation des Scheelits stattfindet, die Bindung gemäß

$$
\begin{array}{ccc}
& O & CH_3 \\
& \| & | \\
R - & C - N - CH_2 - COOH \\
& & \vdots \\
\cdots\cdots & Ca^{++} & \cdots\cdots \quad (Scheelitoberfläche)
\end{array}
$$

über eine Nebenvalenz des Stickstoffs an ein Ca^{2+}-Ion der Scheelitoberfläche erfolgt, während in alkalischer Lösung, in der Scheelit ebenfalls noch sehr gut mit Medialan KA flotiert, die Bindung gemäß

$$
\begin{array}{ccc}
& O & CH_3 \\
& \| & | \\
R - & C - N - CH_2 - CO \\
& & | \\
& & O \\
& & | \\
\cdots\cdots & Ca^{+} & \cdots \quad (Scheelitoberfläche)
\end{array}
$$

über die Carboxylgruppe des Sarcosids an ein Ca^{2+}-Ion erfolgt.

Die negative Ladung des Scheelites im gesamten pH-Bereich wird sogleich erklärlich, wenn man sich vergegenwärtigt, daß als Folge der Hydratation auf seiner Oberfläche nicht oder nicht nur WO_4^{--}-Ionen, sondern auch noch stärker negativ geladene Ionen von der Art des Hydrogenhexawolframts, $[HW_6O_{21}]^{5-}$ (speziell im Bereich von pH 4 bis 6), vorliegen, wobei deren Aggregationsgrad mit abnehmendem pH-Wert steigt. Es ist sehr wahrscheinlich, daß die gefundenen Unstetigkeiten des Zeta-Potentials mit der Entstehung solcher Isopolywolframate ursächlich zusammenhängen. Wenn auch das Medialan KA als Säureamid äußerst schwach basisch ist, so ist der Stickstoff in ihm doch wohl keineswegs so „sauer", daß er gegenüber den in einer überwiegend negativ geladenen Oberfläche begraben liegenden Calcium-Ionen Nebenvalenzen betätigt; vielmehr ist anzunehmen, daß er über eine Wasserstoffbrücke mit den Polywolframat-Ionen verbunden ist:

$$
\begin{array}{ccc}
 & O & CH_3 \\
 & \| & | \\
R - & C - N - & CH_2 - COOH \\
 & & | \\
 & & H \\
 & & \vdots \\
\end{array}
$$

.... $(W_6O_{21})^{5-}$ .... (Scheelitoberfläche)

6.3.13. Fluorit

Fluorit (Flußspat), CaF_2, aus hydrothermalen Bildungen stammend, wird in großem Maßstab von Quarz und/oder Baryt oder Calcit flotativ getrennt, nachdem zuvor die Sulfidminerale ausgeschwommen wurden. Er tritt nur selten und spärlich als Übergemengteil von Gesteinen auf.

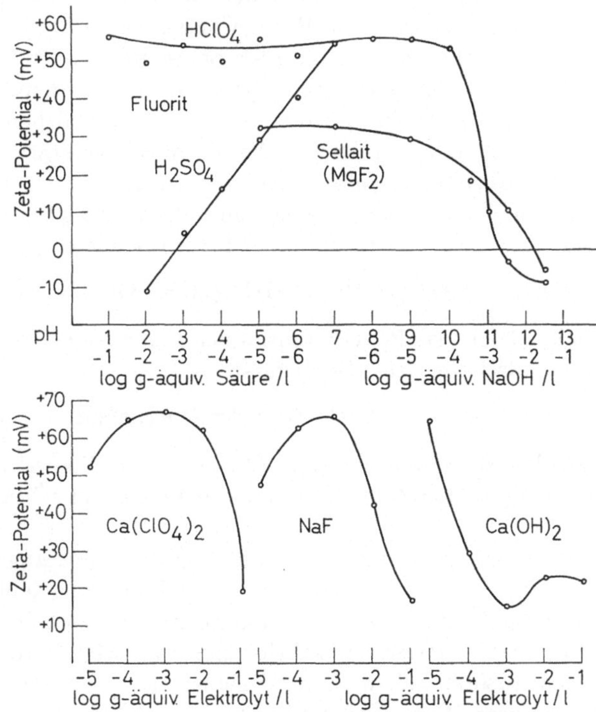

Abb. 37. Oben: Zeta-Potentiale von *Fluorit*/Finstergrund, Schwarzwald, und von synthet. Sellait (MgF_2) in Abhängigkeit von den Konzentrationen an $HClO_4$ (beim Fluorit auch an H_2SO_4) sowie an NaOH. Unten: Einfluß von Calcium- und Fluorid-Ionen sowie von Calciumhydroxid (an Stelle von NaOH) auf das Zeta-Potential von Fluorit/Finstergrund

Aus Abb. 37 ist sein in einem weiten pH-Bereich *positives* Zeta-Potential erkennbar, welches eine vorzügliche Flotation mit anionaktiven Sammlern erwarten läßt. Die gleichzeitige Flotation der ihn begleitenden Minerale Baryt, Calcit oder Dolomit, die ebenfalls positives Zeta-Potential besitzen, kann nur durch spezielle Drücker verhindert werden. BAHR, CLEMENT und LUTHER [18] haben ausführlich den Einfluß verschiedener Elektrolyte auf die Flotation von Fluorit mit Natriumoleat untersucht, DOBIAŠ [93] hat zum Studium seiner Flotierbarkeit zahlreiche Zeta-Potential-Messungen herangezogen, und HEJL und SKŘIVAN [166] beschäftigten sich mit den Reaktionen der Ölsäure mit seiner Oberfläche.

Aus allen bisher vorliegenden Befunden und einigen eigenen ergänzenden, ebenfalls in Abb. 37 dargestellten Versuchsergebnissen ergibt sich folgendes:

a) Bei der Auflösung von Fluorit in reinem Wasser reichern sich nach BAHR, CLEMENT und LUTHER in seiner Oberfläche Calcium-Ionen an, während in der Lösung *höhere* als äquivalente Gehalte an Fluorid-Ionen gefunden werden. Auf diese Weise ergibt sich das relativ hohe positive Zeta-Potential. Ein demgegenüber von manchen Autoren beobachtetes negatives Zeta-Potential ist — wie in *vielen ähnlichen* Fällen! — eindeutig auf eine unzweckmäßige Behandlung des Minerals vor der Messung des Zeta-Potentials zurückzuführen. So kochten DOUGLAS und ADAIR [97] ihre zu elektroosmotischen Messungen benützten Fluoritkörner vorher mehrmals mit destilliertem Wasser aus; BAHR, CLEMENT und LUTHER behandelten ihre Fluoritkörnungen vorher mit verdünnter Salzsäure bei 40°. Es dürfte einleuchtend sein, daß jede Vorbehandlung von Mineraloberflächen mit anderen Stoffen — und sei es nur eine längere Berührung mit heißem oder kochendem Wasser — zwangsläufig den Betrag und in manchen Fällen durch verstärkte Dissoziation auch das Vorzeichen des Zeta-Potentials *verändern* muß.

b) Bereits in reinem Wasser und erst recht im (schwach) alkalischen pH-Gebiet erfolgt nach BAHR, CLEMENT und LUTHER ein Ionenaustausch gemäß

$$F^- \text{ (in der Oberfläche)} + HO^- \text{ (gelöst)} \rightleftharpoons HO^- \text{ (in der Oberfläche)} + F^- \text{ (gelöst)}$$

Da ähnlich wie beim Calcit das Zeta-Potential des Fluorites noch etwas ansteigt, ist es wahrscheinlich, daß eine Reaktion gemäß

$$CaF_2 \text{ (fest)} + HO^- \text{ (gelöst)} \rightleftharpoons CaOH^+ \text{ (in der Oberfläche)} + 2\,F^- \text{ (gelöst)}$$

stattfindet. Bei starker Zunahme der HO^--Ionen werden diese auch zunehmend adsorbiert, so daß das positive Zeta-Potential abnehmen und schließlich in negatives übergehen muß.

c) Mit zunehmender $(H_3O)^+$-Ionen-Konzentration bzw. Säurezugabe nimmt das positive Zeta-Potential des Fluorites ab, weil Ca^{2+}-Ionen aus seiner Oberfläche entfernt werden. Da die Abnahme zunächst nur gering ist, erscheint die Annahme von BAHR, CLEMENT und LUTHER gerechtfertigt, daß $(H_3O)^+$-Ionen adsorbiert werden. Nach diesen Autoren gehen bei der Behandlung mit Säure (im Gegensatz zu denjenigen mit reinem Wasser oder mit Basen) stöchiometrische Mengen an Calcium- und Fluorid-Ionen in Lösung. Aus b und c folgt somit, daß Hydronium- und Oxhydryl-Ionen für den Fluorit potentialbestimmend sind.

d) Ca^{2+}- und F^--Ionen verringern als gleichionige Zusätze die Löslichkeit des Fluorites. Hohe Konzentrationen von Fluorid-Ionen unterdrücken seine Flotation, während im neutralen pH-Bereich Calcium-Ionen die Flotation mit Natriumoleat aktivieren. Das positive Zeta-Potential wird durch Ca^{2+}-Ionen erhöht, ebenso durch F^--Ionen; auch durch sehr viel F^--Ionen erfolgt keine Ladungsumkehr. Offenbar

---

[1] Mit dem Einfluß des Realkristallbaues auf die Flotation befaßten sich RAO *et al.* [318].

besteht kein Zusammenhang zwischen der Löslichkeit des Fluorites und seinem Verhalten bei der Flotation.

e) Bei Verwendung von Schwefelsäure anstelle von Überchlorsäure oder Salzsäure fällt das Zeta-Potential infolge spezifischer Adsorption von Sulfat-Ionen *und* infolge Kontraktion der Doppelschicht viel rascher ab, so daß schon bei höheren pH-Werten ein Gebiet erreicht wird, in welchem (mit Natriumoleat) keine Flotation mehr stattfindet.

Bei Sellait, MgF_2, dürften ähnliche Verhältnisse wie beim Fluorit vorliegen.

6.3.14. Kryolith

Kryolith, Na_3AlF_6, wurde als Übergemengteil bisher nur in einem Alkaligranit, in Mengen von einigen Prozent, beobachtet. Der grönländische Kryolith wird nach einem in seinen Einzelheiten nicht bekannten Verfahren durch Flotation

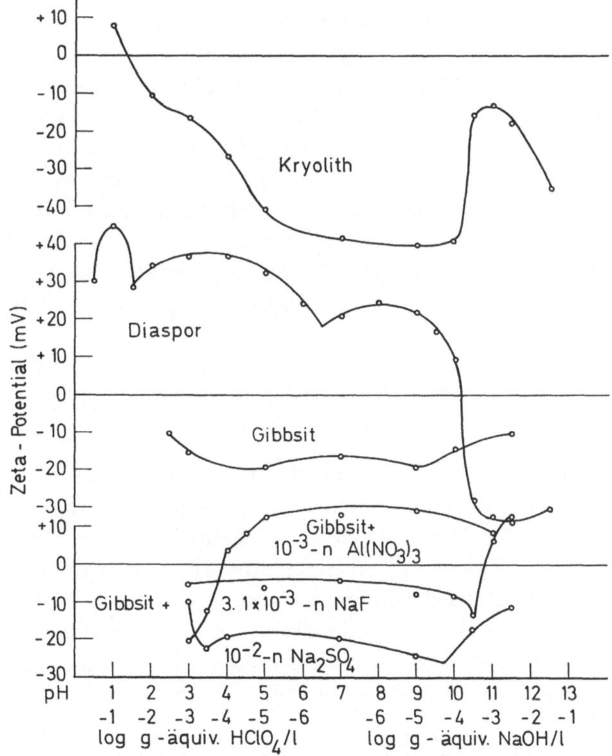

Abb. 38. Zeta-Potentiale von Kryolith/Ivigtut, Diaspor/Missouri und Gibbsit/Brasilien sowie von Gibbsit mit 10^{-3}-n $Al(NO_3)_3$, $3{,}1 \times 10^{-3}$-n NaF und 10^{-2}-n Na_2SO_4 in Abhängigkeit von der $HClO_4$- bzw. NaOH-Konzentration

gereinigt. Das Verhalten des Kryoliths bei der Flotation kann aus der in Abb. 38 gezeigten pH-Zeta-Potential-Kurve erschlossen werden. Er besitzt fast im gesamten pH-Bereich *negatives* Zeta-Potential infolge der vorherrschenden Bedeckung seiner

Oberfläche mit den relativ großen Fluoridionen, welche allerdings, vor allem im Gebiet von pH 4 bis pH 9,5, wenigstens teilweise durch HO^--Ionen ersetzt sein dürften. Im stärker sauren Gebiet werden die F^--Ionen in steigendem Maße durch $(H_3O)^+$-Ionen nach

$$(H_3O)^+ + F^- \rightleftharpoons HF + H_2O$$

verdrängt, wodurch in seiner Oberfläche positiv geladene komplexe Kationen, etwa $AlFOH^+$, AlF_2^+, AlF^{2+} und zuletzt vielleicht auch Al^{3+}, zunehmend wirksamer werden.

Der steile Anstieg ·e̦ etwa pH 10 dürfte auf zwei gleichsinnig wirkende, die negative Ladung verringernde Einflüsse zurückzuführen sein:

a) F^--Ionen werden durch die stark zunehmenden HO^--Ionen großenteils aus ihren Positionen verdrängt, gleichzeitig aber spalten die entstehenden, negativ geladenen Al-OH-Komplexe Wasser ab unter Bildung von Brücken-Sauerstoffatomen, die zur negativen Ladung nichts mehr beitragen.

b) Es werden Na^+-Ionen adsorbiert.

Offenbar ist aber die so entstandene Ionenverteilung auf der Kryolithoberfläche bei weiterer Zunahme der Oxhydrylionen nicht stabil, sondern geht erwartungsgemäß in stärker negativ geladene Hydroxoaluminat-Anordnungen über.

Für die Flotation ergibt sich daraus: Zwischen pH 2 und pH 10 sind kationaktive Sammler angebracht. Im Bereich von pH 10 bis etwa 11,5 erscheint in Anbetracht des nur geringen negativen Zeta-Potentials eine Reaktion bzw. Flotation mit anionaktiven Sammlern durchaus möglich, und tatsächlich läßt sich mit diesen, z. B. mit Natriumoleat oder -naphthenat, Kryolith recht gut (zu mehr als 80%) flotieren. Er könnte also aus dem eingangs erwähnten Granit durch eine einfache Fettsäure-Flotation im alkalischen Bereich gewonnen werden.

6.3.15. Gibbsit
6.3.16. Diaspor

Gibbsit (Hydrargillit), $Al(OH)_3$ und Böhmit und Diaspor, $AlOOH$, sind die Hauptgemengteile der *Bauxite*, in denen im allgemeinen, je nach den Entstehungsbedingungen, eines dieser Minerale vorherrrschend ist. Wegen ihrer Feinkörnigkeit, der innigen Verwachsung mit anderen Mineralen (Goethit, Quarz, Leukoxen, Tonminerale) und der oft wechselnden Zusammensetzung auf kleinem Raum ist für die Aufbereitung von Bauxiten die Flotation allerdings noch nicht ernsthaft ins Auge gefaßt worden. In anderen petrogenetisch interessierenden Paragenesen kommen nur Gibbsit und Diaspor in hinreichend großen Körnern und Anteilen vor.

Abb. 38 zeigt die Zeta-Potentiale von Gibbsit und Diaspor in Abhängigkeit von der Zugabe an $HClO_4$ bzw. $NaOH$. Beim Gibbsit, in dessen Struktur die großen HO^--Ionen gegenüber den relativ kleinen Al^{3+}-Ionen wesentlich mehr Raum einnehmen, herrscht im gesamten untersuchbaren pH-Gebiet *negative* Ladung auf der Oberfläche vor. Von etwa pH 5 an werden HO^--Ionen von seiner Oberfläche entfernt; die Auflösung in Säuren erfolgt ab pH 2,5. Von etwa pH 10 an adsorbiert Gibbsit in steigendem Maße Natrium-Ionen, wodurch auch hier seine negative Ladung abnimmt. Auflösung in $NaOH$ erfolgt zwischen pH 11,5 und pH 12.

Ein völlig anderes Bild ergibt sich für Diaspor. Positive Zeta-Potentiale reichen von pH 10,2 bis etwa pH 0,5, und dieser letzte Wert läßt erkennen, daß Diaspor von Säuren kaum angegriffen wird. Obwohl nach Literaturangaben [390] kalte starke Basen Diaspor nicht angreifen, erfährt seine Oberfläche doch bei pH 10 eine grundsätzliche Veränderung; die Ladungsumkehr kann zwanglos mit der Bildung negativ geladener Hydroxoaluminat-Ionen in Verbindung gebracht werden. Durch Adsorption von Na^+-Ionen im stark alkalischen Bereich nimmt das negative Zeta-Potential wieder geringfügig ab.

Es kann keinem Zweifel unterliegen, daß die „Berge" und „Täler" im Bereich von pH 0,5 bis 10,2, die in ganz ähnlicher Weise auch beim (synthetischen) Korund auftreten, pH-abhängige Veränderungen beim Aufbau und Umbau positiv geladener Oberflächen-Ionensorten widerspiegeln. Eine Entscheidung, *welche* Ionensorte jeweils an der Oberfläche vorliegt, kann allerdings ohne sehr eingehende Untersuchung nicht gefällt werden.

Das Verhalten des Diaspors gegenüber Elektrolyten wurde nicht näher untersucht, weil anzunehmen war, daß es weitgehend demjenigen des Korundes gleicht, dagegen sind in Abb. 38 die Reaktionen der Gibbsit-Oberfläche beim Angebot von Aluminiumnitrat und Natriumfluorid dargestellt. Aluminium, vermutlich in Form einer O- oder HO-enthaltenden Ionensorte — wegen der schon relativ hohen pH-Werte kommt Al^{3+} als solches nicht in Frage —, wird potentialbestimmend. Die augenscheinlich wenig pH-abhängige Bedeckung der Gibbsit-Oberfläche mit einer wohl ziemlich fest gebundenen F^--Schicht — wahrscheinlich in Form einer gleichzeitig HO^- enthaltenden Ionensorte — verringert die Wechselwirkung mit Wasserdipolen und ihren Dissoziationsprodukten und verleiht bei noch höheren Fluorid-Konzentrationen der Gibbsit-Oberfläche sogar positive Ladung. Interessant ist, daß die Abnahme des negativen Zeta-Potentials etwa im gleichen Gebiet wie beim Kryolith erfolgt.

Flotationsversuche bestätigen die Schlußfolgerungen aus den pH-Zeta-Potential-Kurven: Gibbsit flotiert bei pH 7 mit kräftigen kationaktiven Sammlern sehr gut, Diaspor flotiert im gesamten Bereich von pH 2 bis pH 10 ausgezeichnet mit anionaktiven Sammlern.

6.3.17. Goethit

Goethit, FeOOH, ist das verbreitetste und häufigste Verwitterungsprodukt aller eisenhaltigen Minerale und von großer geochemischer Bedeutung. Brauneisenerze, deren Hauptgemengteil Goethit ist, werden wegen der zur Trennung notwendigen sehr feinen Mahlung, der damit verbundenen Entstehung unbefriedigend flotierbarer Schlämme und der hohen Reagenskosten nur ausnahmsweise in großem Maßstab flotiert. Die Gewinnung reiner Goethitfraktionen für geochemische Untersuchungen ist bei dem sehr häufigen Vorliegen feinster Verwachsungen ein ganz schwieriges Problem, das auch durch Flotation nur ausnahmsweise zu lösen sein dürfte. Als störende Verunreinigung tritt Goethit bei Mineraltrennungen sehr häufig auf. Mit dem Verhalten von Goethit bei der Flotation beschäftigten sich IWASAKI, COOKE und COLOMBO [199] und IWASAKI, COOKE und CHOI [198], mit der Flotation von Brauneisenerzschlämmen BERGMANN [429] und YOUNG

[415]. Die spezifische Adsorption von Anionen untersuchten HINGSTON et al. [178], diejenige von Natriumoleat PATERSON [290].

Abb. 39 zeigt die pH-Zeta-Potential-Kurven von zwei äußerlich übereinstimmenden, radialfaserigen natürlichen Goethiten. Bei der Frage nach den zu beobachtenden beträchtlichen Unterschieden ist zu bedenken, daß Goethit niemals völlig rein ist und infolge eines unterschiedlichen Wassergehaltes auch jeweils andersartige Realstruktur besitzen dürfte.

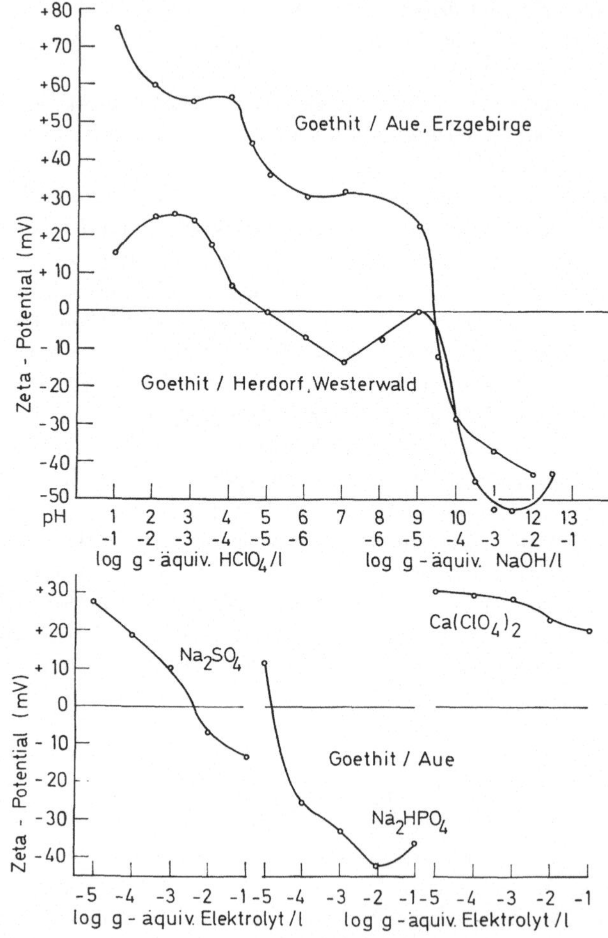

Abb. 39. Oben: Zeta-Potentiale von *Goethit*/Aue und Merdorf in Abhängigkeit von der HClO₄- bzw. NaOH-Konzentration. Unten: Einfluß von Sulfat-, Hydrogenphosphat- und Calcium-Ionen auf das Zeta-Potential von Goethit/Aue (bei etwa pH 7)

Goethit ist neben Lepidokrokit, einer anderen Modifikation des FeOOH, und Magnetit, Fe_3O_4, wesentlicher Bestandteil des *Rostes*. Ohne Zweifel werden Zeta-Potential-Messungen auch für Fragen der Korrosion und des Korrosionsschutzes bei Eisen und Stahl wichtig sein. Dabei dürfte die aus Abb. 39 erkennbare Tatsache, daß spezifisch adsorbierbare mehrwertige Anionen, z. B. Sulfat- und vor allem Phosphat-Ionen, das positive Zeta-Potential erniedrigen bzw. sehr rasch Ladungsumkehr bewirken, eine gewisse Rolle spielen; Kationen sind hingegen von geringerem Einfluß auf das Zeta-Potential.

Entsprechend der aus den gezeigten pH-Zeta-Potential-Kurven zu ziehenden Schlußfolgerung flotiert Goethit — allerdings nur, soweit er nicht allzu feinkörnig ist — bis etwa pH 10 ausgezeichnet mit anionaktiven Sammlern; bei höheren pH-Werten kann er mit kationaktiven Sammlern flotiert werden.

6.3.18. Nephelin

Nephelin, $Na_3K(AlSiO_4)_4$, findet sich als wesentlicher Gemengteil in zahlreichen magmatischen Gesteinen, z. B. Nephelinsyeniten und auch in ihren metamorphen Äquivalenten. In riesigen Mengen fällt er in der Sowjetunion bei der Flotation eines Apatit-Nephelinits als Rückstand an.

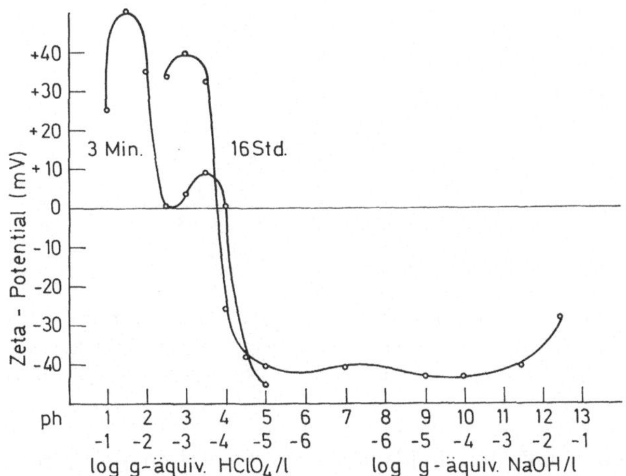

Abb. 40. Zeta-Potentiale von *Nephelin*/Skudesundskjaer nach 3 Minuten bzw. 16 Stunden (hier mit 0,001 g-äqu. NaClO$_4$/l) in Abhängigkeit von der HClO$_4$- bzw. NaOH-Konzentration

Zeta-Potential-Messungen an Nephelin wurden bereits von DOBIAŠ, ZAKONTSKA und SPURNÝ [94] ausgeführt; eigene Messungen ergaben die in Abb. 40 dargestellten Zeta-Potentiale in Abhängigkeit von der Zugabe an HClO$_4$ bzw. NaOH nach 16 Stunden. Auf die zeitabhängigen Veränderungen seines Zeta-Potentials war bereits hingewiesen worden. Die Art der Ionengruppen und Reaktionen auf der Nephelin-Oberfläche im sauren Medium dürfte grundsätzlich derjenigen der Feldspäte und insbesondere der basischen Plagioklase entsprechen, geringfügig modifiziert durch die Einflüsse der von jenen verschiedenen Kristallstruktur.

Zur flotativen Trennung des Nephelins von den ihn sehr häufig begleitenden dichtegleichen und deshalb weder durch Schwereflüssigkeiten noch durch Magnetscheidung abtrennbaren Alkalifeldspäten kann seine durch das negative Zeta-Potential im Bereich von pH 4 bis 12 bedingte Flotierbarkeit mit kationaktiven

Sammlern nicht ausgenutzt werden, weil in diesem pH-Bereich *auch* die Feldspäte
mit jenen flotieren. Die Bereiche positiven Zeta-Potentials unterhalb pH 4 lassen
sich zu einer Flotation mit anionaktiven Sammlern kaum verwenden; sie haben
jedoch zur Folge, daß Nephelin von etwa pH 2,5 an mit kationaktiven Sammlern
nicht mehr ausschwimmt. Da aber in diesem pH-Bereich auch bereits die Flotation
der Alkalifeldspäte mit kationaktiven Sammlern beeinträchtigt wird (siehe
Abb. 41 links!), ist eine Trennung von jenen nur auf dieser Basis wenig vorteilhaft.
Die Abnahme des positiven Zeta-Potentials unterhalb pH 1,5 ist auf die begin-
nende Auflösung in der etwa 0,1 bis 0,3%igen Säure zurückzuführen.

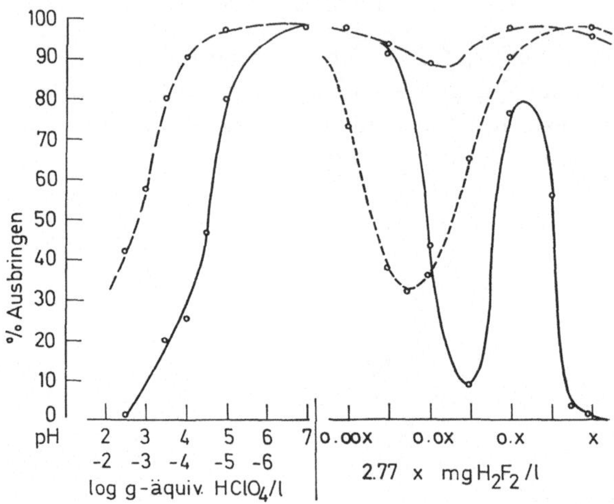

Abb. 41. Ausbringen von Nephelin (ausgezogen), Orthoklas (kurz gestrichelt) und Oligoklas
(lang gestrichelt) in Abhängigkeit von den Konzentrationen an $HClO_4$ bzw. H_2F_2. Sammler:
Dehymin DK (3 bzw. 1,5 mg/l); Trübedichte 1:180; Schäumer: Dowfroth-250 (5 mg/l)

Die Ähnlichkeit mit den Feldspäten im Verhalten der Nephelin-Oberfläche
besteht, wie Abb. 41 rechts zeigt, nur im schwächer flußsauren Medium. Bei
höheren Flußsäure-Konzentrationen, etwa von 0,28 mg H_2F_2/l an, entsprechend
etwa pH 2,5, überwiegt jedoch die Zerstörung der Nephelinstruktur durch die zugesetzte Säure bzw. wird durch die in die Lösung gelangenden reichlichen AlF^{2+}-
oder Al^{3+}-Ionen das Zeta-Potential zunächst so stark positiv, daß die Nephelin-
Oberfläche *keine* Alkylammonium-Ionen mehr adsorbiert. Es ist deshalb möglich,
noch ziemlich kleine Mengen von Alkalifeldspäten mit langkettigen Aminen bzw.
deren Salzen in *flußsaurer* Trübe (unterhalb pH 2,5) von überwiegendem Nephelin
abzutrennen. Die Gewinnung kleiner Nephelinmengen aus überwiegenden Feldspäten ist aber nach diesem Verfahren meist nicht zufriedenstellend, weil die
Feldspatflotation niemals ganz vollständig verläuft und etwas Nephelin in das
Feldspatkonzentrat gelangt und dort verbleibt.

Nach CZYGAN [76] kann in flußsaurer Trübe (optimal bei pH 3,6) mit Dodecylamin als Sammler und Amylalkohol als Schäumer bei Gegenwart einer bestimmten, kritischen Menge von Natriumhexametaphosphat der Nephelin *selektiv* von
den Alkalifeldspäten flotiert werden. Die von CZYGAN angegebenen Mengen an

Dodecylamin, Polyphosphat und auch an Amylalkohol liegen jedoch ungewöhnlich hoch (sie betragen das Zehn- bis Hundertfache der sonst üblichen Zugaben), so daß sicher ganz besondere Verhältnisse in der Doppelschicht und auf der Nephelin-Oberfläche vorliegen werden, die durch Zeta-Potential-Messungen kaum erfaßbar sind.

Die pH-Zeta-Potential-Kurve des Sodaliths ist von derjenigen des Nephelins verschieden; sein Verhalten und dasjenige des Leucits bei der Flotation wurden noch nicht untersucht.

6.3.19. Wollastonit

Aus der großen Zahl der Calcium-Silikate, -Silikathydrate, -Silikatcarbonate, die *alle säureempfindlich* sind, sei das in der Natur häufigste, der Wollastonit, herausgegriffen, der sowohl in Magmatiten als auch in Metamorphiten als gelegentlich reichlicher Gemengteil auftreten kann.

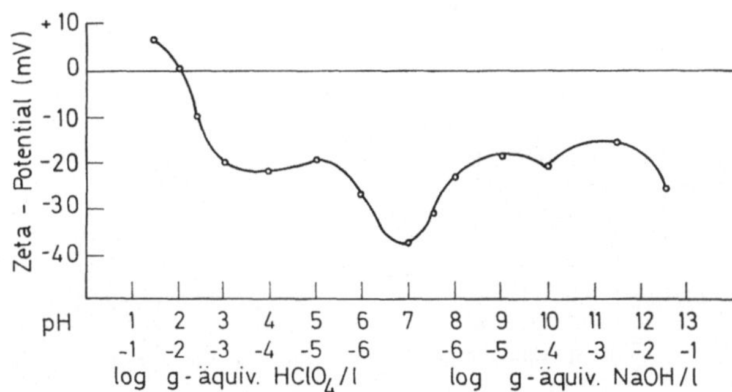

Abb. 42. Zeta-Potentiale von *Wollastonit*/Pargas in Abhängigkeit von der $HClO_4$- bzw. NaOH-Konzentration

Mit dem elektrokinetischen Verhalten von Calciumsilikaten hatte sich bereits STEIN [274] beschäftigt. Abb. 42 zeigt die Zeta-Potentiale des Wollastonits von Pargas, $CaSiO_3$, in Abhängigkeit von der Zugabe an $HClO_4$ bzw. NaOH; auch hier war auf die zu erwartenden zeitabhängigen Veränderungen des Zeta-Potentials schon hingewiesen worden (siehe Abb. 6!). Der pH-Zeta-Potential-Kurve zufolge ergab sich in Flotationsversuchen, daß Wollastonit aus metamorphen Karbonatgesteinen durch kationaktive Sammler bei pH 6 bis 11 unschwer abgetrennt werden kann (zusammen mit allen anderen Silikaten). Im Bereich von pH 7 bis 8 verhindert das relativ hohe negative Zeta-Potential Reaktionen seiner Oberfläche mit Fettsäure-Anionen, so daß aus wollastonitreichen Paragenesen Calcit und andere Minerale mit hohem positiven Zeta-Potential durch jene einfach flotativ abgetrennt werden können.

6.3.20. Eudialyt, Katapleit, Wöhlerit

Die säureempfindlichen Zirkonsilikate Eudialyt bzw. Eukolit, $Na_3(Ca, Fe)_3Zr$ $(OH, Cl)(Si_3O_9)_2$, Katapleit, $Na_2Zr(Si_3O_9) \cdot H_2O$, und Wöhlerit, $Ca_2NaZr(F, O)$ (Si_2O_7), sowie eine Anzahl ähnlicher, noch nicht hinsichtlich ihrer Flotierbarkeit untersuchter Minerale finden sich als Übergemengteile in alkalireichen Magmatiten. Die Tatsache, daß es möglich ist, sie mit Hilfe anionaktiver Sammler von ihren überwiegenden Begleitern Alkalifeldspat, Nephelin, Sodalith zu trennen, läßt schließen, daß sie im Bereich von etwa pH 2 bis pH 7 positives Zeta-Potential besitzen. Zu ihrer Flotation eignet sich besonders das beim Zirkon erwähnte Isooctylphosphat; Abb. 43 zeigt die Ergebnisse von Flotationsversuchen. Bei ihrer Abtrennung aus Gesteinen sollten andere säureempfindliche Minerale, vor allem Calcit und Apatit, bereits *vorher* mit anionaktiven Sammlern (Fettsäuren) im stark alkalischen pH-Bereich entfernt worden sein.

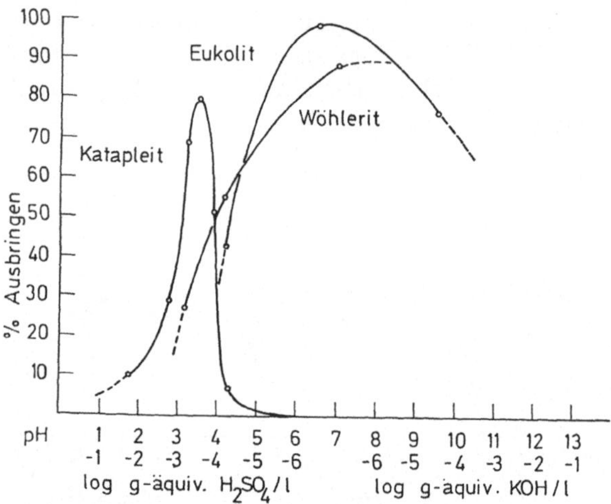

Abb. 43. Schwimmverhalten von Eukolit, Katapleit und Wöhlerit mit 10 mg „Isooctylphosphat"/l in Abhängigkeit von der Schwefelsäure-Konzentration; Trübedichte 1:200

6.4. Gruppe 4: Gegenüber Säuren unempfindliche oxidische und silikatische Übergemengteile

Von den in Gruppe 4 zusammengefaßten Mineralen sind keineswegs, wie es die Überschrift vermuten läßt, alle völlig unempfindlich gegenüber Säuren. Bei längerer Einwirkung von stärkeren, *mehr* als 1-normalen Säuren werden einige der zugehörigen Minerale angegriffen. Flotationstrüben sind jedoch nur selten 0,1-normal.

Die hier zu behandelnden Minerale treten auch nicht nur als Übergemengteile auf. Magnetit, Hämatat, Ilmenit, Chromit, Korund, Epidot, Granate bilden sogar fast monomineralische Gesteine, bei denen die Flotation der dann vorhandenen anderen Neben- und Übergemengteile wieder besondere und oft sehr schwierige Probleme schafft.

Ein Blick auf die folgenden Abb. 44 bis 59 läßt erkennen, daß *allen* Mineralen der Gruppe 4 *gemeinsam* ist, daß im mehr oder weniger stark *sauren* Medium ihre Zeta-Potentiale *positiv*, im schwach sauren und allgemein im alkalischen Medium aber negativ sind. Daraus ergeben sich sogleich 4 Konsequenzen:

a) Die Minerale der Gruppe 4 sind grundsätzlich unterhalb pH 7 mit anionaktiven, über pH 7, zum Teil auch schon weit darunter, mit kationaktiven Sammlern flotierbar.

b) Bei der Flotation mit einem bestimmten anionaktiven Sammler wird, wenn nicht ein extrem niedriger oder — seltener — hoher pH-Wert eingehalten *und* ein bestimmter Drücker angewandt wird, im allgemeinen ein *Sammelkonzentrat* erhalten, das *alle* anwesenden Vertreter der Gruppe 4 enthält. Die Vollständigkeit der Erfassung der einzelnen Minerale und damit die Zusammensetzung des Sammelkonzentrates wird allerdings von den gewählten Bedingungen abhängen; beim gleichen Ausgangsmaterial wird das Sammelkonzentrat bei einem anderen pH-Wert auch eine andere quantitative Zusammensetzung aufweisen.

c) Da es sich durchwegs um Minerale handelt, bei denen im sauren pH-Bereich vor allem die mehrwertigen Kationen in ihrer Oberfläche für die Wechselwirkung mit den Sammler-Anionen maßgeblich sind, wird sowohl der Säurebeständigkeit der resultierenden Oberflächenverbindungen, d. h. der Auswahl des pH-Wertes, als auch der Berücksichtigung spezieller Reaktionen mit Drückern, d. h. vor allem der Beständigkeit ihrer Komplexe mit bestimmten Liganden, entscheidende Bedeutung bei selektiven Flotationen zukommen.

d) Während die Flotierbarkeit mit anionaktiven Sammlern im sauren pH-Bereich schon durch die Säureempfindlichkeit sehr vieler Minerale eingeschränkt wird, haben die Minerale der Gruppe 4 ihre Flotierbarkeit mit kationaktiven Sammlern im neutralen bis alkalischen pH-Bereich mit sehr vielen Mineralen aus anderen „Gruppen" gemeinsam. Sie werden sich also mit diesen zusammen in einem Konzentrat finden, aber oft nicht gerade auffällig angereichert sein. Sofern sie jedoch mit Hilfe kationaktiver Sammler von überwiegendem Calcit, Dolomit, Magnesit, Siderit, Fluorit, Baryt abgetrennt wurden, wird ihre Gewinnung durch die intermediäre Anreicherung in einem Sammelkonzentrat sehr erleichtert.

Abgesehen von dem nicht gerade seltenen Fall, daß feinste Verwachsungen mit Magnetit, Hämatit oder Ilmenit vorliegen, lassen sich die Minerale der Gruppe 4 nach ihrem magnetischen Verhalten in zwei Untergruppen teilen, nämlich in solche mit mehr oder weniger großen (Magnetit, Chromit, Hämatit, Ilmenit, Columbit, Schörl) und solche mit sehr geringen magnetischen Suszeptibilitäten (Rutil, Anatas, Zirkon, Klinozoisit, Cordierit). Die Gewinnung von Sammelkonzentraten wird somit stets dann sinnvoll sein, wenn diese sich anschließend durch Magnetscheidung trennen lassen. Infolge der zum Teil bereits *über* 4,5 g/cm³ liegenden spezifischen Gewichte ist eine Trennung durch Schwereflüssigkeiten nicht mehr in allen Fällen möglich.

Das im allgemeinen hohe spezifische Gewicht der hierher gehörenden Minerale hat auch für die flotative Trennung noch zwei Konsequenzen:

a) Bei sehr geringen Anteilen der Minerale im Gestein, wenn also mit der Bildung nur schwach beladener Schäume zu rechnen ist, fallen zu schwere, d. h. allzu große Körner aus dem Schaum wieder in die Trübe zurück, so daß das Ausbringen verschlechtert wird. Eine Korngröße von 250 μm ist auf jeden Fall als maximal anzusehen; falls möglich, ist eine darunterliegende Korngröße, etwa 125 μm, als obere Grenze vorzuziehen.

b) Beim Abschlämmen von Feinstanteilen vor jeder Flotation wird im allgemeinen eine Fallzeit von Körnern mit einem spezifischen Gewicht von 2,6 bis

2,8 g/cm^3 zugrunde gelegt. Die sich rascher absetzenden Körner der Minerale der Gruppe 4 entgehen dadurch trotz ihrer geringeren Korngröße wenigstens teilweise ihrer Entfernung und erfahren sogar eine relative Anreicherung.

Auf die Notwendigkeit, die Minerale der Gruppen 1 bis 3 durch vorhergehende Flotationen zu entfernen, sei hier nur hingewiesen.

Natürliche Anreicherungen aus meist überwiegenden Mineralen der Gruppe 4 stellen die *Seifen* dar. Aus bereits oben dargelegten Gründen sind Seifen, besonders wenn großer Wert auf die Erhaltung ursprünglicher Kornformen gelegt wird, nur dann befriedigend flotierbar, wenn ihre maximale Korngröße *unter* 200 µm liegt. Die Zerlegung gröberer Seifen in ihre Einzelminerale ist, in gewissen Grenzen, nur durch Schwerkraftverfahren, im mineralogischen Labor z. B. durch den Haultain-Superpanner, möglich oder, wenn sie durch Flotation erfolgen soll, nach entsprechender Mahlung. Dabei entstehen allerdings stets Feinstanteile, die zu Substanzverlusten führen.

Seifen besitzen, wie in Abschnitt 2,1 bereits erwähnt wurde, natürliche Oberflächen, die außerdem fast immer *nicht arteigen* sind. Im Laufe geologischer Zeiträume sind aus den Oberflächen der Seifenmineral-Körner bestimmte Bestandteile ausgelaugt worden, oder es sind auf natürlichem Wege sehr mechanisch feste und unter den chemischen Bedingungen der Hydrosphäre stabile Oberflächenverbindungen entstanden. Infolgedessen ist die Oberfläche der Seifenmineral-Körner fast immer außerordentlich *reaktionsträge* und zeigt, sofern sie reagiert, ein von frischen Bruchflächen der betreffenden Minerale teilweise völlig abweichendes Verhalten. Wenn die Schaffung frischer bzw. reaktionsfähiger Oberflächen nicht, wie sonst üblich, durch Zerkleinerung erfolgen kann, so ist sie nur durch massive chemische Behandlung möglich.

Nach POL'KIN und ANDREEV [307] ist bei Seifen oder Schwermineral-Herdkonzentraten, in denen ausschließlich säureresistente Minerale vorliegen (z. B. Columbit, Pyrochlore, Zirkon, Granate, Schörl, Ilmenorutile), eine Vorbehandlung mit Salz-, Schwefel- oder Flußsäure (bis zu 25%ige Säuren!), eventuell sogar in der Wärme, vorteilhaft. Dadurch werden sowohl artfremde Beläge mit Verbindungen des Eisens, Mangans, Aluminiums oder Calciums, mit Phosphaten oder zum Teil auch Silikaten als auch diese Kationen oder Anionen selbst aus den Mineraloberflächen herausgelöst, während Titan, Zirkon, Niob, Tantal, Zinn, Thorium ungelöst bleiben oder bei der nachfolgenden Behandlung mit Wasser hydrolysieren. Dabei entstehen Ionenbelegungen auf der Mineraloberfläche, welche das bei den Mineralen der Gruppe 4 im stärker sauren pH-Gebiet stets vorliegende positive Zeta-Potential verstärken und damit die Reaktion mit anionaktiven Sammlern beschleunigen und verbessern.

6.4.1. Magnetit

Magnetit, Fe_3O_4, ist das häufigste und verbreitetste Schwermetalloxid und Erzmineral und als solches nicht nur von großer wirtschaftlicher, sondern auch wissenschaftlicher Bedeutung. Zahlreiche Elemente können in seiner Spinellstruktur zwei- und/oder dreiwertiges Eisen vertreten oder werden wie Vanadium in ihm angereichert, so daß seine Abtrennung für viele geochemische Untersuchungen wichtig ist. Mit seiner Geochemie hat sich LEUCHS [229] befaßt. Obwohl

Magnetit in der Aufbereitungstechnik ganz überwiegend durch Magnetscheidung abgetrennt wird, kann in speziellen Fällen auch seine flotative Abscheidung wichtig sein. Bei mineralogischen Untersuchungen läßt sich Magnetit aus trockenen und nicht zu feinkörnigen Proben mit dem Frantz-Isodynamic-Magnetscheider [119] leicht, aber oft etwas zeitraubend, abtrennen. Bei sehr feinkörnigen, naß gemahlenen und feuchten Proben kann er durch einen in einer Plexiglashülle befindlichen Stabmagneten gewonnen werden.

Da Magnetit das zwar verbreitetste, aber keineswegs einzige stark magnetische Mineral ist, können seine Konzentrate durch Pyrrhotin, Fe(III)-reichen Chromit, Franklinit, Cubanit und einige seltenere Minerale verunreinigt sein. Enthält eine

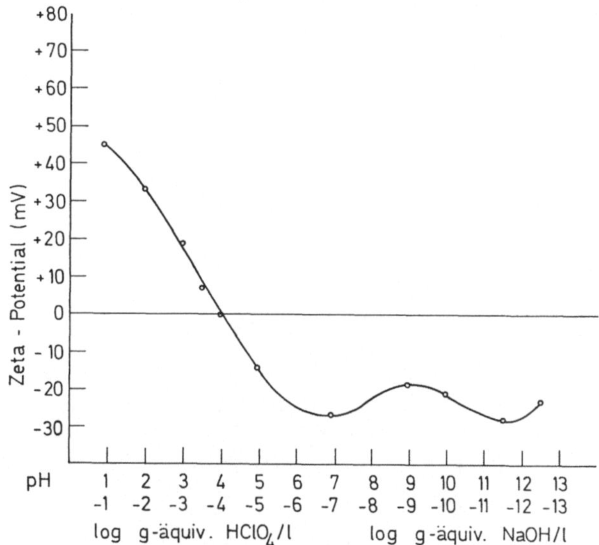

Abb. 44. Zeta-Potential von *Magnetit*/Grängesberg in Abhängigkeit von der HClO$_4$- bzw. NaOH-Konzentration

Paragenese *kleine* Mengen Pyrrhotin (oder Cubanit) *und* Magnetit, so ist es immer empfehlenswert, den Pyrrhotin (oder Cubanit) zuerst mit einem Sulfhydrylsammler zu flotieren, bevor der Magnetit mittels Magnets abgetrennt wird. Aus größeren unreinen Magnet-Konzentraten können Pyrrhotin (und Cubanit) auch nachträglich flotiert werden, sofern alle Arbeiten zügig durchgeführt wurden und die Oberfläche des recht oxydationsempfindlichen Pyrrhotins noch nicht zu sehr verändert ist.

Bei vielen Gesteinen mit sehr kleinen Magnetitgehalten (z. B. Granite, viele Gneise) lohnt sich eine Abtrennung des Magnetits mittels Magnets oder Magnetscheidung nicht; dieser wird zusammen mit anderen Mineralen der Gruppe 4 ausgeschwommen und kann dann leicht von diesen getrennt werden. Ein solches Vorgehen ist auch deshalb empfehlenswert, weil der Magnetitgehalt zur Verbesserung des Dreiphasenschaumes beitragen kann.

Abb. 44 zeigt zunächst die Zeta-Potentiale eines Magnetits von Grängesberg/ Schweden, in Abhängigkeit von der Zugabe an HClO$_4$ bzw. NaOH. Es ist wahrscheinlich, daß Magnetite anderer Vorkommen grundsätzlich ähnliche pH-Zeta-Potential-Kurven ergeben, jedoch mit anderer Lage des point-of-zero-charge. Nach PARKS [286] und LASKOWSKI und SOBIERAJ [227] sollte der pzc bei pH 6,5 liegen. In Analogie zu vielen anderen Oxiden darf angenommen werden, daß Hydronium- und Oxhydryl-Ionen potentialbestimmend sind.

Nach IWASAKI, COOKE und KIM [200] flotiert Magnetit mit Natrium-dodecylsulfat bei pH 1 bis pH 7, mit Ölsäure von pH 2 bis pH 11, mit Linolensäure von pH 2 bis pH 8, mit Abietinsäure von pH 4 bis pH 7 und mit Dodecylammoniumchlorid von pH 6 bis pH 12. Die Autoren fanden außerdem, daß Magnetit bereits flotiert, wenn nur 1% seiner Oberfläche mit einem monomolekularen Sammlerfilm bedeckt ist. (Siehe auch [215]!)

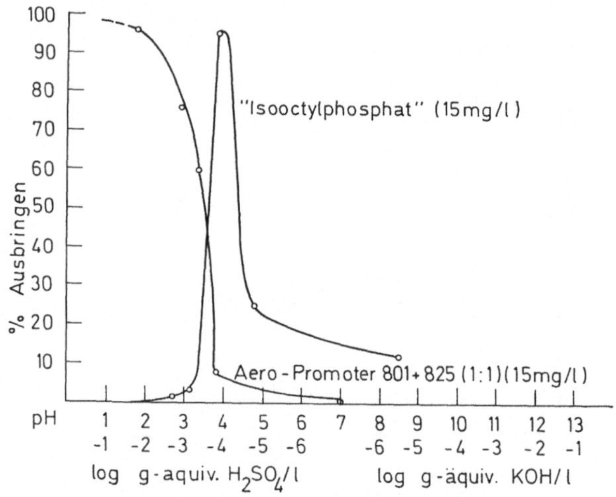

Abb. 45. Schwimmverhalten von *Magnetit* mit anionaktiven Sammlern in Abhängigkeit von der Schwefelsäure-Konzentration; Korngröße 63—113 µm; Trübedichte 1:100

In Abb. 45 ist das Ergebnis von Flotversuchen mit Magnetit der Braastad-Mine, Arendal/Norwegen, dargestellt. Der anionaktive Sammler „Aero-Promoter 801 bzw. 825" der Cyanamid Co. ist im wesentlichen ein Gemisch von Alkylsulfonaten. Als Schäumer wurden 10 mg Dowfroth-250/l und 3,6 mg F-286 (Dehydag) verwendet. Beide Sammler führten zwar zu unterschiedlichen, aber im Rahmen der Voraussage — Flotierbarkeit mit anionaktiven Sammlern im sauren Medium — liegenden Ergebnissen. Die Unterschiede dürften im wesentlichen durch die Säurebeständigkeit der entstehenden Oberflächenverbindungen bedingt sein.

Unter den Bedingungen der optimalen Apatit-Flotation mit Fettsäuren im stärker alkalischen Gebiet flotiert Magnetit nur in geringem Umfang und bei Zugabe geeigneter Drücker, z. B. von DTPE, überhaupt nicht, so daß eine rasche Abtrennung kleiner Mengen von Apatit (Calcit, Fluorit, Scheelit) aus Magnetiterzen möglich ist. Kationaktive Flotation von Magnetit kann bei Karbonatiten angebracht sein, in denen er häufig vorkommt.

6.4.2. Chromit

Chromit, $(Fe, Mg)(Cr, Fe, Al)_2O_4$, ist das verbreitetste und häufigste Chrommineral. Nach MacGregor und Smith [245] ist in manchen Fällen der Verlauf der Differentiation von Ultrabasiten aus der oft sehr komplexen Zusammensetzung des Chromits abzuleiten. Die flotative Trennung des Chromits von Serpentinmineralen oder von Olivin und Pyroxenen, die sehr oft wenigstens teilweise serpentinisiert sind, ist meist recht schwierig und verläuft unbefriedigend. Dies dürfte sogleich aus den pH-Zeta-Potential-Kurven der Abb. 46 für die Minerale Chromit, Olivin, Serpentin und Bronzit hervorgehen. Alle diese und die als weitere Begleiter des Chromits gelegentlich vorkommenden Minerale Chlorit, Talk, Chromdiopsid und Magnetit adsorbieren im sauren bis schwach alkalischen pH-Gebiet anionaktive und im schwach sauren bis stark alkalischen Bereich kationaktive Sammler.

An der Tatsache, daß das Verhalten des Chromits *und* seiner Begleiter bei der Flotation sehr ähnlich ist, ändert sich durch die von Fall zu Fall unterschiedliche Zusammensetzung, „Frische" und Form der pH-Zeta-Potential-Kurven aller beteiligten Minerale nichts Grundsätzliches; sie erschwert nur eine Voraussage auf Grund von Versuchen und Messungen, die manchmal notgedrungen mit Modell-Mineralen anderer Herkunft und nicht aus der aufzubereitenden Paragenese durchgeführt werden müssen. Nur dank der Tatsache, daß *graduelle* Unterschiede in der Flotierbarkeit vorliegen, und durch die Anwendung von empirisch erprobten Drückern (NaF, Na_2SiF_6, „Wasserglas", Natriumpolyphosphate, bestimmte Stärkesorten) kann in manchen Fällen eine befriedigende Abtrennung des Chromits erreicht werden. Meist wird der Chromit im schwach sauren bis schwach alkalischen pH-Bereich mit Fettsäuren ausgeschwommen. Bemerkenswert ist, daß er auch noch bei Korngrößen von 15 µm gut flotiert.

Über Flotationsversuche mit Chromit und mehr oder weniger erfolgreiche Flotationen von Chromiterzen im technischen Maßstab liegen Veröffentlichungen vor von Morawietz [261], Frank [118], Göksaltik [430], Markovic und Ser [250], Ser et al. [334], Zakrajsek [418].

Es ist bekannt, daß Chrom(III) mit sehr vielen Liganden, oft sehr rasch, vielfältige und durchaus stabile Komplexe bildet, aber der Bildung solcher Komplexe auf der Chromitoberfläche stehen mehrere, anscheinend unüberwindliche Hindernisse entgegen:

a) Chromit besitzt auch in starken Säuren oder Basen nur eine außerordentlich geringe, praktisch nicht feststellbare Löslichkeit.

b) Das relativ kleine Chrom(III)-ion wird durch die wesentlich größeren O^{2-}- bzw. HO^--Ionen sehr weitgehend abgedeckt und dürfte erst in sehr stark saurer bzw. alkalischer Lösung in einigermaßen reaktionsfähiger Form auf seiner Oberfläche vorliegen. Diese Bedingungen lassen sich aber bei der Flotation aus folgendem Grund nicht verwirklichen:

c) Bei der Behandlung chromithaltiger Paragenesen mit starken Säuren oder Basen gehen insbesondere Olivin, Chlorite und Serpentinminerale bzw. ihre Verwitterungsprodukte in Lösung. Die frei werdenden Fe^{3+}-, Al^{3+}-, Mg^{2+}- und Silikat-Ionen wirken aber als starke *Drücker* auf Chromit, wie z. B. aus Untersuchungen von Sagheer [328] hervorgeht.

In Abb. 46 ist auch die pH-Zeta-Potential-Kurve eines anderen Minerals mit Spinellstruktur, des Picotits, $(Mg, Fe)(Al, Cr)_2O_4$, eingetragen. Sie verläuft im Prinzip ähnlich wie die entsprechende Kurve des Chromits (von Rustenburg/ Transvaal), die sicher bei Chromiten anderer Herkunft wieder einen etwas anderen Verlauf haben würde.

6.4.3. Hämatit

Hämatit, $a\text{-}Fe_2O_3$, findet sich in Gesteinen aller Bildungsbereiche; häufig nur als feinstes Pigment. Er ist überwiegender Gemengteil wichtiger Eisenerze. Mit seiner Geochemie haben sich HEGEMANN und ALBRECHT [165] beschäftigt. Hinsichtlich seines Verhaltens bei der Flotation ist Hämatit oft und vielseitig untersucht worden, in neuerer Zeit z. B. von IWASAKI, COOKE und CHOI [198], CLEMENT und AUGE [68]. Über die elektrische Doppelschicht und das Zeta-Potential von natürlichen und künstlichen Eisen(III)-oxiden liegen ebenfalls viele Untersuchungen vor, die größtenteils bei PARKS [286] zusammengefaßt sind.

Abb. 47 zeigt die an einem reinen natürlichen Hämatit von Rachelshausen/ Dillkreis in Abhängigkeit von der Zugabe an $HClO_4$ bzw. NaOH bestimmten Zeta-Potentiale. Es ist zu erwarten, daß die Hämatite anderer Vorkommen etwas abweichende pH-Zeta-Potential-Kurven ergeben.

Nach DE BRUYN und AGAR [80] sind beim Hämatit $(H_3O)^+$- und HO^--Ionen potentialbestimmend; im Gleichgewicht sind durch ihre Konzentrationen auch diejenigen der möglichen Ionensorten im System Hämatit—Wasser festgelegt:

$$O^{2-} \text{ (in der Hämatitoberfläche)} + H_2O \rightleftharpoons 2\,HO^-$$

$$Fe^{3+} \text{ (in der Hämatitoberfläche)} + 4\,H_2O \rightleftharpoons 2\,(H_3O)^+ + [Fe(OH)_2]^+ \text{ (aq.)}$$

Es können weiterhin vorkommen: $[Fe(H_2O)_3]^{3+}$, $[Fe_2(OH)_2]^{4+}$, $FeOH_2{}^+$, $FeO_2{}^-$ und $Fe(OH)_3$.

Bei der Einstellung des Gleichgewichtes zwischen Hämatit und Lösung sind zwei Schritte zu unterscheiden:

  a) Bildung eines Oberflächen-Hydroxids,
  b) Dissoziation dieses Hydroxids.

Durch die Bindung von $(H_3O)^+$-Ionen, die äquivalent ist zur Entfernung von HO^--Ionen, erhält die Hämatitoberfläche eine *positive* Ladung:

$$Fe(OH)_3 \text{ (fest)} + (H_3O)^+ \rightleftharpoons Fe(OH)_2{}^+ \text{ (fest)} + 2\,H_2O$$

Durch das Abdissoziieren von $(H_3O)^+$-Ionen, das äquivalent zur Anlagerung von HO^--Ionen ist, wird die Hämatitoberfläche *negativ* geladen:

$$Fe(OH)_3 \text{ (fest)} \rightleftharpoons FeO_2{}^- \text{ (fest)} + (H_3O)^+$$

Beim Point-of-zero-charge sind auf der Hämatitoberfläche gleich viele $Fe(OH)_2{}^+$- und $FeO_2{}^-$-Plätze vorhanden.

Wie bei vielen anderen Oxiden bzw. Mineralen der Gruppe 4 stimmen auch beim Hämatit die pH-Bereiche, in denen er tatsächlich mit anion- oder kationaktiven Sammlern flotiert, nicht genau mit den aus der pH-Zeta-Potential-Kurve zu er-

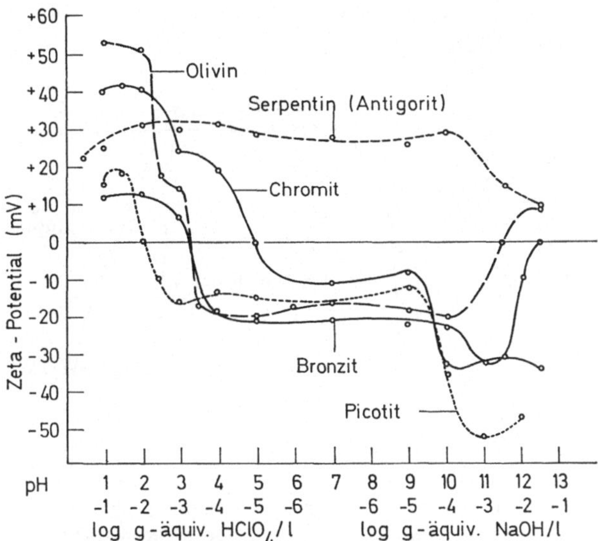

Abb. 46. Zeta-Potentiale von *Chromit*/Transvaal und zum Vergleich von Olivin/Dreis, Serpentin/Morud, Bronzit/Kraubath und Picotit/Kapfenberg in Abhängigkeit von der $HClO_4$- bzw. NaOH-Konzentration

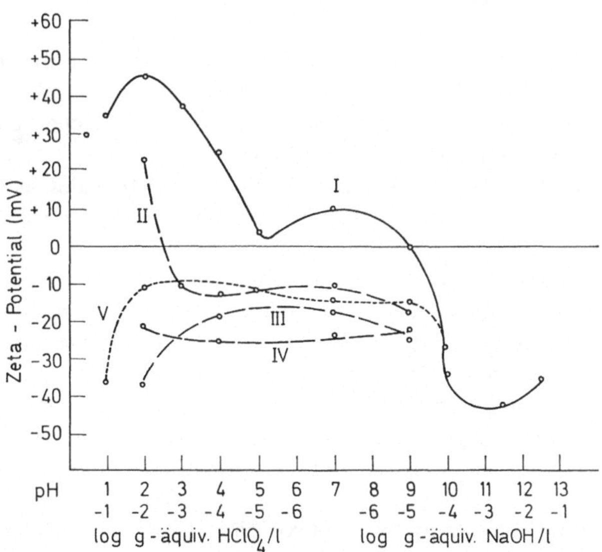

Abb. 47. Zeta-Potentiale von *Hämatit*/Rachelshausen (I) und II, III und IV mit 0,000 01 bzw. 0,000 1 bzw. 0,001 g-mol DTPE/l; I bis IV in Abhängigkeit von der $HClO_4$- bzw. NaOH-Konzentration. V = mit 0,01 g-äqu. Na_2SO_4/l in Abhängigkeit von der H_2SO_4-Konzentration

wartenden überein. Die Gründe hierfür sind schon mehrfach dargelegt worden.
Abb. 48 zeigt die Ergebnisse eigener Flotationsversuche beim Hämatit von Rachels-
hausen, Korngröße 63—125 μm.

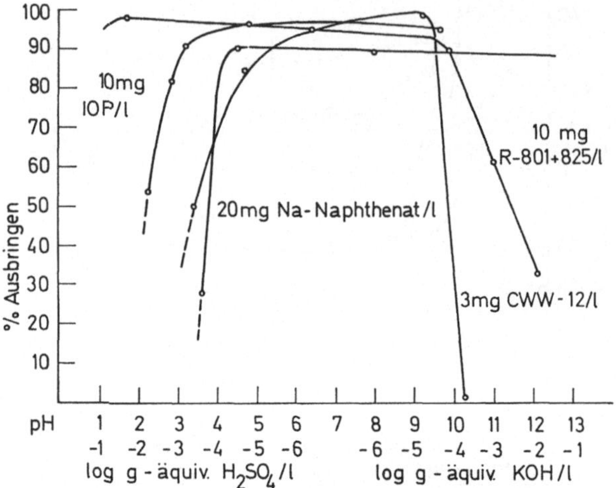

Abb. 48. Ergebnisse von Flotversuchen mit verschiedenen Sammlern beim *Hämatit*/Rachels-
hausen. Ausbringen in Abhängigkeit von der H_2SO_4- bzw. KOH-Konzentration. Trübedichte
1:100. Schäumer: Dowfroth-250, zum Teil mit F-286

Der *weite* Bereich der Flotierbarkeit legt die Frage nahe, bei *welchem* pH-Wert
die Flotation des Hämatits *optimal* durchgeführt werden sollte. Dies hängt vor
allem von den Begleitmineralen ab. Die Antwort wird bei speziellen Fällen auch
sehr speziell ausfallen, doch geben folgende Regeln brauchbare Hinweise, auch für
andere Minerale:

a) Sind die Begleitminerale säureempfindlich, so kommt nur eine Flotation
bei einem pH-Wert über 6 bis 7 in Frage. Ob diese mit anion- oder kationaktivem
Sammler durchzuführen ist, richtet sich danach, mit welcher Sammlerart die
Hauptmenge der Begleitminerale *nicht* flotiert.

b) Werden aus den Begleitmineralen beim Ansäuern Anionen oder Kationen
freigesetzt, welche den Hämatit drücken könnten, so muß dieser in alkalischer
Trübe flotiert werden.

c) Werden Begleitminerale, deren nachfolgende Flotation aus der gleichen
Probe beabsichtigt ist, durch Eisen-Ionen aktiviert, die in stark saurer Lösung
aus Hämatit freigesetzt werden, so muß dieser in schwach saurer, neutraler oder
alkalischer Trübe flotiert werden.

d) Ist eine Flotation anderer Minerale nicht beabsichtigt und sind keine säureempfindlichen Minerale zugegen, so kann und soll im sauren pH-Bereich flotiert
werden, wenn bekannt ist, daß dort die Flotation besonders glatt und selektiv
verläuft.

Eisen(III) bildet bevorzugt Komplexe mit Liganden, die über *Sauerstoff*
koordinieren. Dazu gehören Mono- und Poly-Phosphat-Ionen, welche sehr wirksame Drücker für alle Eisenminerale darstellen[1]. Sind jedoch am Phosphat-Ion

---

[1] Vergleiche hierzu JACOBS [202]!

Kohlenwasserstoffketten befestigt, wie es z. B. beim Isooctylphosphat der Fall ist, so können sehr beständige *hydrophobierende* Komplexe auf der Eisenmineral-Oberfläche entstehen; sie werden erst bei pH-Werten von etwa 1 durch Säuren zersetzt. Auch die bei technischen Flotationen von Eisenoxiden stets verwendete Schwefelsäure erniedrigt, wie aus Abb. 47 hervorgeht, die positiven Zeta-Potentiale des Hämatits (und anderer Eisenminerale). Größere Mengen von Sulfat-Ionen bewirken in einem weiten pH-Bereich ziemlich konstante niedrige negative Zeta-Potentiale beim Hämatit.

SHERGOLD, PROSSER und MELLGREN [338] haben festgestellt, daß bei Gegenwart von Chlorid-, Fluorid- und Sulfat-Ionen, jedoch nicht bei Gegenwart der zur Komplexbildung nicht befähigten Perchlorat-Ionen, im stark sauren pH-Bereich Komplexionen der Art

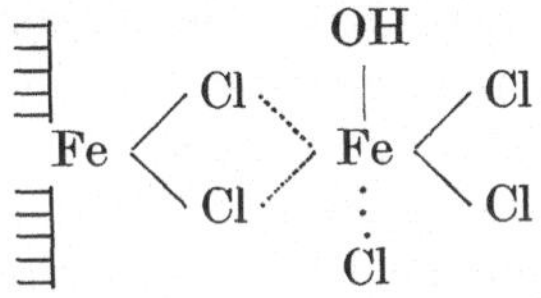

$$\text{Fe} \begin{array}{c} \diagup \text{Cl} \\ \diagdown \text{Cl} \end{array} \begin{array}{c} \text{OH} \\ | \\ \text{Fe} \end{array} \begin{array}{c} \diagup \text{Cl} \\ \diagdown \text{Cl} \\ \text{Cl} \end{array}$$

(Oberfläche)

auf der Hämatitoberfläche entstehen. Diese ermöglichen im Bereich von pH 0,8 bis 1,5, in welchem die meisten Silikate infolge ihrer bereits stark positiven Ladung nicht mehr mit den Alkylammonium-Ionen langkettiger Amine reagieren, eine gute Flotation von Hämatit, z. B. neben Quarz.

Sehr ausgeprägt ist auch die Komplexbildung des Eisen(III) mit mehrzähnigen organischen Liganden, z. B. Oxalat- oder Zitrat-Ionen. Die beständigsten Eisen-(III)-Komplexe überhaupt entstehen nach SCHWARZENBACH und SCHWARZENBACH [372] mit N- und O-haltigen Liganden, z. B. dem in gewissen Algen vorkommenden Ferrioxamin B oder Sideramin, oder, nach ANDEREGG et al. [10], mit handelsüblicher Diäthylentriaminpentaessigsäure (DTPE); die Eisen(III)-Komplexe mit Äthylendiamintetraessigsäure sind um einige Größenordnungen weniger beständig.

DTPE ist ein sehr wirksamer *Drücker* für Eisen-, aber auch für Aluminium-, Titan- und Zirkon-Minerale. Sie ermöglicht die Gewinnung eisenfreier Konzentrate von Calcit, Apatit, Baryt, Fluorit usw. bei der Fettsäure-Flotation im alkalischen Bereich. In der Abb. 47 ist der Einfluß von DTPE-Lösungen auf die Zeta-Potentiale von Hämatit (in überchlorsaurer Lösung) dargestellt.

Zu den wirksamen N- *und* O-haltigen Liganden gehören auch die von SCHWARZENBACH und SCHWARZENBACH [372] untersuchten Hydroxamate. Die Bildung von tiefroten Eisen(III)-hydroxamat-Komplexen wird seit langem in der organischen Analyse als Hinweis auf alkalisch verseifbare Verbindungen benützt. FUERSTENAU, MILLER und GUTIERREZ [128] haben gefunden, daß sich Kalium-octylhydroxamat sehr gut zur Flotation von Hämatit, aber auch von Goethit und Chrysokoll eignet. Seine Wirkung hängt nach diesen Autoren von der Anwesenheit von Oxhydrylgruppen auf der Mineraloberfläche ab:

$$\text{Fe}-\text{OH} \;+\; \begin{array}{c} \text{HO}-\text{C}-\text{R} \\ || \\ \text{HO}-\text{N} \end{array} \;\rightarrow\; \text{Fe} \begin{array}{c} \diagup \text{O}-\text{C}-\text{R} \\ || \\ \diagdown \text{O}-\text{N} \end{array} \;+\; \text{H}_2\text{O}$$

Allerdings sind Hydroxamate keine spezifischen Sammler für Eisen- oder Kupfer-minerale; in der Sowjetunion werden sie seit längerem als Sammler für Titan-minerale, besonders für Perowskit, verwendet.

Schließlich sei noch erwähnt, daß Hämatit empfindlich ist gegenüber Calcium-Ionen in der Trübe; dies gilt besonders für Martit. Nach BEKHTLE et al. [21] wird Hämatit bereits durch 6 mg Ca^{2+}/l gedrückt.

Sowohl die meist sehr feine Verteilung von Hämatit als rotes Pigment in vielen Mineralen und Gesteinen als auch die bei ihm auftretende vollkommene Ablösung nach der Basis und dem positiven Rhomboeder bedingen, daß bei der Zerkleine-rung und Flotation hämatithaltiger Paragenesen äußerst feinteilige rote *Schlämme* entstehen. Diese umhüllen die in der Trübe befindlichen Mineralkörner, infolge ihrer positiven Ladung vor allem solche mit negativer Ladung. Infolge ihrer großen spezifischen Oberfläche verbrauchen bzw. adsorbieren sie wesentliche Anteile der zugesetzten Sammler, sie beeinträchtigen die Adsorption des Sammlers sowohl auf den größeren Hämatitkörnern als auch auf den Körnern anderer Minerale, und sie bewirken schließlich das Aufschwimmen von Mineralen, die bei ihrer Abwesenheit unter sonst gleichen Bedingungen nicht flotieren würden. Eine ausführliche Unter-suchung solcher Schlämme ("slimes") liegt vor von IWASAKI, COOKE, HARRAWAY und CHOI [201] und von COLLINS and READ [432].

6.4.4. Ilmenit

Ilmenit, $FeTiO_3$, ist besonders in magmatischen Gesteinen sehr verbreitet, ein wichtiger Gemengteil von Seifen und das häufigste Titanerz. In Abb. 49 sind die Zeta-Potentiale eines reinen Ilmenits von Egersund/Norwegen in Abhängigkeit

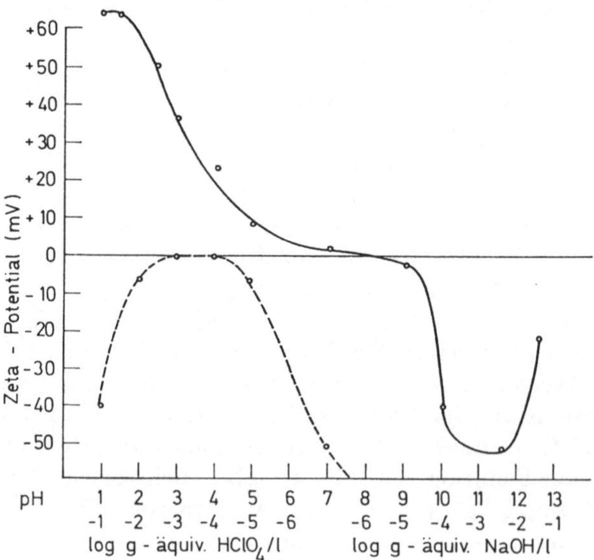

Abb. 49. Zeta-Potentiale von *Ilmenit*/Egersund, Norwegen, in Abhängigkeit von der $HClO_4$- bzw. NaOH-Konzentration. Links unten: Zeta-Potentiale bei Gegenwart von 0,01 g-äquiv. Na_2SO_4/l in Abhängigkeit von der H_2SO_4-Konzentration

von den Zugaben an $HClO_4$ bzw. NaOH dargestellt sowie der Einfluß von Sulfat-Ionen (10^{-2} g-äquiv./l) in schwefelsaurer Lösung, welche im Bereich oberhalb pH 5 das negative Zeta-Potential des Ilmenits sehr stark erhöhen. Die aus Abb. 49 zu ziehende Schlußfolgerung, daß nämlich mit zunehmendem pH-Wert die Adsorption kationaktiver Sammler, mit abnehmendem pH-Wert die Adsorption anionaktiver Sammler steigt, wurde auch bereits von CHOI, KIM und PAIK [64] gezogen und durch Versuche bestätigt; nach diesen Autoren liegt der pzc bei pH 5,6.

Für die Abtrennung von Ilmenit aus silikatischen Gesteinen kommen nur anionaktive Sammler in Frage. Falls Sulfide und Apatit in der Paragenese enthalten sind, müssen diese vorher flotiert werden, Magnetit muß mit Hilfe eines Magneten entfernt werden. Die Flotation des Ilmenits kann entweder mit Fettsäuren im Bereich von pH 4,5 bis pH 8 oder, da diese bei kleinen Mineralmengen im sauren pH-Gebiet schlechte Schäume ergeben, mit Isooctylphosphat bei etwa pH 4 erfolgen. Ein derartiges Konzentrat kann allerdings noch Hämatit, Titanit, Zirkon, Rutil und Monazit enthalten, von denen ersterer weder durch Magnetscheidung noch durch Schwereflüssigkeiten, letztere dagegen, wenn auch nicht immer, mittels Magnetscheider abtrennbar sind. Eine selektive Flotation des Ilmenits neben den letztgenannten Mineralen ist nur unter speziellen Bedingungen möglich.

Wirksame Drücker zu finden, die bei der Ilmenitflotation weder mit Eisen- noch mit Titan-Ionen reagieren, dürfte sehr schwierig sein; man muß sich auf solche beschränken, die entweder nur mit Fe^{2+}- bzw. Fe^{3+}-Ionen oder nur mit Titan-Ionen-Arten reagieren. Dadurch scheiden Phosphat- oder Oxalat-Ionen und DTPE oder AeDTE aus, da diese sowohl mit Fe als auch mit Ti in etwa gleicher Weise reagieren, d. h., beständige Komplexe bilden. Dagegen erscheinen Fluorid-Ionen erfolgversprechend, weil Fe^{3+}-Ionen mit ihnen nur relativ schwache *kationische* Komplexe bildet — nach COTTON und WILKINSON [73], S. 303, z. B. FeF^{2+}, FeF_2^+ und FeF_3 — und bei ihm anionische Komplexe der Art FeF_3^{3-} in Lösung nicht bekannt sind. Demgegenüber bildet Titan(IV) mit Fluorid-Ionen TiF_6^{2-}-Anionen, die vermutlich auch stabiler sind als die Eisen(III)-Fluoro-Komplexe. Die Fluorid-Ionen können allerdings in saurer Trübe das Verhalten von eventuell noch zu flotierenden Silikaten grundlegend verändern. Als spezifische Drücker für Hämatit und Magnetit bei der Flotation in überchlorsaurer Lösung mit Isooctylphosphat erwiesen sich Hexacyanoferrat(II)-Ionen, die allerdings bei Überdosierung auch Ilmenit etwas drücken.

CHIKIN [63] und PLAKSIN et al. [299] geben an, daß Ilmenit von Magnetit (der gedrückt wird) durch Flotation mit Aminen bei Gegenwart größerer Mengen von Natrium*humat* getrennt werden kann. Lösungen humussaurer Salze sind jedoch im allgemeinen schlecht definiert bzw. in definierter Form herzustellen und auch nicht lange haltbar, so daß ihre Verwendung für Mineraltrennungen unzweckmäßig erscheint.

6.4.5. Rutil

Rutil findet sich vor allem in metamorphen Gesteinen und kann in Seifen stark angereichert sein. Seine Geochemie ist offenbar noch nicht in größerem Umfang untersucht worden. Da Rutil in Gesteinen meist nur in relativ kleinen Körnern oder dünnen Säulen vorkommt, müssen zu seiner Gewinnung recht geringe Korngrößen, 36—63 µm, flotiert werden. In Anbetracht der geringen Anteile und der Beobachtung, daß als Sammler wieder Isooctylphosphat sich als besonders geeignet erwies, wird er in einem Sammelkonzentrat gewonnen, das im allgemeinen noch andere Minerale des Titans, Zirkons, Zinns sowie Hämatit, Ilmenit und Magnetit enthält. Bei der Magnetscheidung dieses Konzentrates geht Rutil meist in die schwach oder nicht magnetische Fraktion. Nach PANKEY und SENFTLE [285] treten Verunreinigungen, welche die magnetische Suszeptibilität erhöhen, vor allem im Brookit, weniger im Rutil und kaum im Anatas auf. Aus russischen Veröffentlichungen, z. B. von POL'KIN und KOLMOGOROVA [308] ist zu entnehmen, daß in der Sowjetunion Rutil aus Eklogiten und ähnlichen Gesteinen flotiert wird, in denen er sich neben Granat und Glaukophan findet.

Vor allem weil Rutil (und Anatas) als Weißpigmente zu großer Bedeutung gelangt sind — in Verwirklichung eines Gedankens des großen Geochemikers V. M. GOLDSCHMIDT —, ist die TiO_2-Oberfläche in den letzten Jahren vielfach Gegenstand ausführlicher Untersuchungen gewesen, unter anderen von LEWIS und PARFITT [230], BERUBE und DE BRUYN [26], wozu sich BALL [19] kritisch geäußert hat, sowie von HERRMANN und BOEHM [175], BOEHM und HERRMANN [174] und von AHMED und MAKSIMOV [5].

Synthetisch hergestellte Titandioxide neigen mehr als andere Oxide zu starker *Chemisorption* von *Wasser*, das sogar nach der Entgasung im Vakuum bei 200° C noch als Schicht molekularen Wassers auf ihrer Oberfläche verbleibt. Dagegen hydratisieren TiO_2-Proben, die bei Temperaturen *über* 450° C entgast werden, zumindest im Laufe von Stunden oder Tagen *nicht*. Das entsprechende Verhalten natürlicher Titandioxide ist noch nicht untersucht worden, doch sind wesentliche Einflüsse auf ihr Verhalten bei der Hydratation vor allem durch ihre Verunreinigungen mit Fe, V oder Cr zu erwarten.

Unmittelbar auf der TiO_2-Oberfläche wird Wasser in Form von Oxhydrylgruppen festgehalten. Nach HERRMANN und BOEHM [175] entstehen dabei zwei Arten von Oxhydrylgruppen: solche, die Koordinationslücken der Ti-Ionen absättigen, und solche, die sich jeweils durch Übergang eines Protons an ein benachbartes Sauerstoff-Ion bilden. Da die TiO_2-Gitter keine reinen Ionengitter sind, sondern die Titan-Sauerstoff-Bindungen beträchtliche kovalente Anteile besitzen, ist zu erwarten, daß sich beide Arten von Oxhydrylgruppen durch ihre Bindungszustände und damit durch ihr chemisches Verhalten unterscheiden; dies ist besonders beim Anatas der Fall. Unterschiede bestehen auch hinsichtlich der Koordination auf einigen Kristallflächen.

Die TiO_2-Oberfläche reagiert — wie viele andere Oxidoberflächen — *amphoter*. Wenn man mit AHMED und MAKSIMOV [5] die plausible Annahme macht, daß an der Rutil-Oberfläche im Mittel nur jeweils die Hälfte der 6 Koordinationsrichtungen und 4 Wertigkeiten des Titans nach außen, d. h. in die Lösung ragen, so sind folgende Aquo-Komplexe auf ihr denkbar:

$$\left[\begin{array}{c} \diagdown \quad \diagup H_2O \\ \cdots Ti \cdots H_2O \\ \diagup \quad \diagdown OH \end{array}\right]^{+} \qquad \left[\begin{array}{c} \diagdown \quad \diagup H_2O \\ \cdots Ti - OH \\ \diagup \quad \diagdown OH \end{array}\right] \qquad \left[\begin{array}{c} \diagdown \quad \diagup OH \\ \cdots Ti - OH \\ \diagup \quad \diagdown OH \end{array}\right]^{-}$$

$$\text{sauer} \qquad\qquad\qquad \text{neutral} \qquad\qquad\qquad \text{basisch}$$

Der point-of-zero-charge des Rutils liegt bei pH-Werten unter 7. Dies und die vorhergehende Annahme hat folgende Konsequenzen:

a) Im pzc liegen nicht äquivalente Mengen des sauren und basischen Aquokomplexes vor, sondern der neutrale Aquokomplex.

b) Wird Rutil zu reinem Wasser gegeben, so erfolgt negative Ladung seiner Oberfläche, weil diese ein Proton abgibt unter Ausbildung des basischen Aquokomplexes. Der pH-Wert verschiebt sich geringfügig nach der sauren Seite.

c) Erst bei pH-Werten unterhalb des pzc entsteht durch Aufnahme eines Protons bzw. Austausch einer Wassermolekel gegen ein Hydronium-Ion positive Ladung der Rutiloberfläche.

d) An die Stelle von HO⁻-Ionen können gegebenenfalls andere Ionen treten, sofern sie spezifisch adsorbiert werden. Zu diesen gehören Fluorid-, Phosphat-, Oxalat- und auch Sulfat-Ionen.

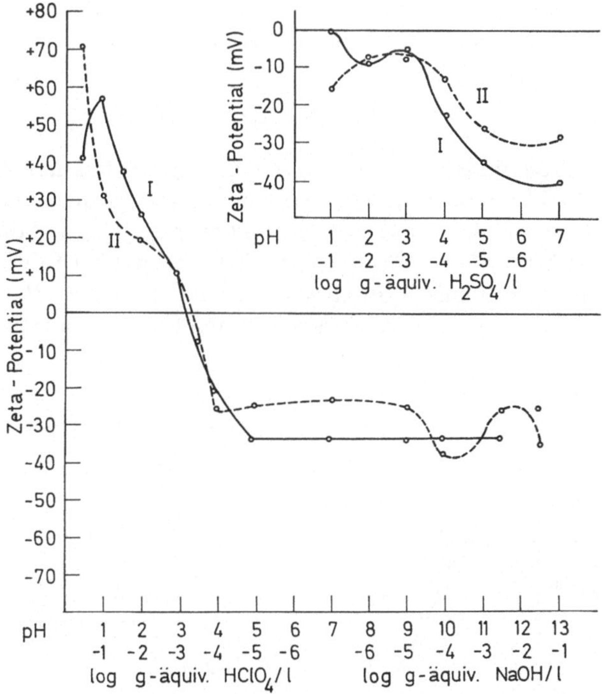

Abb. 50. Zeta-Potentiale (in Abhängigkeit von der HClO$_4$- bzw. NaOH-Konzentration) von *Rutil*/Risör, Norwegen (I), und *Baddeleyit*/Palabora, Transvaal (II). Rechts oben: Zeta-Potentiale von I und II bei Gegenwart von 0,01 g/äquiv. Na$_2$SO$_4$/l in Abhängigkeit von der H$_2$SO$_4$-Konzentration

Rutil löst sich nicht merklich in kalten und verdünnten Säuren, sondern erst beim Erhitzen mit konzentrierter Schwefelsäure. Für die dann entstehenden, mit Wasser verdünnten Lösungen, in denen wegen des sehr hohen Ladung/Radius-Verhältnisses kein einfaches hydratisiertes Ti^{4+} vorliegen kann, werden kationische Komplexe [73] wie [Ti(OH)$_2$HSO$_4$]$^+$, aber auch anionische Komplexe wie [Ti(SO$_4$)$_3$]$^{2-}$ diskutiert [320].

Offenbar entstehen auch an der Oberfläche von Titanmineralen in schwefelsaurer Trübe *anionische* Sulfato-Komplexe, denn, wie Abb. 50 zeigt, Sulfat-Ionen erniedrigen im stark sauren pH-Gebiet nicht nur das positive Zeta-Potential, sondern bewirken sogar Ladungsumkehr. Eine logische Schlußfolgerung aus diesem Sachverhalt ist, daß bei der Flotation (im Labormaßstab) von Titanmineralen mit anionaktiven Sammlern, die ja auf der Wechselwirkung mit ihrer *positiv* geladenen Oberfläche beruht, der pH-Wert *nicht* mit Schwefelsäure, sondern z. B. mit Überchlorsäure eingestellt werden sollte.

Fluorid-Ionen sind im allgemeinen ziemlich stark hydratisiert und bilden beständige Komplexe mit Titan; sie wirken also ebenso wie die mehrzähnigen sauerstoffhaltigen Anionen als Drücker für Rutil.

In Abb. 50 sind die Zeta-Potentiale des Rutils von Risör/Norwegen und des Baddeleyits (ZrO_2) von Palabora/Transvaal in Abhängigkeit von den Zugaben an $HClO_4$ bzw. NaOH dargestellt, sowie die Zeta-Potentiale in Abhängigkeit von der Zugabe an Schwefelsäure bei Gegenwart von 0,01 g-äquiv. Na_2SO_4/l. Die pH-Zeta-Potential-Kurven beider Minerale sind recht ähnlich.

6.4.6. Perowskit

Perowskit, $CaTiO_3$, findet sich nur in wenigen Magmatiten und Metamorphiten, besonders in melilithführenden, in Mengen von etwa 0,1% bis zu einigen Prozent. Die meist nur kleinen Körner sind spaltbar und sehr spröde, so daß er gewöhnlich in den feineren Siebfraktionen angereichert wird. Perowskit ist durch den Einbau seltener Elemente geochemisch interessant; siehe hierzu z. B. BORODIN und BARINSKI [40]! Offenbar gibt es in der Sowjetunion Gesteine, aus denen Perowskit

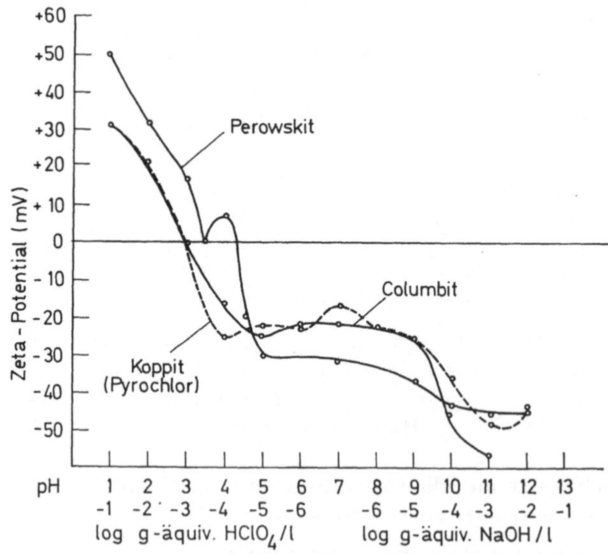

Abb. 51. Zeta-Potentiale von *Perowskit*/Lagen-Tal, Norwegen, *Columbit*/Gov. Valadares, Brasilien, und *Koppit* (Pyrochlor)/Schelingen, Kaiserstuhl, in Abhängigkeit von der $HClO_4$- bzw. NaOH-Konzentration

durch Flotation gewonnen wird; hierüber berichten z. B. NAIFONOV [266] und NAIFONOV und KLYUCHNIKOVA [267]. Aus den mitgeteilten Rezepten und einer Arbeit von GORLOVSKII [145] geht hervor, daß Perowskit sowohl bei pH 4 mit Fettsäuren als auch, besonders gut, bei pH 6,5 bis 6,8 mit Alkyl-hydroxamaten flotiert werden kann. In beiden Fällen wird Wasserglas zum Drücken anderer Minerale zugesetzt.

Da jedoch Perowskit in der Regel in den betreffenden Gesteinen das einzige Titanmineral ist und sowohl aus seiner Reaktionsträgheit gegenüber kalten starken Säuren als auch aus seiner in Abb. 51 gezeigten pH-Zeta-Potential-Kurve geschlossen werden kann, daß er sich ähnlich wie Rutil verhalten wird, sollte es möglich sein, ihn wie andere Titanminerale im Bereich von pH 2 bis 4 mit Isooctylphosphat zu flotieren.

6.4.7. Columbit

Die hier unter Columbit zusammengefaßten Minerale der Mischkristallreihe Niobit, $(Fe, Mn)Nb_2O_6$, — Tantalit, $(Fe, Mn)Ta_2O_6$, können in Seifen und Pegmatiten angereichert sein, während sie sich als Übergemengteile von *Graniten* zwar ziemlich verbreitet, aber nur in äußerst geringen Mengen finden. Sie gehören zu den wertvollsten mineralischen Rohstoffen. Ihre Gewinnung erfolgt zur Zeit noch überwiegend auf Schüttelherden mit anschließender Magnetscheidung. Über die Flotation dieser Minerale berichten z. B. PLAKSIN und SHRADER, in [296] sowie NAIFONOV [265]. Aus diesen Arbeiten sowie denen von GLAD'KIKH und POL'KIN [140], FERGUS und SULLIVAN [111] und der in Abb. 51 gezeigten pH-Zeta-Potential-Kurve eines Columbits geht folgendes hervor:

Das Verhalten von Niobit und Tantalit gegenüber anionaktiven Sammlern wird im wesentlichen durch den Gehalt an *Eisen* bestimmt, d. h., sie flotieren im stärker sauren pH-Bereich mit Alkyl-Sulfaten, -Sulfonaten und -Phosphaten. Columbit (Niobit) ist im allgemeinen leichter und besser zu flotieren als Tantalit, der erst bei höheren Sammlerkonzentrationen ausschwimmt. Optimale Flotation mit Fettsäuren erfolgt bei pH 6 bis 8. Tannin, Fluorid- und Hexafluosilicat-Ionen wirken als Drücker. Nach CHIPANIN und KOZHUKHOVSKAYA [65] wird Columbit und Mikrolith bei pH-Werten über 9 durch Soda gedrückt; vermutlich schwimmen sie aber bei höheren pH-Werten mit anionaktiven Sammlern deshalb nicht mehr auf, weil ihre Zeta-Potentiale bereits zu stark negativ sind.

6.4.8. Pyrochlore

Pyrochlore, $(Na, Ca, U)_2(Nb, Ti, Ta)_2O_6(OH, F, O)$, werden überwiegend aus Karbonatiten, weniger aus Pegmatiten gewonnen; auch ihre Konzentrate sind sehr wertvoll. Da zu ihrer Anreicherung in großem Umfang die Flotation eingesetzt wird, liegen über sie zahlreiche Veröffentlichungen vor, so von FAUCHER [107], NOBLITT [270], BABAK und VIDUETSKII [15] und RAZVOZSHAEV [319].

Die Zeta-Potentiale des „Koppits" von Schelingen/Kaiserstuhl sind in Abhängigkeit von den $HClO_4$- bzw. NaOH-Zugaben in Abb. 51 dargestellt. Bei der Anreicherung aus silikatischen Gesteinen verhält sich Pyrochlor ähnlich wie Columbit. Aus den im allgemeinen mineralreichen Karbonatiten können Pyrochlore nicht in einem einzigen Flotationsschritt selektiv abgetrennt werden. Zuerst müssen die Sulfidminerale, Blattsilikate und der Magnetit entfernt werden. Von den überwiegenden Karbonatmineralen und dem mehr oder weniger reichlichen Apatit kann Pyrochlor auf jeden Fall mit Hilfe kräftiger kationaktiver Sammler in schwach saurer bis alkalischer Trübe — zusammen mit anderen oxidischen und silikatischen Mineralen — in ein Sammelkonzentrat gebracht werden.

6.4.9. Titanit

Titanit, $CaTiO(SiO_4)$, spielt nicht nur als weitverbreiteter Träger des Titangehaltes in Magmatiten (Granite, Syenite) und Metamorphiten (vor allem Amphibolite), sondern oft auch als „Spurensammler" (seltene Erden, Nb, Ta, Y) eine wichtige geochemische Rolle, so daß seine Isolierung aus Gesteinen oft interessiert. Einschlägige Literatur ist von HAMICH [160] zusammengestellt worden.

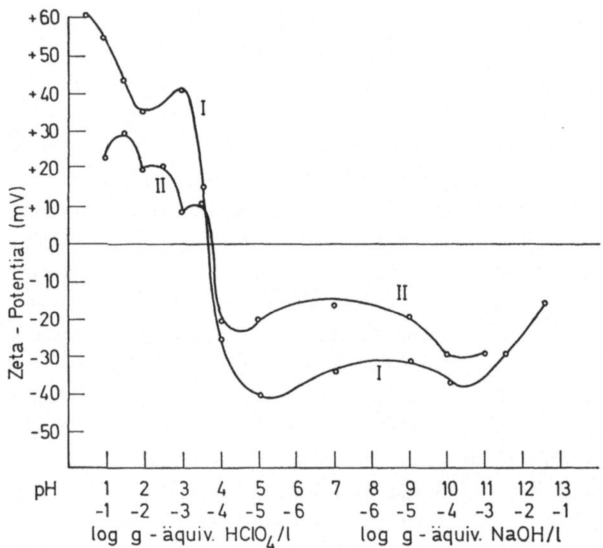

Abb. 52. Zeta-Potentiale der *Titanite* von Gjerstad, Norwegen (I, mit 0,001 g-äqu. NaClO₄/l), und von Chibina, UdSSR (II) in Abhängigkeit von der HClO₄- bzw. NaOH-Konzentration

Aus Abb. 52 sind die Zeta-Potentiale von zwei Titaniten unterschiedlicher Herkunft, Genese und Zusammensetzung in Abhängigkeit von der HClO₄- bzw. NaOH-Zugabe ersichtlich. Beispiele für die zu erwartende Flotierbarkeit mit anionaktiven Sammlern sind in Abb. 53 dargestellt. Die negative Ladung des Titanits oberhalb seines pzc bei pH 3,5 ist vor allem auf die Bildung von Si—O⁻-Gruppen an seiner Oberfläche zurückzuführen. Diese kann jedoch — und dies gilt sinngemäß für viele andere Silikate — eine Wechselwirkung der unterschüssigen Kationen auf der Mineraloberfläche mit den Sammler-Anionen nicht verhindern, wenn relativ schwer lösliche Oberflächenverbindungen entstehen. Von diesen sind hier zunächst diejenigen mit Titan gegen Säuren beständiger als die des Calciums, und ferner sind die Isooctylphosphate resistenter als die Oleate. Die

Oberflächenverbindungen werden aber auch durch erhöhte NaOH-Zugaben zerstört unter Bildung der entsprechenden Hydroxide auf den Mineraloberflächen und Ablösung der Sammler-Anionen. Die Abnahme des negativen Zeta-Potentials im stärker alkalischen Medium dürfte mit der vermehrten Bildung positiv geladener $CaOH^+$-Gruppen auf der Titanitoberfläche zusammenhängen.

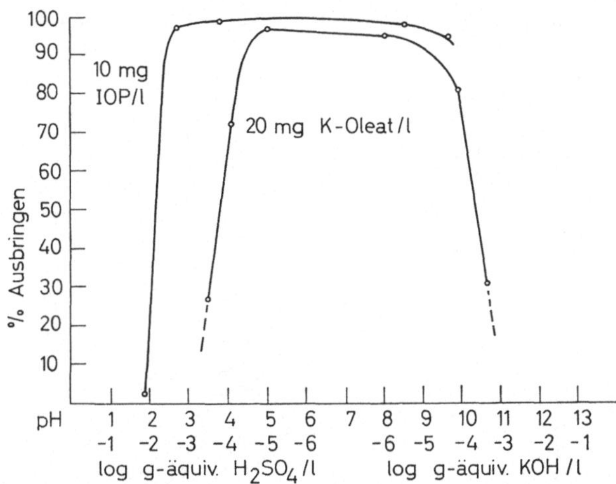

Abb. 53. Ergebnisse von Flotversuchen mit Titanit/Gjerstad, Norwegen, mit Isooctylphosphat bzw. Kalium-oleat als Sammler; Schäumer: Dowfroth-250 + F-286; Trübedichte 1:180; in Abhängigkeit von der H_2SO_4- bzw. KOH-Konzentration

Bei Gesteinen, die dunkle, eisenreiche und helle, eisenarme oder freie Gemengteile in vergleichbaren Anteilen enthalten, ist es zweckmäßig, diese vorher durch Magnetscheidung zu trennen und den Titanit aus der schwächer magnetischen Fraktion durch Flotation mit Isooctylphosphat zu flotieren; viele der eisenhaltigen Begleiter können auch mit Kaliumhexacyanoferrat(II) gedrückt werden (in saurer Trübe).

6.4.10. Zirkon

Zirkon, $ZrSiO_4$, ist für den Geowissenschaftler aus mehreren Gründen interessant:

a) Er ist der häufigste Träger des Zirkoniums und Hafniums in der Gesteinswelt und das wichtigste Erzmineral für beide Metalle.

b) Seine Kornformen können benutzt werden, um zusammengehörige Bildungen eines Magmengebietes als solche zu erkennen (POLDERVAART [305, 306]), um Hinweise für die Herkunft von Sedimenten aus bestimmten magmatischen (oder metamorphen) Gesteinen oder Gebieten zu erhalten oder um in speziellen Fällen Schlüsse auf das sedimentäre Ausgangsmaterial metamorpher Gesteine zu ziehen (HOPPE [185, 186, 187]).

c) Seine Gehalte an seltenen Erden und vor allem an Thorium und Uran geben ebenfalls manchmal Hinweise auf genetische Zusammenhänge zwischen Gesteinen und sind sowohl geochemisch als auch im Hinblick auf die Radioaktivität von Gesteinen und Baustoffen von Bedeutung.

d) Die Gehalte an Uran und Thorium und daraus hervorgegangenen Blei-Isotopen und die weite Verbreitung des Zirkons bedingen seine bevorzugte Verwendung zur absoluten geologischen Zeitmessung und Datierung von Gesteinskörpern (GRÜNENFELDER [164]).

Die Abtrennung des Zirkons aus entsprechend zerkleinerten Gesteinen wird aus den genannten Gründen an vielen geologischen und mineralogischen Instituten betrieben. Da Zirkon sich in den meisten Gesteinen nur in Anteilen von 0,01 bis

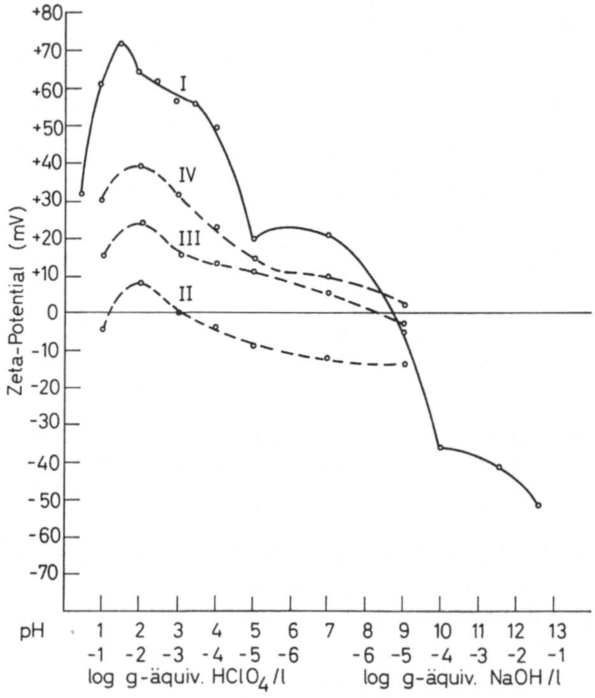

Abb. 54. Zeta-Potentiale von *Zirkon*/Australien in Abhängigkeit von der HClO₄- bzw. NaOH-Konzentration

0,05% (100 bis 500 mg/kg) findet, hingegen für einzelne Verwendungszwecke bis zu 5 g Zirkon benötigt werden, sind die aufzubereitenden Gesteinsmengen oft ungewöhnlich groß (bis 100 kg!). Glücklicherweise gelingt es trotz der mechanischen Zerkleinerung, die kennzeichnenden Kristallformen des Zirkons sehr weitgehend zu erhalten; sie werden auch durch eine Flotation nicht verändert. In Anbetracht des Aufwandes an Geräten, teuren Schwereflüssigkeiten und vor allem an Zeit, der zur Zirkon-Gewinnung im Labor auf dem üblichen Wege erforderlich ist, dürfte eine flotative Anreicherung oder Abtrennung durchaus wünschenswert erscheinen. Dazu sind aber Kenntnisse über seine Flotierbarkeit unentbehrlich.

Zeta-Potential-Messungen beim Zirkon liegen bereits vor von SALATIĆ [329], CASES [53] und STACHURSKI [373]; die Ergebnisse stimmen nicht gut überein. Eigene Messungen an einem australischen Zirkon ergaben die in Abb. 54 dargestellten pH-Zeta-Potential-Kurven. Aus dem Verlauf der Kurve kann gefolgert werden, daß Zirkon in einem weiten pH-Bereich mit anionaktiven Sammlern flotiert werden kann; eine solche Schlußfolgerung ist aber für eine *selektive* Zirkonflotation zu allgemein.

Aus dem qualitativ-chemischen Trennungsgang ist bekannt, daß störende Phosphat-Ionen als säureunlösliches Zirkonphosphat abgeschieden werden können; ein phosphathaltiger Sammler für Zirkon und andere Zirkonium-Minerale schien deshalb vorteilhaft. Aus Arbeiten von MICHEL und WEISS [255, 256] geht hervor, daß Titan, Zirkonium, Thorium und Zinn mit Phosphorsäure (und Arsensäure) Verbindungen des Typus $H_2[Me^{4+}(X^{5+}O_4)_2] \cdot H_2O$ bilden, die Ionenaustauschereigenschaften besitzen. Von SOMNAY und LIGHT [353] war für die Flotation von Brannerit und Uranothorit „Isooctylphosphat" vorgeschlagen worden; in einer Patentschrift [59] werden ähnliche Sammler für zahlreiche Minerale empfohlen.

Isooctylphosphat — im folgenden abgekürzt mit IOP — ist kein einheitlicher Stoff, sondern ein Gemisch von etwa 56% Isooctyldihydrogenphosphat (I), 42% Diisooctylhydrogenphosphat(II) und 2% Orthophosphorsäure; es gehört zu den „Fettalkoholphosphorsäureestern".

$$C_8H_{17}-O \diagdown \, \diagup O \qquad\qquad C_8H_{17}-O \diagdown \, \diagup O$$
$$HO \diagup P \diagdown OH \qquad\qquad C_8H_{17}-O \diagup P \diagdown OH$$
$$\text{(I)} \qquad\qquad\qquad\qquad \text{(II)}$$

$$„\text{Isooctyl-}" \; = \; H-\overset{\displaystyle CH_3}{\underset{\displaystyle CH_3}{C}}-CH_2-\overset{\displaystyle CH_3}{\underset{\displaystyle CH_3}{C}}-CH_2-$$

Im Bereich von pH 2 bis pH 4 flotieren mit IOP ausgezeichnet (zu mehr als 90%):

Zirkon, Zinnstein, Baddeleyit, Rutil, Ilmenit, Hämatit, Euxenit, Melanit, Titanit;

nicht (zu weniger als 1%):

Quarz, Feldspäte, Foide, Amphibole, Pyroxene, Olivin, Biotit, Muskovit, Schörl, Beryll.

Bei vielen Graniten, Syeniten, Nephelinsyeniten, Gneisen, Granuliten, Amphiboliten, Sanden, Sandsteinen, Quarziten ist es deshalb möglich, nach eventuell erforderlicher vorhergehender Flotation der Minerale der Gruppen 1 bis 3 durch eine Flotation mit IOP den größten Teil der wichtigsten Übergemengteile in einem Sammelkonzentrat anzureichern.

HARRIS, HOLLICK und WRIGHT [162], die sich eingehend mit der Flotation von Zirkon für Altersbestimmungen befaßt haben, schlagen ein anderes, umständlicheres Verfahren vor. Sie weisen darauf hin, daß Zirkon dazu neigt, bei der Flotation der Sulfide mit Xanthaten teilweise mit jenen aufzuschwimmen; SALATIĆ [329] hat beobachtet, daß Zirkon sogar in schwefelsaurer Trübe mit Xanthaten befriedigend flotiert und so gut von Monazit getrennt werden kann. Zur Erklärung nimmt letzterer an, daß auf der Zirkonoberfläche $ZrSO_4^{2+}$-Ionen vorliegen, deren positive Ladung Vorsetzung für die Reaktion mit den Xanthat-Ionen sei, daß also der Zirkon durch Sulfat-Ionen aktiviert werde. Letzteres ist zu bezweifeln; in Abb. 54 wird gezeigt, wie das positive Zeta-Potential des Zirkons bei steigenden Sulfat-Zugaben immer mehr abnimmt. Nach COTTON und WILKINSON [73] bildet Zirkonium in schwach schwefelsauren Lösungen starke neutrale und anionische Komplexe, nach REMY [320] treten ebenfalls anionische Komplexe, etwa der Art $[Zr_4(OH)_8(SO_4)_6]^{4-}$, auf. Als Drücker für Zirkon wirken in erster Linie Anionen, die mit Zr in wässeriger Lösung stabile Komplexe bilden. Nach ZAITSEV et al. [417] nimmt die Tendenz zur Bildung solcher ab in der Reihenfolge $F^- > CO_3^{2-} > C_2O_4^{2-} > SO_4^{2-}$. (Vgl. [195]!)

Abb. 55 zeigt das Ausbringen von Zirkon mit IOP und einem kationaktiven Sammler in Abhängigkeit von der H_2SO_4- bzw. KOH-Zugabe.

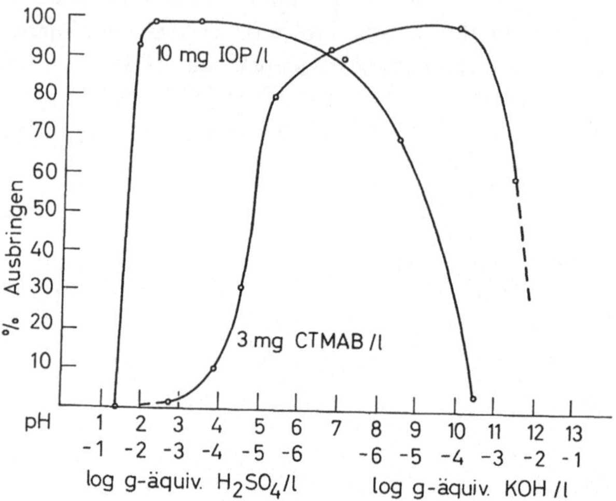

Abb. 55. Ergebnisse von Flotversuchen mit *Zirkon*/Australien mit Isooctylphosphat bzw. Cetyltrimethylammoniumbromid als Sammler; Schäumer: Dowfroth-250 + F-286; Trübedichte 1:100; in Abhängigkeit von der H_2SO_4- bzw. KOH-Konzentration

6.4.11. Orthit (Allanit)

Orthit, $(Ca, Ce, La)_2(Al, Fe^{3+}, Fe^{2+})Al_2 O/OH/SiO_4/Si_2O_7$, ist infolge seines Gehaltes an seltenen Erden, Thorium, Uran ein zwar kennzeichnender, aber meist nur recht spärlicher Übergemengteil, dessen Geochemie noch nicht ausreichend untersucht ist. MINEEV und STUPNIKOV [258] haben gefunden, daß es Übergänge zwischen Th — Ce-Orthiten und U — Y-Orthiten gibt, wobei das Verhältnis Th/U zwischen 400 und 0,04 schwanken kann.

Die pH-Zeta-Potential-Kurve eines Orthits von Kabuland/Norwegen findet sich beim Epidot auf Abb. 56. Die Flotierbarkeit des Orthits wurde bereits von PLAKSIN und BARYSHEVA [298] untersucht, die feststellten, daß er in metamiktem (isotropisiertem) Zustand schlecht flotiert und daß sein Verhalten vor allem durch die Gehalte an Fe^{3+} und Ca^{2+} bestimmt wird.

Aus Gesteinen, die nur wenige dunkle Gemengteile enthalten, kann Orthit — nach Abtrennung des Biotits und Apatits — infolge seines oft bei 13 bis 17% liegenden Gehaltes an $FeO + Fe_2O_3$ zusammen mit anderen eisenhaltigen Mineralen durch Flotation mit Alkylsulfonaten im sauren pH-Bereich in einem Sammelkonzentrat angereichert werden. Bei Gesteinen mit viel dunklen Gemengteilen oder beim Vorliegen eisenarmer, heller Orthite kann seine Flotation mit IOP bei pH 5 nützlich sein.

Die Schwierigkeiten liegen beim Orthit nicht in seiner flotativen Anreicherung, sondern teils bei der Unterscheidung von den vielen ähnlichen schwarzen Begleitmineralen beim Auslesen aus dem Sammelkonzentrat und teils bei der Trennung mit Schwereflüssigkeiten infolge des sehr weiten Dichtebereiches der meist metamikten Orthite.

6.4.12. Epidot

Da eine Reihe der möglichen Begleiter der Minerale der Klinozoisit-Epidot-Mischkristallreihe in metamorphen Gesteinen (z. B. Aktinolith-Ferroaktinolith, tschermakitische Hornblenden, Vesuvian, Pyroxene) ähnliche Dichte und ähnliches

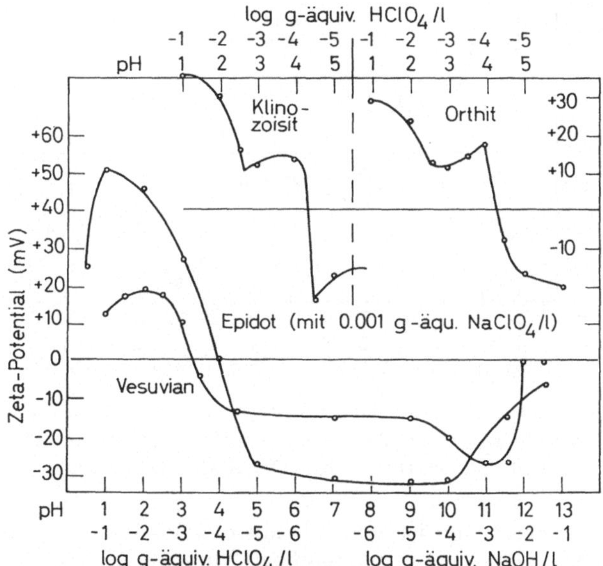

Abb. 56. Zeta-Potentiale von *Epidot*/Knappenwand, *Klinozoisit*/Kirchham, *Orthit*/Kabuland, Norwegen, und *Vesuvian*/Solberg-Mine in Abhängigkeit von der $HClO_4$- bzw. NaOH-Konzentration

magnetisches Verhalten aufweisen, bereitet ihre Trennung oft Schwierigkeiten. Dies begründet vielleicht auch, warum es eine umfassende Geochemie des Epidots noch nicht gibt.

In ihrem Verhalten ähneln Klinozoisit-Epidot den Amphibolen, Pyroxenen und dem Vesuvian insofern, als sie alle — wie es auch durch die pH-Zeta-Potential-Kurven nahegelegt wird — im sauren pH-Bereich durch Fettsäuren oder Alkylsulfonate gut flotierbar sind. Allerdings schwimmen Klinozoisit-Epidot und Vesuvian mit den letztgenannten Sammlern bereits bei pH 4 bis 7 ganz wesentlich besser auf. Besser ist jedoch eine Flotation in schwach bis stark alkalischer Trübe mit Fettsäuren bzw. Seifen, weil dann Amphibole und Pyroxene mit Sicherheit *nicht mehr* aufschwimmen. Inwieweit eine Trennung von Mineralen der Granat- und Chloritgruppe durch Flotation möglich ist, wurde noch nicht untersucht.

Abb. 56 zeigt die pH-Zeta-Potential-Kurven von Epidot, Klinozoisit, Orthit und Vesuvian.

6.4.13. Granat-Gruppe

Bei aller Verschiedenheit, auch hinsichtlich des Vorkommens, ist den Mineralen der Granatgruppe doch folgendes gemeinsam:

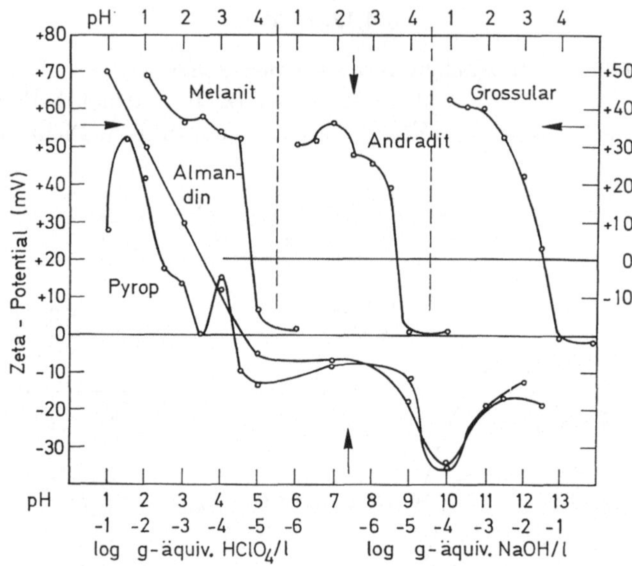

Abb. 57. Zeta-Potentiale von: Grossular/Lago Jaco, Mexico; Almandin/Lindu, Ostafrika; Pyrop/Böhmen; Andradit/Drammen, Norwegen und Melanit/Frascati, Italien, in Abhängigkeit von der $HClO_4$- bzw. NaOH-Konzentration

a) Ihre Zusammensetzung ist vom Chemismus des Gesteines, in dem sie sich finden, ebenso abhängig wie von den bei ihrer Bildung herrschenden Temperatur-Druck-Bedingungen. Ihre Untersuchung ergibt deshalb oft wertvolle Hinweise für den Werdegang oder die Herkunft ihrer Wirtsgesteine.

b) Zur Bestimmung ihrer Zusammensetzung sind nur relativ kleine, jedoch sehr reine Mineralfraktionen erforderlich, so daß auch angesichts ihrer meist über 1% liegenden Gehalte keine großen Gesteinsmengen aufbereitet werden müssen.

c) Die reinen Endglieder der Mischkristallreihen finden sich in größeren Mengen recht selten, so daß Untersuchungen zwangsläufig an solchen Mischkristallen vorgenommen werden müssen, die zufällig in ausreichender Menge verfügbar sind.

Abb. 57 zeigt die Zeta-Potentiale von Granat-Mischkristallen, in denen jeweils *ein* Glied deutlich überwiegt: Grossular, $Ca_3Al_2(SiO_4)_3$, von Lago Jaco/Mexico; Almandin $Fe_3^{2+}Al_2(SiO_4)_3$, von Lindu/Ostafrika; Pyrop, $Mg_3Al_2(SiO_4)_3$, von Böhmen; Andradit, $Ca_3Fe_2(SiO_4)_3$, von Drammen/Norwegen und Melanit, $(Ca, Na)_3(Fe, Ti)_2(SiO_4)_3$, von Frascati/Italien; sämtliche in Abhängigkeit von den $HClO_4$- bzw. NaOH-Konzentrationen.

Aus den im Prinzip ähnlichen pH-Zeta-Potential-Kurven lassen sich folgende, durch Flotationsversuche bestätigte Schlüsse ziehen: Im Gebiet positiven Zeta-Potentials im stärker sauren Bereich besteht im allgemeinen ausgezeichnete Flotierbarkeit mit Alkyl-Sulfonaten (oder -Sulfaten); vom sauren bis in den stärker alkalischen Bereich ist gute Flotierbarkeit mit Fettsäuren bzw. Seifen gegeben; vom schwächer sauren bis in den stark alkalischen pH-Bereich ist Flotation mit kationaktiven Sammlern möglich, die bei der Gewinnung von Granatmineralen aus Marmoren vorteilhaft sein kann.

Eine Diskussion der Kurven im einzelnen ist, wie bei allen komplizierteren Silikaten, ohne sehr detaillierte, über den hier gesteckten Rahmen hinausgehende Untersuchungen nicht möglich; es sei nur darauf aufmerksam gemacht, daß sich die eigenartige Unstetigkeit im Bereich von pH 3 bis pH 5 beim Pyrop *auch* bei *anderen* Magnesium-Aluminium-Silikaten (Cordierit, Sapphirin, Dravit) wiederfindet.

Wie bei allen anderen Silikaten wird auch bei den Granatmineralen das Gebiet positiver Zeta-Potentiale durch Anwendung von Schwefelsäure an Stelle von Salz- oder Überchlorsäure mehr oder weniger weit nach links verschoben, d. h. eingeengt. Mit der noch nicht erklärbaren Ausnahme des Andradits (es stand nur Material von Drammen zur Verfügung) erwiesen sich frisch aus dem Gesteinsverband freigelegte Granatminerale als sehr „schwimmfreudig", sie dürften deshalb auch bei sehr kleinen Gehalten noch gut flotativ anzureichern sein.

6.4.14. Turmalin-Gruppe

Das häufigste Mineral der Turmalingruppe, der Schörl, $Na(Fe, Mg)_3 Al_6 (OH)_4/(BO_3)_3/Si_6O_{18}$, ist nicht nur das verbreitetste Bormineral, sondern tritt auch bei technischen Flotationen als unerwünschte Verunreinigung vieler Konzentrate auf.

Abb. 58 zeigt die Zeta-Potentiale von Schörl/Luolamäki, Finnland, und Dravit/Unterdrauburg in Abhängigkeit von der $HClO_4$- bzw. NaOH-Konzentration. Beim Schörl fällt die ungewöhnlich starke Zunahme des negativen Zeta-Potentials bei pH 10 bis 11,6 auf; sie war von einer Gelbbraun-Färbung der Suspension begleitet. Offenbar ist der gegen Säuren so resistente Schörl recht empfindlich gegen alkalische Lösungen. Bei Dravit ist die beim Schörl nur angedeutete Unstetigkeit des Zeta-Potentials im sauren pH-Gebiet verstärkt.

Infolge ihrer Flotierbarkeit durch anionaktive Sammler *ausschließlich* im sauren pH-Bereich können die Minerale der Turmalingruppe gut von solchen Begleitmineralen getrennt werden, die auch im stärker alkalischen Gebiet noch gut mit Fettsäuren oder Alkyl-Sulfonaten flotieren, z. B. von Granat, Chlorit, Epidot. Ihre Abtrennung, auch in kleinen Mengen, von Quarz und Feldspäten durch Flotation bei pH 2 bis 4 z. B. mit „Aero-Promoter 801 oder 825" verläuft sehr glatt.

6.4.15. Cordierit

Für den Stoffhaushalt und Werdegang metamorpher Gesteine ist, wie vor allem aus den Arbeiten von SCHREYER [362] hervorgeht, der Cordierit, a-$(Mg, Fe)_2 Al_3AlSi_5O_{18}$, von Bedeutung. Da *eisenarme* Cordierite gleiche Dichte

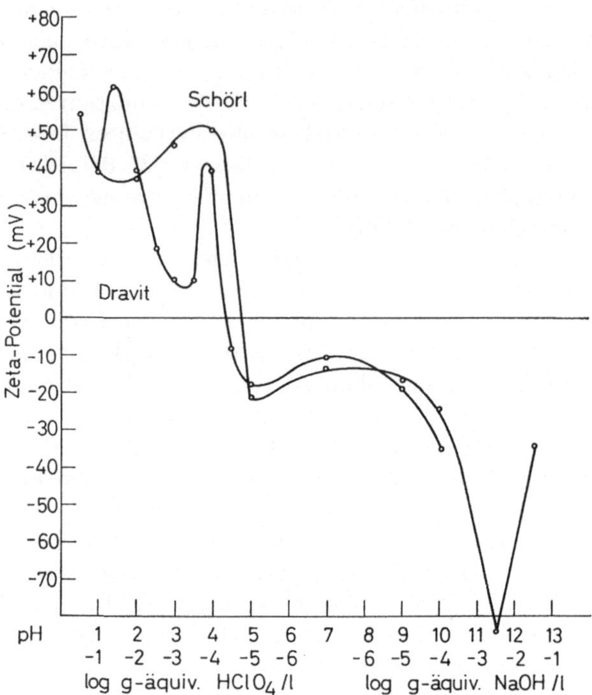

Abb. 58. Zeta-Potentiale von *Schörl*/Luolamäki, Finnland, und *Dravit*/Unterdrauburg, Jugoslawien, in Abhängigkeit von der HClO₄- bzw. NaOH-Konzentration

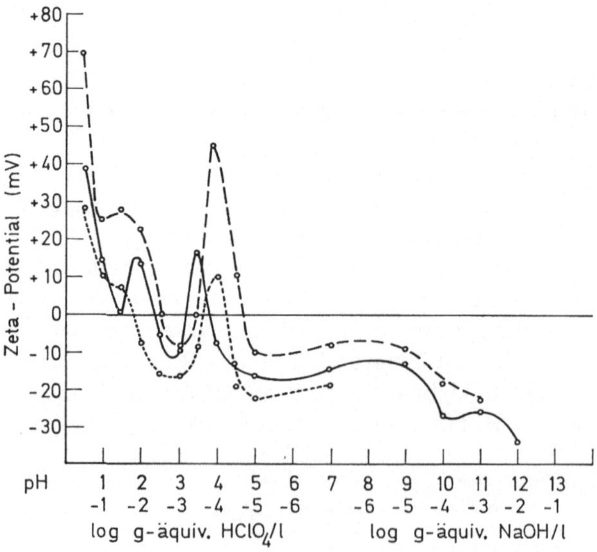

Abb. 59. Zeta-Potentiale von Cordierit/Bjordammen, Norwegen (ausgezogen), Cordierit/Akland, Norwegen (punktiert), und Sapphirin/Madagaskar (lang gestrichelt) in Abhängigkeit von der HClO₄- bzw. NaOH-Konzentration

wie Quarz und Feldspäte aufweisen können, mit denen sie zusammen vorkommen und in diesem Fall auch eine Magnetscheidung nicht immer erfolgreich ist, kann ihre flotative Abtrennung wichtig werden.

In Abb. 59 sind die Zeta-Potentiale von zwei Cordieriten und einem Sapphirin in Abhängigkeit von der $HClO_4$- bzw. NaOH-Konzentration aufgetragen. Da keine ausreichenden Mengen der reinen Minerale zur Verfügung standen, konnte das aus den pH-Zeta-Potential-Kurven zu folgernde Verhalten bei der Flotation noch nicht überprüft werden. Es erscheint aber durchaus möglich, daß das relativ schmale und „seichte" Gebiet negativen Zeta-Potentials im stärker sauren pH-Bereich eine Trennung des Cordierits von Mineralen erlaubt, welche in dem gleichen pH-Bereich ein stark positives Zeta-Potential aufweisen, z. B. Sillimanit, Korund, Spinell, Disthen, Almandin; diese Trennung müßte mit kationaktiven Sammlern durchgeführt werden.

6.5. Gruppe 5: Silikate, die monomineralische Gesteine bilden

Extrem ungünstige Verhältnisse für die Anwendung der üblichen Mineraltrennungsmethoden liegen bei *monomineralischen* Gesteinen vor. Die Abtrennung bzw. Anreicherung der stets spärlichen Neben- und Übergemengteile aus solchen Gesteinen ist in vielen Fällen nur mittels Flotation mit einem vertretbaren und oft sogar recht geringen Aufwand an Zeit und Material möglich. Solche Gesteine können bestehen aus Quarz, Feldspäten, Muskovit, Biotit, Chloriten, Serpentin-Mineralen, Olivin, Pyroxenen, Amphibolen; ebenfalls monomineralische Gesteine aus Calcit, Dolomit, Magnesit, Gips, Anhydrit sind bereits besprochen worden. Hinsichtlich ihrer Aufbereitbarkeit weitgehend vergleichbar mit ihnen sind Gesteine, die ganz überwiegend nur aus 2 oder 3 hellen *oder* dunklen Gemengteilen bestehen, also z. B. Quarz-Feldspat-, Feldspat-Foid-, Muskovit-Quarz- oder Pyroxen-Olivin-Gesteine.

Alle diese Gesteine sowie der größte Teil der übrigen, aus mehreren hellen *und* dunklen Gemengteilen bestehenden Gesteine setzen sich überwiegend aus Mineralen der Gruppe 5 zusammen. Das Verhalten *dieser* Minerale bei der Flotation bestimmt somit nicht nur *wie* ein bestimmtes Begleitmineral flotiert werden muß, sondern entscheidet auch darüber, *ob* es durch Flotation überhaupt abgetrennt werden kann.

Wegen der überragenden geochemischen Bedeutung der Minerale der Gruppe 5 interessiert auch fast immer ihre Gewinnung selbst in möglichst reinem Zustand. Diese ist, sofern es sich um Haupt- oder Nebengemengteile handelt, meist am *einfachsten* mit den *herkömmlichen* Methoden der Schwereflüssigkeitstrennung oder Magnetscheidung zu bewerkstelligen. Besondere Probleme treten aber beispielsweise auf bei der Trennung gewisser Plagioklase vom Quarz, der Amphibole von den Pyroxenen, der Biotite von Chloriten, weil hier Vertreter *gleicher* oder sehr ähnlicher Dichte *und* magnetischer Suszeptibilität in *derselben* Paragenese vorkommen können. Auch können einzelne Minerale der Gruppe 5 nur in kleinen oder kleinsten Anteilen in manchen Paragenesen enthalten sein, so daß ihre Gewinnung durch Flotation Vorteile bietet. Das Vorgehen bei der Flotation wird dann *verschieden* sein, je nachdem, ob das betreffende Mineral überwiegt oder nur in kleiner Menge vorhanden ist.

6.5.1. Quarz (SiO$_2$-Modifikationen)

Bei der Aufbereitung quarzhaltiger Paragenesen bei mineralogischen Untersuchungen besteht nur in ganz seltenen Fällen ein Interesse an der Gewinnung des Quarzes selbst (z. B. zur Untersuchung seines Umwandlungsverhaltens); bei der Flotation wird deshalb fast stets danach getrachtet, Quarz als wesentlichen oder einzigen *Rückstand* zu erhalten, der verworfen werden kann. Eine gänzlich andere Aufgabenstellung liegt vor, wenn z. B. ein Quarzsand durch Flotation von seinen Verunreinigungen (Schwerminerale) befreit werden soll.

Die Sprödigkeit des Quarzes erleichtert im allgemeinen die Zerkleinerung seiner Paragenesen, jedoch können manche Quarzite sehr fest und zäh sein. Auch bei sorgfältiger Zerkleinerung ist die *Verunreinigung* des Probenmaterials durch den vom Quarz bewirkten *Metallabrieb* beim Zerschlagen, im Backenbrecher, an den Siebrahmen und Sieben *und auch* beim Rührwerk der Flotmaschine *merklich* und zu beachten.

In ihrem oberflächenchemischen Verhalten sind die SiO$_2$-Modifikationen mit SiO$_4$-*Tetraeder*-Strukturen (einschließlich Coesit) dem Quarz zumindest sehr *ähnlich*, so daß die folgenden Ausführungen auch für sie gelten.

Bei der Zerkleinerung von Quarz und SiO$_2$-Modifikationen — das gleiche gilt in geringerem Maße auch für alle Silikate! — werden zwangsläufig Si — O-Bindungen getrennt, wobei allerdings mehrfache Trennungen am gleichen Si-Atom unwahrscheinlich sein dürften. Dabei können sowohl nach WEYL [431] geladene Bruchstücke entstehen

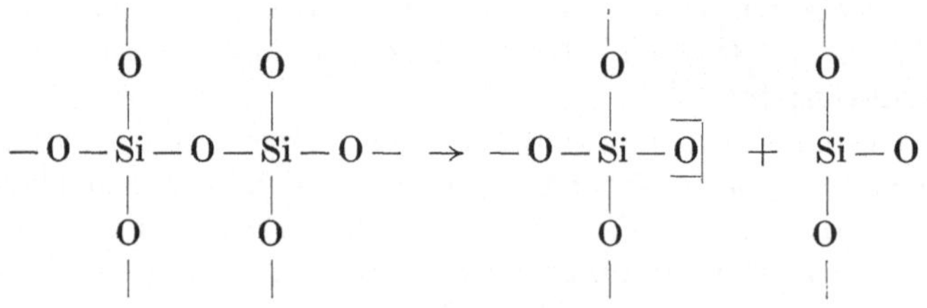

$$
\begin{array}{ccccccc}
| & & | & & | & & | \\
O & & O & & O & & O \\
| & & | & & | & & | \\
-O-\!\!\!\!\!& Si & -O-\!\!\!\!& Si & -O- \;\rightarrow\; -O-\!\!\!\!& Si & -\overline{O|} \;+\; Si-O \\
| & & | & & | & & | \\
O & & O & & O & & O \\
| & & | & & | & & |
\end{array}
$$

oder nach SCHRADER, WISSING und KUBSCH [361] *Radikale*,

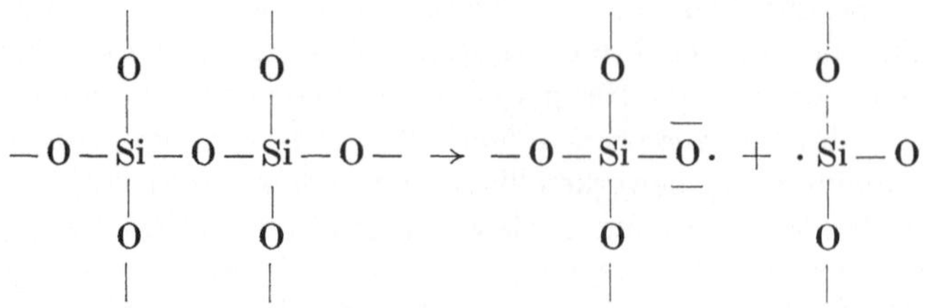

$$
\begin{array}{ccccccc}
| & & | & & | & & | \\
O & & O & & O & & O \\
| & & | & & | & & | \\
-O-\!\!\!\!\!& Si & -O-\!\!\!\!& Si & -O- \;\rightarrow\; -O-\!\!\!\!& Si & -\underline{O}\cdot \;+\; \cdot Si-O \\
| & & | & & | & & | \\
O & & O & & O & & O \\
| & & | & & | & & |
\end{array}
$$

Letztere wurden durch Elektronen-Spinresonanz-Messungen nachgewiesen und sind erstaunlicherweise monatelang beständig.

Wird die Zerkleinerung als Schwingmahlung in Sauerstoffatmosphäre durchgeführt, so reagieren, wie die letztgenannten Forscher fanden, die Radikale mit molekularem Sauerstoff weiter zu

$$-O-\overset{\displaystyle |}{\underset{\displaystyle |}{Si}}:\overline{\underline{O}}:\overline{\underline{O}}\cdot,$$

das als ein Siliciumhyperoxid aufgefaßt werden und z. B. durch seine Oxydationswirkung gegenüber Azetaldehyd oder Reduktionswirkung gegenüber angesäuerter $KMnO_4$-Lösung nachgewiesen werden kann.

Bei der Naßmahlung, aber auch bei der „trockenen" Vermahlung in der stets einen gewissen Feuchtigkeitsgehalt besitzenden Luft können die negative bzw. positive Ladungen aufweisenden Bruchstellen mit *Wasser* so zu *Silanol*-Gruppen reagieren, daß identische Reaktionsprodukte entstehen (die drei an jedes Si-Atom koordinierten O-Atome sind bei den im folgenden verwendeten Abkürzungen weggelassen):

$$\equiv Si-O(^-) + H-O-H + (^+)Si \equiv\ \rightleftharpoons\ \equiv Si-OH + HO-Si \equiv$$

Die Bildung von Silanolgruppen hat STÖBER [382] auch beim Coesit und Stishovit nachweisen können. Für die Bedeckung der bewässerten Quarzbruchflächen mit Silanolgruppen werden geringfügig unterschiedliche Werte angegeben: STÖBER findet 4,25 OH pro 100 $Å^2$, nach BOEHM und SCHNEIDER [34] sind mehr als 1 OH pro 20 $Å^2$ unwahrscheinlich. ARMISTEAD u. M. [13] beobachteten, daß es offenbar 2 Arten von Hydroxylplätzen auf der SiO_2-Oberfläche gibt, nämlich solche, die beim Erhitzen verschwinden, und solche, die bleiben.

Nach BOEHM und SCHNEIDER [34] und nach KUNOWSKI, zitiert bei HOFMANN [183], sind die Silanolgruppen *schwach sauer*, d. h., sie reagieren mit Wasser nach

$$\equiv Si-OH + H_2O \rightleftharpoons\ \equiv Si-O^- + (H_3O)^+$$

Die Schlußfolgerung aus dieser Reaktionsgleichung, daß sowohl durch *Verdünnung* als auch durch Zugabe von HO^--Ionen, welche mit $(H_3O)^+$-Ionen reagieren, das Gleichgewicht nach rechts verschoben wird und in zunehmendem Maße *negative* Ladungen auftreten, zeigt sich gut erkennbar im negativen ZP der SiO_2-Modifikationen in reinem Wasser und dessen Vergrößerung oberhalb pH 7. *Oxhydryl*-Ionen sind also auf jeden Fall für die SiO_2-Modifikationen, aber auch für *alle Silikate potentialbestimmend*.

Im Bereich von pH 7 bis etwa pH 2 ist dagegen eine potentialbestimmende Rolle der *Hydronium*-Ionen *kaum* nachweisbar. Eine Erhöhung der $(H_3O)^+$-Ionen-Konzentration durch Säurezugabe muß das Gleichgewicht nach links verschieben und undissoziierte Silanolgruppen erzeugen oder vermehren. Eine daraus resultierende *Abnahme* des negativen Zeta-Potentials ist in Abb. 61 gerade noch bei $HClO_4$ und H_3PO_4 erkennbar. Dieser Effekt wird aber im allgemeinen rasch durch einen anderen überlagert, verdeckt: Sowohl *Säuren* als auch die entsprechenden

Salze zeigen beim *Siliciumdioxid* das für *indifferente* Elektrolyte kennzeichnende Verhalten. (Siehe Abb. 61!) Das Hydronium-Ion verhält sich also keineswegs anders als etwa das Natrium-Ion; das ZP der SiO_2-Oberfläche wird zunächst von den anwesenden *Anionen* bestimmt. Die Vergrößerung des negativen Zeta-Potentials im Bereich von pH 7 bis etwa pH 4 hat also mit einer Dissoziation der Silanolgruppen *nichts* zu tun, sie muß vielmehr mit einer — allerdings relativ schwachen — Adsorption von Perchlorat-, Sulfat-, Phosphat- usw. -Anionen zusammenhängen. Wahrscheinlich werden bei Säuren wie bei Salzen diese Anionen über eine Wasserstoffbrücke adsorbiert nach

$$\equiv Si - O \cdot \cdot H \cdots ClO_4 + (H_3O)^+ \text{ (in der Stern-Schicht)}$$
$$\equiv Si - O \cdots H \cdots ClO_4 + Na^+ \quad \text{(in der Stern-Schicht)}$$

Für einen solchen Mechanismus würde auch sprechen, daß bei mehrwertigen Anionen ein besonders deutlich vergrößertes negatives ZP auftritt.

Wie bei vielen anderen Mineralen und Kolloiden mit überwiegendem negativem ZP beobachtet man auch beim Siliciumdioxid, daß mit *indifferenten* Elektrolyten bei Konzentrationen von 3×10^{-4} bis 10^{-3} g-äquiv./l ein *Maximum* des negativen Zeta-Potentials erreicht wird. Nach RIDDICK [322] erfolgt in diesem Maximum eine *Sättigung* der Mineral- oder Kolloid-Oberfläche mit Anionen; vielleicht werden auch Vielfach-Schichten derselben (multi-layers) gebildet. Ein noch weiter erhöhtes Anionenangebot kann deshalb die Ladung der Oberfläche selbst *nicht* mehr erhöhen oder beeinflussen; die überschüssigen Ionen müssen in der diffusen Lösungs-schicht verbleiben, deren „Dicke" sie verringern. Mit zunehmender Elektrolyt-konzentration nimmt das ZP ab. Bei Konzentrationen *über* 0,1 g-äquiv./l werden sowohl die ZP-Messungen infolge der stark verringerten Teilchenbeweglichkeit und wegen des "thermal overturn" schwieriger und weniger genau als auch die Verhält-nisse in der elektrischen Doppelschicht komplizierter und schwerer zu inter-pretieren. Bei eigenen Messungen mit NaF und $LiClO_4$ beim Quarz wurde fest-gestellt, daß die Konzentrations-Zeta-Potential-Kurven bei Konzentrationen *oberhalb* 0,1 g-äquiv./l wieder *umbiegen* und somit *keine* Ladungsumkehr eintritt.

Bei Verwendung von *Säuren* an Stelle von Salzen als Elektrolyt erfolgt jedoch beim SiO_2 bei Konzentrationen von etwa 0,01 bis über 0,1 g-äquiv./l mit *Sicher-heit Ladungsumkehr*, d. h., das Hydronium-Kation verhält sich in diesem Kon-zentrationsbereich *anders* als die Alkali-Kationen. Im Bereich von etwa pH 2 bis unterhalb pH 1 wird also das $(H_3O)^+$-Ion wieder potentialbestimmend für die SiO_2-Oberfläche. Nach FUNK und FRYDRYCH [131] verläuft in diesem pH-Bereich auch die Kondensation der Monokieselsäure $Si(OH)_4$ am langsamsten. Möglicher-weise entsteht die positive Ladung der SiO_2-Oberfläche durch eine Reaktion der Silanolgruppen mit *Protonen* unter Bildung eines sehr fest hydratisierten Silicium-Kations nach

$$\equiv Si - OH + H^+ \rightleftharpoons [\equiv Si - OH_2]^+$$

Oberhalb von pH 7 nimmt das negative ZP infolge der Reaktion

$$\equiv Si - OH + HO^- \rightleftharpoons \equiv Si - O^- + H_2O$$

zu. Bei genügend hoher Hydroxyl-Ionen-Konzentration werden aber, zunächst wohl nur an besonders exponierten oder energiereichen Stellen, einzelne Si-Atome bzw. Silanolgruppen in Form von *Silikat-Anionen abgetrennt*, schematisch etwa nach

$$\begin{matrix} -O \\ -O \\ -O \end{matrix}\!\!\Big\rangle \mathrm{Si} - \mathrm{O}^- + 3\,\mathrm{HO}^- \;\to\; \begin{matrix} -\mathrm{OH} \\ -\mathrm{OH} \\ -\mathrm{OH} \end{matrix} + \mathrm{SiO_4}^{4-}$$

wobei die $\mathrm{SiO_4}^{4-}$-Anionen sehr rasch zu größeren Anionen kondensieren und die neugeschaffenen Silanolgruppen nach der vorerwähnten Gleichung weiterreagieren werden. Sowohl durch die dabei vermehrte Zahl von $\equiv\mathrm{Si}-\mathrm{O}^-$-Plätzen als auch

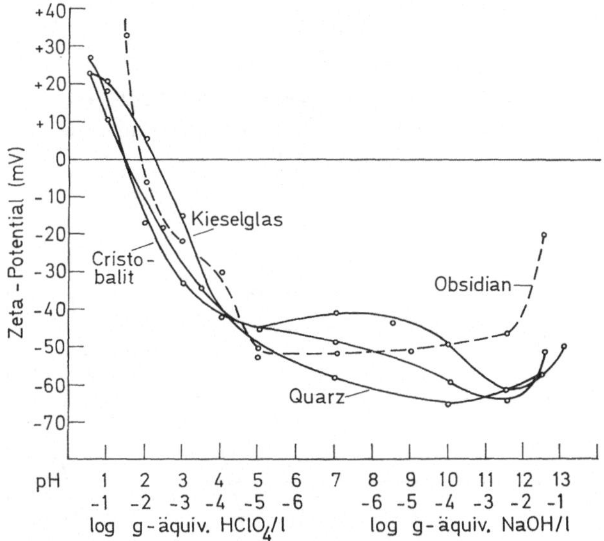

Abb. 60. Zeta-Potentiale von *Quarz*/BQW, synthet. *Cristobalit, Kieselglas* und *Obsidian*/Island (gestrichelt) in Abhängigkeit von der $\mathrm{HClO_4}$- bzw. NaOH-Konzentration. Sämtliche mit 0,001 g-äquiv. $\mathrm{NaClO_4}$/l

vielleicht durch physikalische Adsorption der hoch negativ geladenen Silikat-Anionen erhält die $\mathrm{SiO_2}$-Oberfläche bei etwa pH 10 ein stark vergrößertes negatives Zeta-Potential. Bei noch weiter erhöhter Basenzugabe bzw. Ionenkonzentration wird die Doppelschicht wieder komprimiert, und das negative Zeta-Potential nimmt ab, wohl auch durch zunehmende Adsorption von Natrium-Ionen.

In Abb. 60 sind die Zeta-Potentiale von reinstem Quarz (für die Überlassung dieser Probe danke ich Herrn Dir. Wohlermann der Bremthaler Quarzitwerke, Usingen), Cristobalit und Kieselglas (diese beiden Proben wurden durch freundliche Vermittlung von Herrn Dr. Dörr von den Jenaer Glaswerken Schott u. Gen., Mainz, zur Verfügung gestellt) in Abhängigkeit von den Zugaben an $\mathrm{HClO_4}$ bzw. NaOH aufgetragen. Der Verlauf der Kurven ist bei allen 3 $\mathrm{SiO_2}$-Modifikationen sehr ähnlich. Die Lage des point-of zero-charge im stark sauren pH-Bereich ist sowohl bei den einzelnen $\mathrm{SiO_2}$-Mineralen als auch bei unterschiedlichen Proben ein und derselben Modifikation *verschieden*. Dies rührt daher, daß die Lage des pzc nicht nur von der Konzentration der Hydronium-Ionen, sondern auch von der Konzentration der auf der Oberfläche vorhandenen Silanolgruppen abhängt, und

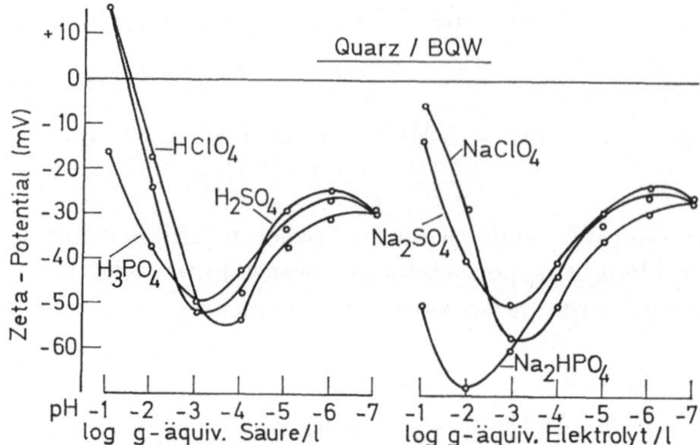

Abb. 61. ClO_4^-, SO_4^{--}, HPO_4^{--} als indifferente Ionen bei pH 7 bis < 1 und $(H_3O)^+$-Ionen als indifferente Ionen bei etwa pH 5 bis 2 und potentialbestimmende Ionen bei pH 5 bis 7 und pH 2 bis < 1

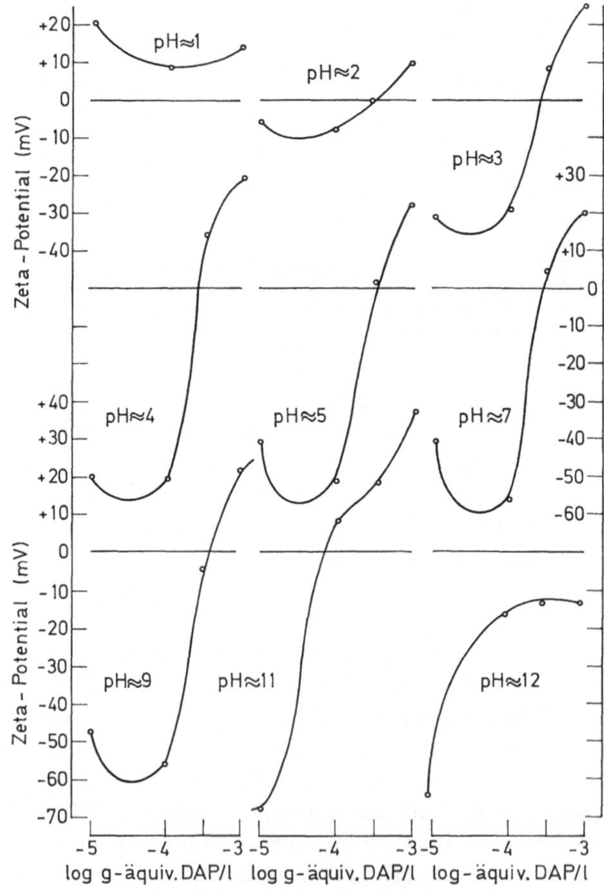

Abb. 62. Änderung der Zeta-Potentiale von Quarz bei den angeführten, durch unterschiedliche HClO₄- bzw. NaOH-Konzentrationen gegebenen pH-Werten durch verschiedene Konzentrationen von Dodecylaminium-perchlorat (DAP)

letztere wiederum ist von Probe zu Probe, je nach der Vorgeschichte, z. B. Art und Ausmaß der Zerkleinerung, unterschiedlich.

Aus den pH-Zeta-Potential-Kurven können, insbesondere für den Quarz, für das Verhalten bei der Flotation folgende Schlüsse gezogen werden:

Die vom sauren bis in den stark alkalischen pH-Bereich ziemlich stark *negativ* geladenen SiO_2-Oberflächen werden bevorzugt *Kationen* adsorbieren, d. h., sie werden durch kationaktive Sammler flotierbar sein. Allerdings werden die hydrophobierenden Kationen mit solchen aus gelösten Elektrolyten konkurrieren müssen.

Eine Flotation mit anionaktiven Sammlern ist im gesamten Gebiet oberhalb von pH 2 nicht zu erwarten. Über die Flotierbarkeit des Quarzes mit anionaktiven Sammlern im Bereich der positiven Ladung seiner Oberfläche unterhalb von etwa pH 2 bestehen unterschiedliche Meinungen; LIDSTRÖM [234] z. B. verneint sie. Bei den für die Flotation der meisten Schwerminerale aus Quarzsanden, z. B. mit Isooctylphosphat, optimalen hohen Säurekonzentrationen ist jedenfalls das Quarz-Ausbringen nur *gering*, im allgemeinen unter 1% seiner Menge in der Trübe.

Über die Flotierbarkeit des Quarzes mit kationaktiven Sammlern liegen sehr zahlreiche Veröffentlichungen vor, von denen nur ein Teil genannt werden kann: GAUDIN und BLOECHER [134], BUCKENHAM und ROGERS [45], DE BRUYN [79], SCHUBERT [364, 367], PUSCH [314], LIDSTRÖM [232, 233, 234], KLOUBEK [216] und JOY, WATSON, AZIM und MANSER [207]. Aus diesen Arbeiten geht hervor, daß Quarz oberhalb seines point-of-zero-charge mit primären aliphatischen Aminen und mit quaternären Ammoniumsalzen, beide mit hinreichender Länge der Kohlenwasserstoffkette, ausgezeichnet flotiert („hinreichend" bedeutet mindestens 6 bis 7 Kohlenstoffatome in der Kette).

Die zur Quarzflotation benötigten Sammlermengen sind erstaunlich gering; mit 3 mg Cetyltrimethylammoniumbromid/l schwammen aus 1800 ml Trübe von je 40 g Quarzfraktionen der Korngröße

63 bis	125 μm	99,5%,
125 bis	250 μm	98,8%,
250 bis	360 μm	97,0%,
360 bis	630 μm	95,5%
und von 630 bis	1130 μm	12,3% aus.

Die Frage, warum nicht nur SiO_2-Modifikationen, sondern grundsätzlich *alle Silikate*, und zwar nach LIDSTRÖM [233], ungefähr im Maße ihres SiO_2-Gehaltes kationaktive Sammler adsorbieren, wird auch heute noch nicht einheitlich beantwortet. Die Tatsache, daß diese Adsorption in dem pH-Bereich stattfindet, in welchem die betreffenden Mineraloberflächen negatives ZP aufweisen, kann insofern nicht allein ausschlaggebend sein, als eine Hydrophobierung auch noch in pH-Bereichen stattfinden kann, in denen die Konzentration der Aminium-Ionen infolge Zurückdrängung der Dissoziation zu klein geworden ist. Nach Befunden von LIDSTRÖM oder COOK [71] ist es sehr wahrscheinlich, daß hier die Hydrophobierung durch die freien Amine erfolgt.

Die Zugabe eines salzartigen kationaktiven Sammlers der Art $[H_3N-R]^+A^-$, z. B. von Dodecylaminium-perchlorat, $[H_3N-C_{12}H_{25}]^+ClO_4^-$ (im folgenden abgekürzt zu DAP), zur Suspension verändert das Zeta-Potential des Quarzes. Bei den Versuchen von Abb. 62 wurde der neutral reagierende bzw. zuvor neutralisierte

Sammler DAP zu Suspensionen gegeben, deren pH-Wert mit $HClO_4$ bzw. NaOH genau eingestellt war; eine nachträgliche pH-Messung mußte unterbleiben, weil das DAP die Glaselektrode irreversibel beschädigt hätte. Die Abb. 62 zeigt bei fast allen pH-Werten, bei denen noch eine Reaktion des DAP mit der Quarzoberfläche bzw. eine Hydrophobierung erfolgt, eine im Prinzip gleichartige Veränderung des Zeta-Potentials: Das zunächst negative Zeta-Potential nimmt mit zunehmender DAP-Konzentration ab, erreicht bei einer DAP-Konzentration von 3×10^{-5} g-äquiv./l ein Maximum, nimmt dann rasch bis Null ab und wird positiv. Daraus folgt, daß sich die Alkylammonium-Kationen in einem gewissen Konzentrationsbereich genauso verhalten wie andere indifferente Ionen; das negative Zeta-Potential wird durch die (physikalische) Adsorption des Perchlorat-Ions bestimmt. Von einer gewissen DAP-Konzentration an (3×10^{-4} g-äquiv./l) werden jedoch die Alkylammonium-Ionen spezifisch adsorbiert.

Im sauren pH-Gebiet (bei Abwesenheit von Sammlern) war für SiO_2 eine bevorzugte Adsorption von Anionen postuliert worden, während die zugehörigen Kationen *nicht* an der Mineraloberfläche adsorbiert werden, sondern, durch eine Schicht aus Anionen von dieser getrennt, in der Stern-Schicht Platz finden sollten. Man sollte deshalb auch bei Gegenwart kationaktiver Sammler erwarten, daß die im sauren Gebiet überwiegend oder ausschließlich vorliegenden Aminium- bzw. quaternären Ammonium-Kationen *nur* in der Stern-Schicht verbleiben. Dies würde jedoch *nicht* die beobachtete Ladungsumkehr und Entstehung positiver Zeta-Potentiale erklären. Ich nehme deshalb an, daß bei genügend hoher Konzentration der Aminium- oder quaternären Ammonium-Ionen in der Stern-Schicht diese Kationen mit den *wenigen*, noch auf der SiO_2-Oberfläche vorhandenen, nicht durch adsorbierte Anionen abgeschirmten $\equiv Si - O^-$-Plätzen reagieren, wobei im Falle der quaternären Ammonium-Ionen kräftige, rein elektrostatische Anziehung überwiegt, während bei den Aminium-Ionen eine Reaktion nach

$$\equiv Si - O^- + [H_3N - R]^+ \rightleftharpoons \; \equiv Si - O \; \cdot \; H \cdots NH_2 - R$$

erfolgt, d. h., ein Proton des Aminium-Ions bildet eine *Brücke* zu einem $\equiv Si - O^-$-Platz. In beiden Fällen entstehen neutrale bzw. *ungeladene* Reaktionsprodukte; es findet also eine gewisse Abnahme des negativen Zeta-Potentials statt. Offenbar ist aber die Verankerung eines quaternären Ammonium-Ions bzw. der Brückenschlag eines Aminium-Ions *unmittelbar* zur SiO_2-Oberfläche stets mit einer beträchtlichen *Assoziation* der hydrophobierenden Spezies *auf* der Oberfläche verbunden, und *diese* bewirkt den starken Anstieg des *positiven* Zeta-Potentials.

Der unterschiedliche Adsorptionsmechanismus beider Kationen-Arten bedingt auch unterschiedliche Bereiche der hydrophobierenden Wirkung beider Sammlerarten; aus Abb. 63 ist zu erkennen, daß quaternäre Ammonium-Verbindungen in einem größeren pH-Bereich wirksam sind als (langkettige) Amine.

Untersuchungen von LENZ, zitiert in [214], und von KLOUBEK [216] haben gezeigt, daß Quarz (und Silikate) bei hinreichender Länge der Kohlenwasserstoffkette durch aliphatische primäre und zum Teil auch sekundäre Amine gut hydrophobiert werden, während tertiäre Amine schlechte oder, wie aromatische Amine, überhaupt keine Sammlereigenschaften besitzen. Dieser Sachverhalt ist, wenn als entscheidender Vorgang bei der Hydrophobierung die Verknüpfung des Amins durch ein gemeinsames Proton mit der Silanolgruppe angenommen wird, leicht

verständlich: Die Bereitwilligkeit der Amine, ein Proton aufzunehmen (oder festzu-
halten), drückt sich in ihrer Basenstärke bzw. Dissoziationskonstante aus. Nach
SYKES [358] hängt die Basenstärke eines Amins in Wasser nicht nur von der
Elektronendichte am Stickstoff ab, sondern auch davon, wie stark das Aminium-
Kation solvatisiert bzw. hydratisiert und damit stabilisiert werden kann; diese
Stabilisierung ist aber um so größer, je mehr Wasserstoffatome mit dem Stickstoff
des Kations verknüpft sind.

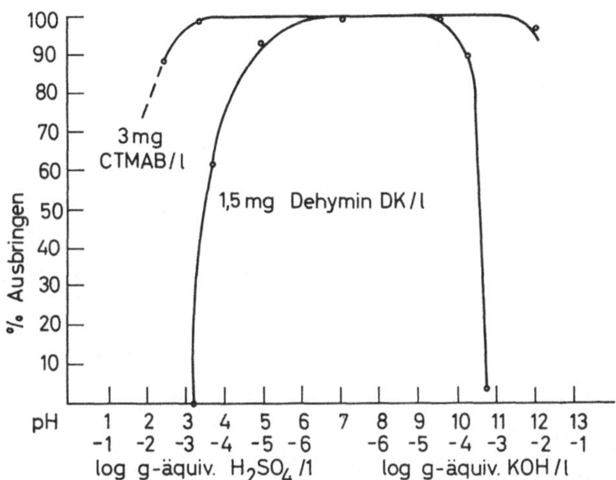

Abb. 63. Ausbringen von *Quarz* mit Cetyltrimethylammonium-bromid (CTMAB) bzw. Dehymin
DK (langkettiges Alkylamin) als Sammler; in Abhängigkeit von den Konzentrationen an
H_2SO_4 bzw. KOH; Trübedichte 1:100; Schäumer: Dowfroth-250

In der folgenden Abb. 64 ist die Veränderung der Zeta-Potentiale beim Quarz
sowohl in Abhängigkeit von den Konzentrationen an $HClO_4$ bzw. NaOH als auch
für unterschiedliche, von unten nach oben zunehmende Konzentrationen an
Dodecylaminium-perchlorat (DAP) ersichtlich. Eine ins einzelne gehende Interpretation dieser Kurven müßte speziellen Untersuchungen vorbehalten bleiben,
denn sie ergeben sich durch Überlagerung folgender, Vorzeichen und Betrag der
Zeta-Potentiale in unterschiedlichem Ausmaß verändernder Vorgänge:

a) Dissoziation der Silanolgruppen und deren Abbau im stärker alkalischen
pH-Bereich;

b) Wirkung der Dissoziationsprodukte der zugesetzten Überchlorsäure bzw.
Natronlauge als teils indifferente, teils potentialbestimmende Ionen;

c) Dissoziation und Hydrolyse des DAP;

d) Wirkung der Dissoziationsprodukte des zugesetzten DAP als indifferente
Ionen;

e) konzentrations- und pH-abhängige Bildung von Wasserstoffbrücken zwischen
Silanolgruppen und adsorbierten Dodecylammonium-Ionen;

f) Adsorption neutraler Amin-Moleküle;

g) konzentrations- und pH-abhängige Assoziation von Dodecylammonium-
Ionen und vielleicht auch neutraler Amin-Moleküle.

Man sollte erwarten, daß im alkalischen Bereich wegen des sehr viel höheren Angebotes an $\equiv$ Si — O$^-$-Plätzen die Bildung von Wasserstoffbrücken zwischen diesen und den Ammonium-Ionen besonders intensiv stattfindet. Infolge der verstärkt einsetzenden Reaktion

$$[\mathrm{RNH_3}]^+ + \mathrm{HO}^- \rightleftharpoons \mathrm{RNH_2} + \mathrm{H_2O}$$

steht aber dem reichlichen $\equiv$ Si — O$^-$-Angebot kein ausreichendes Angebot an Dodecylammonium-Ionen gegenüber. Die ganz auffallende Änderung des Zeta-Potentials bei etwa pH 10 dürfte darauf zurückzuführen sein, daß infolge der

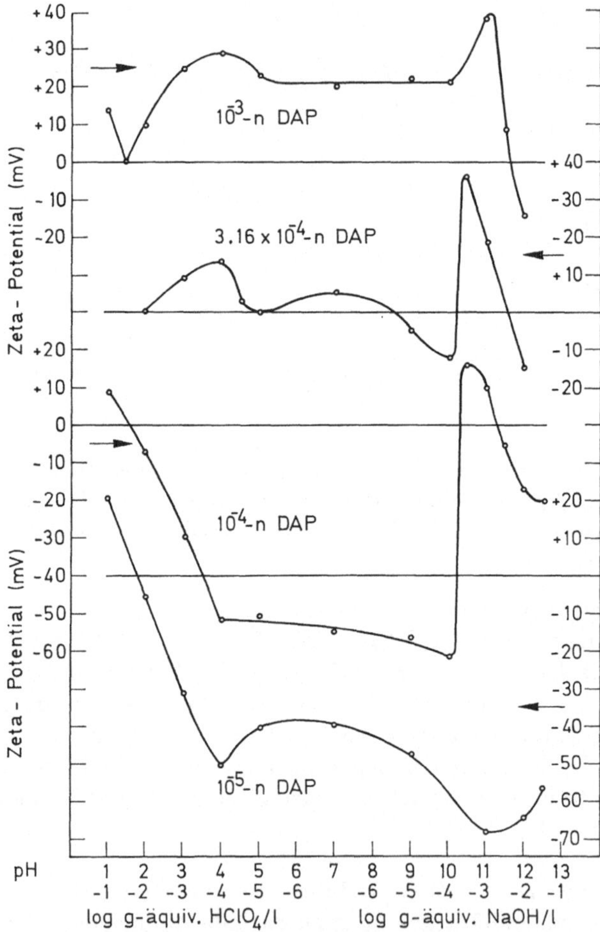

Abb. 64. Veränderung der Zeta-Potentiale von *Quarz* durch (von unten nach oben) steigende Konzentrationen von Dodecylaminium-perchlorat (DAP); in Abhängigkeit von der HClO$_4$- bzw. NaOH-Konzentration

gleichzeitig einsetzenden, bereits erwähnten Ablösung von Silikat-Ionen plötzlich sehr viel neue $\equiv$ Si — OH-Stellen, also *undissoziierte* Silanolgruppen, entstehen, die mit den nun reichlich vorhandenen *Molekülen* des freien Amins nach

$$\equiv \mathrm{Si-OH} + \mathrm{H_2N-R} \rightleftharpoons\, = \mathrm{Si-O} \cdots \mathrm{H} \cdots \mathrm{NH_2-R}$$

zu den *völlig gleichartigen* Adsorbaten mit Wasserstoffbrücken wie im sauren pH-Gebiet reagieren. Die vermehrte Bildung dieser ungeladenen Reaktionsprodukte beendet nicht nur die bis dahin vor sich gehende Zunahme des negativen Zeta-Potentials, sondern führt über dessen Abnahme bis auf Null und durch entsprechend verstärkte Assoziation noch vorhandener Ammonium-Ionen zur Entstehung positiver Zeta-Potentiale. Bei noch höheren pH-Werten überwiegt bereits die Bildung des freien Amins so stark, daß keine assoziierbaren Ammonium-Kationen mehr existieren; sehr wahrscheinlich werden auch die mehrwertigen, stark hydratisierten Silikat-Anionen in zunehmendem Maße adsorbiert. Die Bildung von $\equiv Si - O \cdots H \cdots NH_2 - R$-Gruppen unterbleibt, weil die schwache Aminbase durch das stärkere NaOH verdrängt wird.

SiO_2-Oberflächen adsorbieren nicht nur einwertige hydrophobierende organische Kationen, sondern auch zum Teil mehrwertige, nicht hydrophobierende anorganische Kationen. Während aber die Adsorption einwertiger anorganischer Kationen Betrag und Vorzeichen des Zeta-Potentials und damit den Verlauf der pH-Zeta-Potential-Kurve nur relativ geringfügig beeinflussen, verursachen mehrwertige anorganische Kationen starke Veränderungen. Sinngemäß verallgemeinert, besagt die Schulze-Hardy-Regel [223]: Je höher die Ladung des Kations, um so größer sind bei gleicher Konzentration die Veränderungen und um so geringere Konzentrationen genügen, um bereits wesentliche Veränderungen zu bewirken. Ähnliches, wenn auch durch die Art und Konzentration der Gitterkationen auf der Mineraloberfläche von Fall zu Fall modifiziert, gilt für alle anderen Silikate, nur sind diese darauf hin noch weniger untersucht. Beim Quarz ist diese *Aktivierung* durch *Kationen* seit langem, z. B. von KRAEBER und BOPPEL [220], und sehr ausführlich studiert worden; neuere Arbeiten hierüber liegen vor von CLARK und COOKE [66], DAELLENBACH und TIEMANN [77], FUERSTENAU und CUMMINS [124], HOPSTOCK und AGAR [188], MACKENZIE [241], MALATI und ESTEFAN [248], TADROS und LYKLEMA [386]. Das Folgende kann sich deshalb auf Sachverhalte beschränken, die für Flotationen im mineralogischen Aufbereitungslabor wichtig sind.

In Abb. 65 wird in der oberen Kurve, die mit Abb. 61 verglichen werden möge, die durch 0,001 g-äquiv. Aluminiumnitrat/l (= 9 mg Al/l) bei verschiedenen pH-Werten hervorgerufene Veränderung der Zeta-Potentiale von Quarz gezeigt. Bemerkenswert ist, daß auch im sauren pH-Gebiet starke Veränderungen durch Adsorption von Al^{3+}-Ionen eintreten; Eisen(III)-Ionen würden, wie aus der Arbeit von MACKENZIE [241] hervorgeht, zu ganz ähnlichen Ergebnissen führen. Für die Anwendung der Flotation bedeutet dies: Bereits geringe Gehalte (0,01 bis 0,1 Gewichts-%) an löslichen Salzen des Aluminiums und Eisen(III) in der Probe, die aus natürlichen Sekundärmineralen, aus bei der Aufbereitung oxydierten Sulfiden, aus durch Säurebehandlung zersetzten Mineralen stammen können, werden unter ungünstigen Umständen schon bei der Flotation wirksam. Wenn zur Entfernung solcher Ionenarten nur verdünnte Säuren angewandt werden oder wenn nach der Anwendung stärkerer Säuren unmittelbar mit reinem Wasser ausgewaschen wird, werden die adsorbierten mehrwertigen Kationen nicht entfernt oder durch Hydrolyse sogar erst recht fest auf den SiO_2- bzw. Silikat-Oberflächen fixiert.

Am Beispiel der Al-Ionen läßt sich der mutmaßliche Mechanismus ihrer Adsorption, die nach ihrer Festigkeit schon einer Chemisorption entspricht, in guter

Übereinstimmung mit Zeta-Potential-Messungen und Ionengleichgewichten, folgendermaßen schematisch darstellen:

$$\equiv Si - OH + Al^{3+} + H_2O \rightleftharpoons \equiv Si - O - Al^{2+} + (H_3O)^+$$

Zunächst, oberhalb etwa pH 3, entstehen zunehmend mehr positive Ladungen auf der SiO_2-Oberfläche, welche bereits bei pH 4 eine Ladungsumkehr bewirken. Da durch $(H_3O)^+$-Ionen das Gleichgewicht nach links verschoben wird, unterbleibt

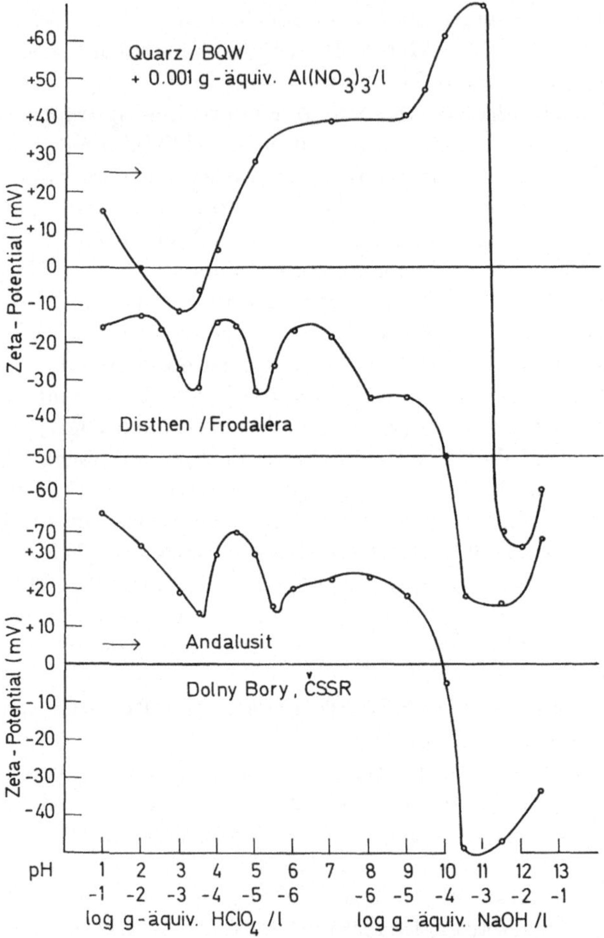

Abb. 65. Zeta-Potentiale von *Quarz*/BQW mit 0,001 g-äquiv. Aluminiumnitrat/l und zum Vergleich von Disthen/Frodalera und Andalusit/Dolny Bory, beide mit 0,001 g-äquiv. $NaClO_4$/l; sämtliche in Abhängigkeit von $HClO_4$- bzw. NaOH-Konzentration

unterhalb pH 3 eine Adsorption von Al^{3+}-Ionen. Nach BOEHM [337] verhindert eine Belegung mit einer monoatomaren Al^{3+}-Schicht die Ablösung von $Si(OH)_4$: Während sich bei 20° C und pH 8,2 (bei Gegenwart von NaCl und $NaHCO_3$) innerhalb von 24 Stunden 123 µg SiO_2/ml lösen, werden nach Belegung mit Al^{3+} im Laufe von 3 Wochen nur 6 µg SiO_2/ml gelöst!

Nach Ausweis der Zeta-Potential-Messungen ist bei pH 7 bis etwa pH 11 die SiO_2-Oberfläche noch positiv geladen; es ist deshalb und da durch die Zugabe von NaOH HO^--Ionen zugeführt werden, folgende Reaktion wahrscheinlich:

$$\equiv Si - OH + Al^{3+} + 2\,HO^- \rightleftharpoons\, \equiv Si - O - Al(OH)^+ + H_2O$$

Bei pH-Werten über 11 erfolgt in einem ganz schmalen pH-Bereich eine außerordentlich starke Änderung von Vorzeichen und Betrag des Zeta-Potentials, vermutlich dadurch, daß zwei im gleichen Sinne wirksame Reaktionen nebeneinander ablaufen: die bereits erwähnte Abspaltung von $SiO_4{}^{4-}$-Ionen unter gleichzeitiger Vermehrung der Silanolgruppen und außerdem eine Reaktion der letzteren mit Aluminat-Ionen, die ebenfalls zur Vermehrung der negativen Ladungen beiträgt:

$$\equiv Si - OH + [Al(OH)_4]^- + HO^- \rightleftharpoons\, \equiv Si - O - Al\diagup\genfrac{}{}{0pt}{}{O^-}{O^-} + 3\,H_2O\,.$$

Die hier formulierten Aluminat-Ionen sind insofern hypothetisch, als vermutlich mehrkernige Komplexe des Aluminiums auftreten werden. Bei noch weiterer NaOH-Zugabe tritt durch Adsorption von Na^+-Ionen eine Verringerung des negativen Zeta-Potentials ein. Die adsorbierten Ionenarten des Aluminiums sind sicher, aber in einer nicht näher bekannten Weise, hydratisiert.

Interessant erscheint ein Vergleich der pH-Zeta-Potential-Kurven der mit einer Aluminium-Ionenart belegten Quarzoberfläche mit den verwandten, nicht identischen Oberflächen von Aluminiumsilikaten; in Abb. 65 ist in der Mitte die entsprechende Kurve des Disthens (Kyanits) von Frodalera/Schweiz und unten des Andalusits von Dolny Bory, ČSSR, dargestellt. Die Oberflächen beider Aluminiumsilikate sind wie die Al-beladene Quarzoberfläche im Bereich von etwa pH 4 bis pH 10 ebenfalls positiv geladen und zeigen wie letztere im stärker alkalischen Bereich Ladungsumkehr und anschließende Adsorption von Na^+-Ionen. Infolge der sehr viel festeren Bindung des Aluminiums in den Strukturen und Oberflächen der Aluminiumsilikate sind diese aber auch noch im stark sauren pH-Bereich positiv geladen. Die Aluminiumsilikate enthalten das Aluminium in unterschiedlicher Koordination, und die hieraus zu folgernde unterschiedliche Reaktionsfähigkeit mit $(H_3O)^+$- und HO^--Ionen drückt sich offensichtlich in den eigenartigen, reproduzierbaren Unstetigkeiten ihrer pH-Zeta-Potential-Kurven aus. Es ist beabsichtigt, diesen Fragenkomplex noch eingehender zu bearbeiten, da von SMOLIK, HARMAN und FUERSTENAU [347] teilweise abweichende Beobachtungen und Interpretationen vorliegen.

Für die Flotierbarkeit der SiO_2-Modifikationen und zumindest der SiO_2-reichen Silikate hat die recht feste Adsorption mehrwertiger Kationen und die durch sie hervorgerufene Vorzeichenänderung des Zeta-Potentials zwei schwerwiegende Folgen:

1. Die Flotierbarkeit mit kationaktiven Sammlern geht in einem weiten pH-Bereich verloren.

2. Es tritt eine oft unerwartete, gute Flotierbarkeit mit anionaktiven Sammlern auf.

Diese von Verwitterungslösungen, artfremden Adsorptionsschichten und Belägen, löslichen Salzen, Säurebehandlung, Oxydation von Sulfiden und Eisenabrieb hervorgerufenen Veränderungen bewirken stets, daß unter sonst bewährten Bedingungen Flotationen ergebnislos bleiben oder unerträglich gestört werden. Wege zur Vermeidung und Abhilfe solcher Störungen sind:

a) Entfernung von in Wasser oder Säuren löslichen Mineralen oder Belägen durch Behandlung mit jenen, sofern dies die einzige erfolgversprechende Maßnahme darstellt *und* auch aus chemischen und vor allem geochemischen Gründen vertretbar ist. Bei Sanden ist z. B. Behandlung mit je 5%iger Oxal- und Salzsäure sehr wirksam. Stets ist sehr gründliches Auswaschen erforderlich. Auf keinen Fall dürfen schwermetallhaltige saure Trüben durch Basen unmittelbar neutralisiert werden, vielmehr muß die saure Lösung abfiltriert und die Probe mehrmals gut ausgewaschen werden, bevor die Base zugesetzt wird.

b) Wenn nur mit Adsorptionsschichten zu rechnen ist, kann die Probe notfalls mit starken Komplexbildnern, wie DTPE, behandelt werden. Von VENKATACHALAM [396] wurde für Al^{3+} bzw. Fe^{3+} Ascorbinsäure vorgeschlagen (40—120 bzw. 5—7 mg/l).

c) Weitgehende Vermeidung jeder Säurebehandlung vor der Flotation.

d) Rasche Verarbeitung feuchter, Sulfidminerale oder Eisenabrieb enthaltender Proben.

e) Mehrstündige Behandlung von Schwermineral*seifen* mit konzentrierter Salzsäure oder 25%iger Schwefelsäure.

f) Mit überwiegender *Reibung* verbundene, nur ganz geringfügige weitere Zerkleinerung ("attrition"), z. B. in einer Schwingmühle ohne Mahlkörper, kann manchmal ebenso nützlich sein wie kurzfristige schwache, vorwiegend reibende Mahlung mit etwa 1%iger NaOH oder KOH und nachfolgendes sehr gutes Auswaschen.

6.5.2. Feldspäte

Ganz überwiegend aus Feldspäten bestehende Gesteine sind Syenite, Anorthosite und Sanidinite; der mengenmäßig größte Teil der magmatischen, metamorphen und anatektischen Gesteine enthält Feldspäte, meist *zusammen entweder* mit Quarz *oder* mit Foiden. Sie sind nicht nur für petrogenetische Fragestellungen und für Altersbestimmungen (siehe z. B. ZÄHRINGER [416]!), sondern auch für geochemische Untersuchungen von überragender Bedeutung. Es besteht deshalb großes Interesse, sie möglichst rein abzutrennen. Dies ist in den sehr zahlreichen Fällen, in denen sie Haupt- oder Nebengemengteile sind, relativ einfach, da sie sich fast immer bei der Magnetscheidung in den auch bei hohen Feldstärken unmagnetischen Anteilen finden. Allerdings können sie gelegentlich von einigen ebenfalls unmagnetischen Mineralen mit gleichem oder ähnlichem spezifischen Gewicht begleitet werden, von denen sie dann auch durch Schwereflüssigkeiten *nicht* mehr getrennt werden können, so daß die Flotation als Trennverfahren in Betracht zu ziehen ist.

In der folgenden Tabelle 2 auf S. 163 sind die spezifischen Gewichte unmagnetischer Minerale im Bereich der Feldspäte angegeben. Dabei sind diejenigen Minerale, von denen auch kleine Mengen Feldspäte gut flotativ abtrennbar sind, soweit eine solche Trennung wegen der Häufigkeit entsprechender Paragenesen von Bedeutung ist, mit f gekennzeichnet, während Minerale, die auch in kleiner Menge noch

Tabelle 2

Spezifische Gewichte und Flotierbarkeit unmagnetischer Minerale im Bereich der Feldspäte

Mineral	Dichte(-Bereich)		Flotierbarkeit
Gesteinsgläser		2,40—2,85	
Antigorit	2,56	2,53—2,61	
Kaliophilit	2,56	2,49—2,60	
Orthoklas	2,57	2,54—2,59	
Mikroklin	2,57	2,54—2,60	
Milarit	2,57		
Leifit	2,57		
Sanidin	2,58	2,55—2,62	
Kaolinit	2,58		(F)
Elpidit	2,58		
Nakrit	2,58		
Skapolithe		2,55—2,80	f
Anorthoklas	2,58	2,55—2,61	
Cordierit	2,59	2,53—2,78	f, F
Chalcedon	2,60	2,58—2,62	f
Bertrandit	2,60		(F)
Dickit	2,62		
Albit	2,62		
Nephelin	2,62	2,60—2,65	(F), (f)
Oligoklas		2,63—2,65	
Berlinit	2,64		
Quarz	2,65		f
Leuchtenbergit	2,65	2,62—2,69	
Andesin		2,65—2,68	
Eukryptit	2,67		
Beryll		2,66—2,83	(F)
Labradorit		2,68—2,71	
Alunit	2,71	2,70—2,80	F, f
Calcit	2,71	2,70—2,75	F, f
Bytownit		2,71—2,75	
Anorthit		2,75—2,77	
Katapleit	2,77	2,74—2,80	
Hyalophan	2,82	2,77—2,90	
Muskovit	2,83	2,77—2,93	F
Phlogopit	2,83	2,71—2,96	F

gut von den überwiegenden Feldspäten abflotiert werden können, mit F bezeichnet. Aus der Literatur übernommene Angaben, die noch nicht durch eigene Versuche überprüft wurden, sind eingeklammert.

Vor allem wegen der technisch-wirtschaftlichen Bedeutung reiner (Alkali-) Feldspäte für feinkeramische Zwecke werden diese schon seit etwa 40 Jahren flotiert und sind die Grundlagen ihrer Flotation auch bis in neuere Zeit immer wieder untersucht worden, z. B. von TRÖNDLE [391], SULIIN und SMITH [355], JOY, MANSER, LLOYD und WATSON [208].

In der Abb. 66 sind die Zeta-Potentiale der Minerale Quarz, Orthoklas und Muskovit, sämtliche bei Gegenwart von 0,001 g-äquiv. NaClO$_4$/l, in Abhängigkeit von den Konzentrationen an HClO$_4$ bzw. NaOH aufgetragen. Wegen der bei diesen Mineralen äußerst geringen Löslichkeit bzw. Reaktionsfähigkeit mit Säuren oder Basen dürften hier die (nicht gemessenen) pH-Werte besonders gut mit den durch die Säure- bzw. Base-Zugabe vorgegebenen übereinstimmen. Der Einbau des Aluminiums in die Strukturen bzw. Oberflächen von Orthoklas und Muskovit bedingt die bei diesen vor allem im Bereich unterhalb von pH 5 auftretenden Un-

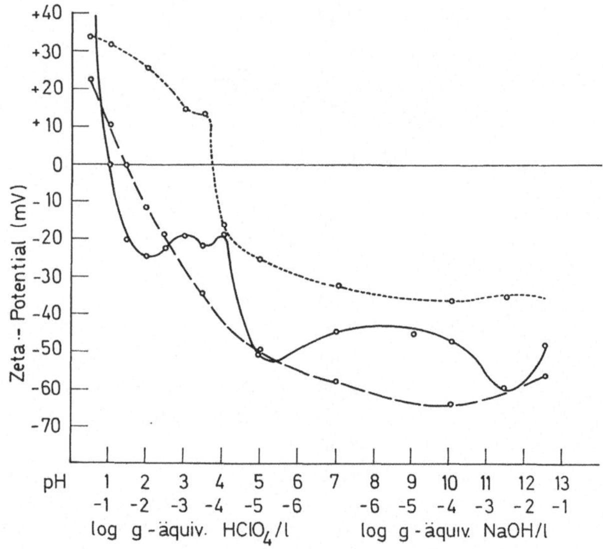

Abb. 66. Zeta-Potentiale von *Orthoklas*/Norwegen (Fa. Mandt) (ausgezogen), *Quarz*/BQW (lang gestrichelt), *Muskovit*/Rostadheia (kurz gestrichelt) in Abhängigkeit von der HClO$_4$- bzw. NaOH-Konzentration; sämtliche mit 0,001 g-äquiv. NaClO$_4$/l

stetigkeiten im Verlauf der pH-Zeta-Potential-Kurven und läßt hier sowohl vom Quarz als auch bei beiden Mineralen verschiedene Vorgänge in der elektrischen Doppelschicht erwarten. Im Bereich oberhalb pH 5 treten keine prinzipiellen Unterschiede auf, so daß hier das Reaktionsgeschehen wie beim Quarz weitgehend durch die Silanolgruppen bestimmt sein dürfte.

Tatsächlich verhalten sich Orthoklas und die Feldspäte insgesamt ganz analog wie Quarz; sie flotieren ausgezeichnet mit genügend langkettigen Aminen und anderen kationaktiven Sammlern und im reinen Zustand überhaupt nicht mit anionaktiven Sammlern. Durch mehrwertige anorganische Kationen werden jedoch auch ihre Ladungen und damit ihr Verhalten gegenüber Sammlern stark verändert bzw. umgekehrt.

Die beim Orthoklas erwähnten reproduzierbaren *Unstetigkeiten* des Zeta-Potentials im Bereich von pH 2,5 bis 4,5 wurden bei den *eigenen* Messungen auch bei *allen* anderen untersuchten Feldspäten beobachtet; sie sind bisher in den von anderer Seite vorgelegten Veröffentlichungen nicht beschrieben worden. Sie hängen, wie es ein Blick auf die Abb. 67 nahelegt, zweifellos mit der von den Alkalifeldspäten zu den basischen Plagioklasen stark zunehmenden *Reaktionsfähigkeit* gegenüber *Säuren* zusammen. Da die Alkalien und in diesem pH-Bereich auch das Calcium unter keinen Umständen potentialbestimmend sein können, muß das beim Säureangriff frei werdende *Aluminium-Ion* bei der Entstehung der Un-

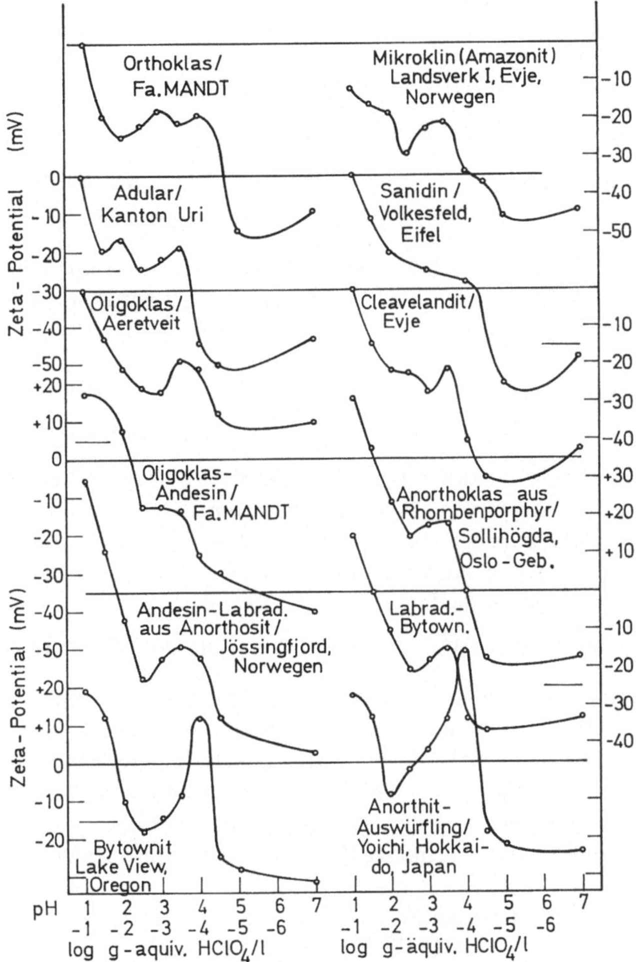

Abb. 67. Zeta-Potentiale von zwölf *Feldspäten* im sauren pH-Gebiet in Abhängigkeit von der $HClO_4$-Konzentration

stetigkeiten ursächlich und *maßgeblich* beteiligt sein. Eine Diskussion sollte, wie beim Quarz, bei *den* Oberflächenbereichen beginnen, die nach dem Bruchvorgang auf der Feldspatoberfläche vorliegen; ihre Art hängt in den Extremfällen davon ab, ob die Feldspäte eine völlig ungeordnete oder eine streng geordnete *Al/Si-Verteilung* besitzen. Bei ersterer wird bei den Alkalifeldspäten in grober Näherung im Mittel bei einem Viertel, beim Anorthit bei etwa der Hälfte aller Bruchvorgänge eine beiderseits tetraedrisch koordinierte — Al — O — Si-Bindung gespalten.

Es sind zwei Fälle einer solchen Spaltung möglich:

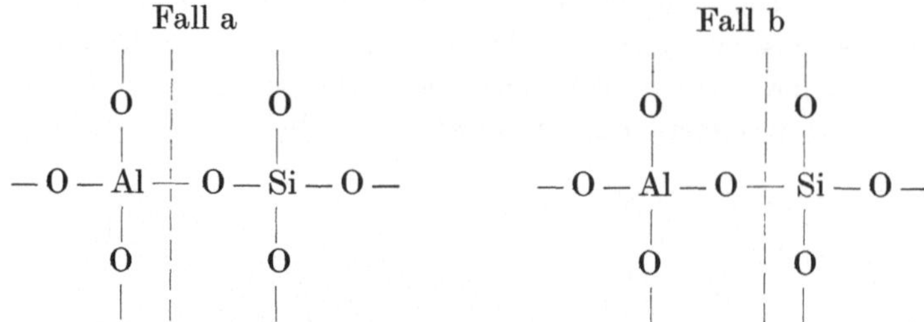

Schematisch ergäben sich als „Bruchstücke"

im Fall a: im Fall b:

$(-O-)_3Al^+ + {}^-O-Si(-O-)_3$ $(-O-)_3Al-O^- + {}^+Si(-O-)_3$

Da aber der Komplex $[(-O-)_3Al-O-Si(-O-)_3]^-$ *eine negative* Ladung trägt (die im Gitter von K^+, Na^+ oder $Ca^{2+}/2$ abgesättigt wird), müssen die soeben angeschriebenen „Bruchstücke" in bezug auf ihre Ladungen noch verändert werden zu

im Fall a: im Fall b:

$(-O-)_3Al$ und $[(-O-)_3Al-O]^{2-}$

denn es ist kein Grund, anzunehmen, daß die Si-haltigen „Bruchstücke" andere sein werden als die bereits von SiO_2 her bekannten.

Die auf den Feldspatoberflächen vorliegenden Oberflächenbereiche der Art $[(-O-)_3Al-O]^{2-}$ sind in saurer Lösung sicher nicht beständig; sie werden deshalb sofort weiterreagieren nach

$$[(-O-)_3Al-O]^{2-} + 2\,(H_3O)^+ = (-O-)_3Al + 3\,H_2O$$

Im sauren Medium entstehen deshalb *keine* zusätzlichen negativen Ladungen an den Al-haltigen Oberflächenbereichen; die Silanol- bzw. $(-O-)_3Si-OH$-Gruppen adsorbieren wie beim SiO_2 *Anionen* als potentialbestimmende Ionen. Infolge der bei den Feldspäten maximal um ein Viertel oder die Hälfte *geringeren* Konzentration von Silanolgruppen auf der Oberfläche (im Vergleich zum SiO_2) erreicht bei diesen allerdings auch das negative Zeta-Potential von Anfang an nur geringere Beträge.

Durch die Tatsache, daß bei der Behandlung von zerkleinertem Feldspat mit Säuren nachweisbare und im Falle der basischen Plagioklase sogar wesentliche Mengen Aluminium in Lösung gehen, wird belegt, daß auch die $(-O-)_3Al$-Oberflächenbereiche im sauren Medium nicht beständig sind. In Abhängigkeit von der $(H_3O)^+$- bzw. Säure-Konzentration reagieren sie weiter nach

$$(-O-\overset{\displaystyle |}{\underset{\displaystyle |}{Si}}-O-)_3Al + 3\,(H_3O)^+ = 3\,(-O-\overset{\displaystyle |}{\underset{\displaystyle |}{Si}}-OH) + Al^{3+} + 3\,H_2O$$

Die dabei entstehenden Al^{3+}-Ionen werden bei *nicht zu hoher Säure*-Konzentration über Silanolgruppen, von denen sie als spezifisch adsorbierbare mehrwertige Ionen die adsorbierten indifferenten einwertigen Anionen *verdrängen*, nach

$$(-O-)_3Si-OH + Al^{3+} + H_2O \rightleftharpoons (-O-)_3Si-O-Al^{2+} + (H_3O)^+$$

auf der Feldspatoberfläche festgehalten und *erniedrigen* deren negatives Zeta-Potential. Bei sehr reichlicher Entstehung, wie sie bei den basischen Plagioklasen gegeben ist, bewirken sie sogar innerhalb eines nur schmalen pH-Bereiches Ladungsumkehr und Entstehung *positiver* Zeta-Potentiale. Bei höherer $(H_3O)^+$-Ionen-Konzentration werden die $(-O-)_3Si-O-Al^{2+}$-Gruppen in Umkehrung der Reaktionsgleichung wieder abgespalten, während das negative Zeta-Potential teils durch Rückbildung ungeladener Silanolgruppen, teils durch die von den mehrwertigen Kationen in der Lösung bewirkte Schrumpfung der Doppelschicht zum Abnehmen neigt.

Mit ihrer endgültigen Entfernung aus der Feldspatoberfläche im stark sauren Gebiet verlieren die Al-haltigen Ionenarten auch ihren Einfluß auf das Vorzeichen des Zeta-Potentials, welches wie beim SiO_2 nur noch durch die Wechselwirkung von $(H_3O)^+$-Ionen mit Silanolgruppen bestimmt wird.

Im Bereich zwischen pH 9 bis pH 12 ist bei den Feldspäten gegenüber SiO_2 ein geringfügig veränderter Verlauf der pH-Zeta-Potential-Kurven festzustellen, der vielleicht auf die Bildung negativ geladener Gruppen von $[(-O-)_3Al-OH]^-$ zurückzuführen ist.

Da reiner Bytownit und Anorthit bisher nur in sehr kleiner Menge zur Verfügung stand, konnte noch nicht nachgeprüft werden, ob, wie es zu erwarten ist, der kleine pH-Bereich positiven Zeta-Potentials bei den basischen Plagioklasen zu deren Flotation mit anionaktiven Sammlern und damit zu ihrer Abtrennung von den Alkalifeldspäten ausgenützt werden kann.

Von großer Bedeutung sowohl für technische Flotationen als auch für den hier angestrebten Zweck ist die Möglichkeit, auch noch kleine Mengen von Feldspäten von überwiegendem Quarz (oder anderen SiO_2-Modifikationen) mit Hilfe von Alkylaminiumsalzen in *flußsaurer* Trübe zu trennen; es sei gleich bemerkt, daß das Umgekehrte, nämlich die flotative Trennung *kleiner* Mengen von Quarz von den Feldspäten, leider *nicht* möglich ist. Der Reaktionsmechanismus dieser Trennung war wiederholt Gegenstand von Untersuchungen, so außer den bereits auf S. 163 genannten von SMITH [346], SCHUBERT und ABIDO [369] und KRIVELEVA [222], die zu unterschiedlichen Deutungen geführt haben. Unter Berücksichtigung der auf Grund eigener ZP-Messungen entwickelten Vorstellung über die Reaktionen auf Feldspatoberflächen im sauren pH-Gebiet und in weitgehender Übernahme der von SCHUBERT und ABIDO vertretenen Auffassung erscheinen bei der Aktivierung von Feldspäten mit *Flußsäure* folgende Vorgänge als die wahrscheinlichsten:

Bei steigender Zugabe von Flußsäure und entsprechender Abnahme des pH-Wertes nimmt zunächst die Konzentration der F^--Ionen und erst bei pH-Werten unter 2 diejenige der HF_2^--Ionen zu. Die Silanolgruppen werden bei pH 3 *unbeständig* und gehen in Lösung, bei nicht zu stark saurer Trübe nach

$$(\equiv Si-O-)_3Si-OH + 6\,F^- + 4\,(H_3O)^+ = SiF_6^{2-} + 3\,(\equiv Si-OH) + 5\,H_2O$$

in stärker saurer Trübe nach

$$(\equiv Si-O-)_3Si-OH + 3\,HF_2^- + (H_3O)^+ = SiF_6^{2-} + 3\,(\equiv Si-OH) + 2\,H_2O$$

in sehr stark saurer Lösung, im Bereich positiven Zeta-Potentials

$$(\equiv Si-O-)_3Si(OH_2)^+ + 3\,HF_2^- = SiF_6^{2-} + 3\,(\equiv Si-OH) + H_2O$$

Die Al-Plätze in der Feldspatoberfläche reagieren ebenfalls mit Fluorid-Ionen; dabei erscheint aber wesentlich, worauf SCHUBERT und ABIDO nicht achteten, daß die *tetraedrische* Koordination des *Aluminiums* durch die Anlagerung von Fluorid-Ionen *nicht geändert* wird. Die Reaktion verläuft bei pH-Werten *über* 3 vermutlich nach

$$[(-O-)_3Al-O]^{2-} + F^- + 2\,(H_3O)^+ = [(-O-)_3Al-F]^- + 3\,H_2O$$

bei pH-Werten *unter* 3 nach

$$(-O-)_3Al + F^- \rightleftharpoons [(-O-)_3Al-F]^-$$

im stark sauren pH-Gebiet vielleicht auch nach

$$(-O-\underset{\underset{O}{|}}{\overset{\overset{O}{|}}{Si}}-O-)_3Al + 5\,HF_2^- + 3\,(H_3O)^+ = (-O-\underset{\underset{O}{|}}{\overset{\overset{O}{|}}{Si}}-O-)_2Al \begin{cases} F_2^- \\ F_2^- \end{cases}$$

$$+ SiF_6^{2-} + 7\,H_2O.$$

Durch die Bildung von $[(-O-)_3Al-F]^-$- und $[(-O-)_2Al(F_2)_2]^{2-}$-Gruppen erhält die Feldspatoberfläche *im Gegensatz* zur Quarzoberfläche *auch noch* im stark *sauren* pH-Gebiet ein *negatives* Zeta-Potential und ist *dadurch* befähigt, Alkyl-ammonium-Kationen anzulagern, etwa nach

$$(-O-)_2Al \begin{cases} F_2^- \\ F_2^- \end{cases} + \begin{array}{l}[H_3N-R]^+ \\ [H_3N-R]^+\end{array} \qquad (-O-)_2Al \begin{cases} F_2\cdots H\cdots NH_2-R \\ F_2\cdots H\cdots NH_2-R \end{cases}$$

d. h., wie es auch SCHUBERT und ABIDO für möglich erachten, über Wasserstoff-brücken.

Einen gewissen, wenn auch wegen der andersartigen Koordination nicht ganz schlüssigen Hinweis für die Wahrscheinlichkeit der dargestellten Reaktionen gibt das Verhalten des *Kryoliths*, das in Abb. 38 bereits gezeigt wurde: Seine Ober-fläche, an der AlF_6^{3-}-Gruppen vorliegen, besitzt bis etwa pH 1,2 negatives Zeta-Potential.

Die Art der Kationen (K^+, Na^+, Ca^{2+}, Ba^{2+}) in den Strukturen der Feldspäte spielt für deren Flotierbarkeit bzw. Trennung vom Quarz *keine* Rolle, dagegen zeigen Flotversuche, daß Al^{3+}-Ionen in höheren Konzentrationen die Anlagerung der Alkylaminium-Ionen stören oder sogar verhindern können. Dies äußert sich auch darin, daß die Plagioklase (etwa ab Andesin) bei zu hohen Säurekonzentra-tionen merklich schlechter flotieren.

Ob und wie sich unterschiedliche Al/Si-Verteilung in den Feldspäten auf ihre Flotierbarkeit auswirkt, ist noch nicht untersucht worden. Angesichts der zahl-reichen anderen Einflußfaktoren ist nicht zu erwarten, daß signifikante oder gar für Trennungen ausnutzbare Unterschiede auftreten werden. Dagegen ist anzunehmen, daß durch Serizitisierung, Kaolinisierung oder Saussuritisierung die Flotierbarkeit *ungünstig* beeinflußt wird.

Nach bisheriger Kenntnis tritt eine Aktivierung durch Fluorid-Ionen im stark sauren pH-Gebiet nur noch beim *Beryll* auf. Neuere Untersuchungen hierzu liegen unter anderen vor von FUERSTENAU, RICE, SOMASUNDARAN und FUERSTENAU [129], SULIIN und SMITH [355], NUTT und KEMP [275], NUTT und BROMLEY [274], PECK und WADSWORTH [292]. Mit F^--Ionen aktivierter Beryll kann aus dem Feldspatkonzentrat durch Alkylsulfonate oder -Sulfate in schwefelsaurer Trübe erst flotiert werden, nachdem zuvor das anhaftende Amin *vollständig*, z. B. durch eine Behandlung mit Chlorkalk als Oxydationsmittel, entfernt wurde.

Bei der praktischen Durchführung der flotativen Abtrennung von Feldspäten sind nachfolgende Punkte zu beachten, auf die zum Teil auch von VAN DER PLAS [394] und HERBER [172] hingewiesen wird:

Die Abtrennung bzw. Gewinnung kleiner Mengen von Feldspäten durch Flotation mit Alkylammoniumsalzen in flußsaurer Trübe ist bei folgenden, auch überwiegenden Mineralen möglich: Quarz, Gesteinsgläser, Nephelin, Amphibole, Pyroxene, Olivin, Almandin, Cordierit, Skapolithe, Hämatit. Größere Mengen dunkler Gemengteile sollten allerdings vorher mit dem Magnetscheider abgetrennt werden.

Muskovit, Biotit, Lepidolith, Chlorite stören die Trennung, weil sie, wenigstens teilweise, zusammen mit den Feldspäten aufschwimmen; sie müssen deshalb *vorher* mit dem Magnetscheider, durch Flotation (mit kurzkettigen Aminen) oder durch Ausnützung ihrer elektrostatischen Aufladung abgetrennt werden.

Da Feldspatkörner bis zu 360 µm Durchmesser noch bis über 95% ausschwimmen, ist es möglich, *Einsprenglings*-Fraktionen zu gewinnen, *wenn* die Grundmasse *arm* an Feldspäten ist. Nach GENTNER und KLEY [138] darf bei Alkalifeldspäten, die zur Altersbestimmung nach der K/Ar-Methode verwendet werden sollen, die Korngröße 100 µm *nicht* unterschreiten. Möglichst *enge* Klassierung ist vorteilhaft.

Die Probemenge sollte, wenn mit Laborflotzellen gearbeitet wird, so gewählt werden, daß das zu erwartende Feldspatkonzentrat mindestens 2 bis 5 g, am besten aber 10 bis 50 g beträgt.

Bei allen Arbeiten mit Flußsäure ist größte Vorsicht geboten; insbesondere sollte man beim Belüften der Trübe Flußsäure-Nebel nicht einatmen und Flußsäure-Lösungen nicht in die Augen, auf die Haut oder unter die Fingernägel bringen, wo sie äußerst schmerzhafte und schlecht heilende Wunden erzeugen. Zweckmäßigerweise bereitet man sich aus der handelsüblichen 40- oder 48%igen Flußsäure *zur Analyse größere* Mengen einer einfacher zu handhabenden 2%igen *und* 0,2%igen Flußsäure-Lösung, die bequem in Plastikmeßbechern abgemessen werden kann.

Die Probe ist *stets zuerst mit Flußsäure* bei pH 1,8 bis etwa pH 2,7 während 5 Minuten zu konditionieren, bevor der Sammler zugegeben wird. Sollen nur Alkalifeldspäte gewonnen werden, ist eine Zugabe von Überchlor- oder Schwefelsäure oft vorteilhaft; bei Plagioklasen sollte der pH-Wert möglichst hoch gewählt werden.

Als Sammler sind, wie auch aus der Dissertation von TRÖNDLE [391] hervorgeht, *geradkettige* Alkylamine (,,Fettamine'') mit 12 C-Atomen am wirksamsten. Bei den eigenen Versuchen erwies sich das ,,Dehymin DK'' der Fa. Dehydag GmbH./ Düsseldorf als besonders vorteilhaft. Noch bei einer (optimalen) Konzentration von nur 1,1 mg/l konnten damit 40 g Kalifeldspat aus 1800 ml Trübe zu mehr als 98% ausgeschwommen werden. Konditionierzeiten von 2 bis höchstens 4 Minuten sind völlig ausreichend; längeres Konditionieren verschlechtert oft den Trenneffekt. Nach aller Erfahrung verlaufen Feldspat-Quarz-Trennungen um so besser, je geringer der Amin-Überschuß ist. Die „Feinstanteile" müssen ganz besonders sorgfältig und vollständig entfernt werden, da sie auch in kleinen Mengen die Trennung sehr verschlechtern. Die Amine werden nicht als solche, sondern in Form ihrer Azetate oder Chloride zugegeben (am besten als 0,1%ige gut dosierbare Lösungen).

Da bei Feldspatflotationen im allgemeinen Neigung zur Bildung reich beladener und deshalb starrer und schlecht abstreifbarer Schäume besteht, ist die Verwendung eines *geeigneten* Schäumers wichtig. Am besten bewährt haben sich hierbei wasserlösliche Schäumer, vor allem „Flotanol-F" der Farbwerke Hoechst AG., „Aerofroth-65" der Cyanamid Co. und „Dowfroth-250" der Dow Chemical Co. Ein Zusatz von „F-286" ist unnötig.

Bei der stets erforderlichen *mehrfachen* Flotation ist es notwendig, wieder mit neuer Flußsäure-Lösung zu konditionieren. Es ist auch sehr empfehlenswert, *nicht* mit reinem Wasser, sondern bis zur Beendigung aller Arbeiten die Konzentrate *nur* mit Flußsäure-Lösung von pH 2 bis 2,5 auszuwaschen, weil sonst überschüssiges Amin sofort an den noch im Konzentrat enthaltenen Quarz- oder Begleitmineral-Körnern haftet und auch durch Flußsäure nicht mehr vollständig verdrängt wird.

Die hydrophobierenden Ammoniumgruppen können von den Konzentraten mit Hilfe von viel Wasser oder mit heißem, mit etwas $HClO_4$ angesäuertem Wasser überraschend leicht abgewaschen werden. Dies trifft auf das adsorbierte Fluorid *nicht* zu. Bei vielen Untersuchungen der Feldspatfraktionen stören die Fluorgehalte nicht, bei manchen wissenschaftlichen oder technologischen Untersuchungen könnte dies sehr wohl der Fall sein. Es liegen noch keine Versuche über das Ausmaß und die Entfernung dieser Verunreinigung vor.

6.5.3. Glimmer

Biotit, Muskovit, Phengit, Phlogopit, Paragonit, Lepidolith, Zinnwaldit

Von den Glimmern ist insbesondere *Biotit* in mehrfacher Hinsicht von großem geochemischen und petrologischen Interesse. Er ist zu etwa 4% am Aufbau der Erdkruste beteiligt; seine Zusammensetzung hängt auch von den vielfältigen Möglichkeiten seiner Entstehung aus anderen Mineralen ab und gestattet Hinweise oder Schlüsse auf Ausgangsstoffe, Temperatur- und Druckbedingungen. Biotit ist ein ausgesprochener „*Sammler*" (und unter veränderten Bedingungen vermutlich „*Lieferant*") von Spurenelementen und gleichzeitig ein bevorzugter Träger von akzessorischen Gemengteilen in Form orientierter oder regelloser Einschlüsse; schließlich kann er wie Muskovit zur Altersbestimmung nach der K — Ar-Methode verwendet werden [416]. Über Altersbestimmungen an Lepidolith nach der Rb/Sr-Methode unterrichten HINTENBERGER [179] und HERZOG [177].

Glimmer finden sich in ihren Paragenesen meist in Form blätteriger Aggregate und liegen im zerkleinerten Material überwiegend in Form allseits freigelegter

Blättchen mit frischen, reaktionsfähigen Oberflächen vor. Glimmerblättchen über 1 mm $\varnothing$ lassen sich durch ihre elektrostatische Aufladung beim Reiben anreichern, indem sie an geriebenen, gegensinnig aufgeladenen Kunststoffflächen haften bleiben, wenn die Probe beim vorsichtigen Neigen der Fläche über diese gleitet. Derselbe Effekt kann aber auch die Abtrennung im Magnetscheider stören. Zu Altersbestimmungen nach der K/Ar-Methode sind nach GERLING, MOROZOVA und KURBATOV [139] nur geschnittene Stückchen von mindestens 1 mm Kantenlänge brauchbar und verlieren Muskovite beim Mörsern bis zu 30% ihres Argons.

Glimmer gehören zu den Mineralen, für deren Abtrennung aus Gesteinen die Flotation besonders vorteilhaft ist. Entgegen einer manchmal anzutreffenden Meinung sind keineswegs alle Blattsilikate und speziell nicht die Glimmer natürlich hydrophob; dies trifft nur auf Talk und Pyrophyllit zu. Wie umständlich und langwierig die üblichen Trennverfahren zur Gewinnung reiner Glimmer-(Biotit-) Fraktionen sind, geht z. B. aus den Arbeiten von WENK, SCHWANDER, HUNZIKER und STERN [405] und von STERN [380] hervor, die aus 2 bis 30 (!) kg Ausgangsmaterial noch nicht in allen Fällen 3 *Gramm* reinen Biotit erhalten konnten. Es sei allerdings darauf hingewiesen, daß bei der technischen Glimmerflotation angewandte Verfahren, z. B. dasjenige von BROWNING und ADAIR [43], bei geochemischen Untersuchungen nicht immer praktikabel sind.

Die Schwimmfreudigkeit der Glimmer bedingt, daß sie bei sehr vielen flotativen Trennungen *stören*, so daß die Flotation der betreffenden anderen Minerale überhaupt nur möglich und sinnvoll ist, wenn die Glimmer *vorher abgetrennt* werden. Wie bereits mehrfach begründet wurde, muß eine solche vorhergehende Trennung im neutralen oder alkalischen pH-Bereich erfolgen.

Bei den Glimmern im engeren Sinne ist je eines von 4 Silicium-Atomen in den Tetraederschichten ihrer Strukturen durch 1 Aluminium-Atom ersetzt, so daß eine positive Ladung fehlt; diese wird durch ein Alkali-(K, Na) oder Erdalkali-(Ca,Ba)-Ion ersetzt.

Bei der Trennung von Glimmerblättchen *parallel* zur Spaltfläche kann im Mittel nur jeweils die Hälfte dieser Kationen auf jeder der entstehenden beiden neuen Spaltflächen bleiben; diese erhalten dadurch zwangsläufig eine *negative* Ladung. Aus der Abb. 68 geht hervor, daß Glimmer in einem großen pH-Gebiet stark negatives Zeta-Potential aufweisen. Die Trennflächen *senkrecht* zur Spaltfläche sind, wie aus Aufnahmen mit dem Rasterelektronenmikroskop Stereoscan hervorgeht, keineswegs glatt, sondern besitzen ein beträchtliches Relief. Im Gegensatz zu den Spaltflächen werden hier auch $-\mathrm{Si}-\mathrm{O}-\mathrm{Si}$-Bindungen getrennt, außerdem können Wasser und Ionen aller Art mit den Ionen der Oktaederschichten (Al, Mg, Fe^{2+}, Fe^{3+}, Li) reagieren. Das Reaktionsvermögen, die Ladung und das ZP von zerkleinertem Glimmer wird somit auch davon abhängen, welchen Anteil die Seiten- bzw. Spalt-Flächen an der Gesamtoberfläche der Blättchen besitzen. Man darf annehmen, daß das Verhältnis

$$\frac{\text{Seitenflächen-Anteil}}{\text{Gesamtoberfläche eines Blättchens}}$$

in den verschiedenen Stadien der Zerkleinerung *nicht* konstant bleibt, sondern mit zunehmender mechanischer Zerkleinerung *zunimmt*.

Abb. 68 zeigt, daß im sauren pH-Gebiet die pH-Zeta-Potential-Kurve des di-oktaedrischen Muskovits sich deutlich von den entsprechenden Kurven der tri-oktaedrischen Minerale Zinnwaldit und Lepidolith unterscheidet. Da die Tetraederschichten der beteiligten Minerale im wesentlichen gleichartig sind, würde dies auf ein unterschiedliches Reaktionsverhalten der $Al_2(OH)_2O_4$- bzw. $(Mg, Fe^{2+})_3$-$(OH)_2O_4$- oder $(Al, Li)_3(OH)_2O_4$-Gruppen in den Seitenflächen der di-

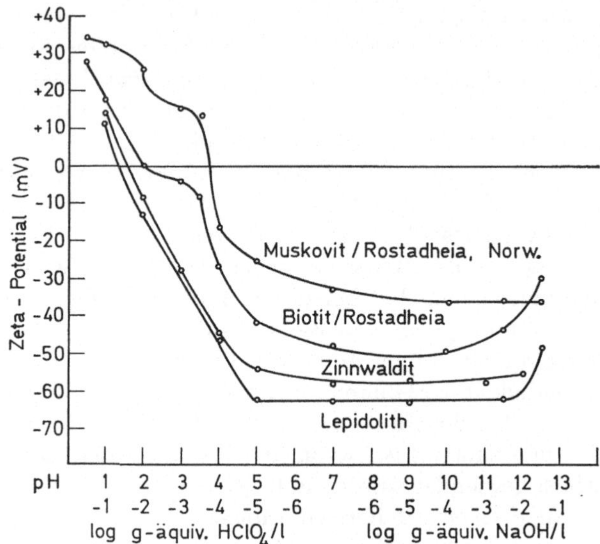

Abb. 68. Zeta-Potentiale von *Muskovit, Biotit, Zinnwaldit* und *Lepidolith* in Abhängigkeit von der $HClO_4$- bzw. NaOH-Konzentration

bzw. trioktaedrischen Glimmer hinweisen; ein solches wird auch bereits durch die unterschiedliche Angreifbarkeit (Zersetzung) der betreffenden Minerale durch konzentrierte Säuren nahegelegt. Allgemeine und endgültige Aussagen über das Reaktionsvermögen müssen jedoch späteren Untersuchungen an kristallchemisch definierten Glimmern vorbehalten bleiben.

Im Bereich ihrer negativen Zeta-Potentiale sind die Glimmer mit kationaktiven Sammlern flotierbar; bei langkettigen Alkylaminen und quaternären Ammoniumsalzen genügt häufig schon weniger als 1 mg/l zu praktisch vollständiger Flotation.

Bemerkenswert ist nun, daß *im Gegensatz* zum Quarz, zu den Feldspäten und allen anderen gesteinsbildenden Silikaten die Glimmer im engeren Sinne *auch bereits* durch *kurzkettige* Alkylamine hydrophobiert werden *und* daß diese Hydrophobierung bzw. Flotation *nur* durch die Lösungen der *freien* Amine, *nicht* deren Salze bewirkt wird. Aus den Untersuchungen von WEISS, MEHLER und HOFMANN [404] ist bekannt, daß bei den Glimmern ein *Austausch* von Kalium- gegen Alkylammonium-Kationen erfolgt. Zwar ist die Einlagerung der Alkylammonium-Ionen *in* die Glimmerschichten ein sehr langsam verlaufender Diffusionsvorgang, zweifellos geht aber der Ersatz des Kaliums *auf* den Glimmer-Oberflächen (Spaltflächen) sehr rasch vor sich. Bei den langkettigen kationaktiven Sammlern wird die

Ausbildung genügend großer hydrophobierender Bereiche auf der Glimmeroberfläche im wesentlichen durch die *starke Assoziation* von Kohlenwasserstoff-Ketten
hervorgerufen; bei den kurzkettigen Aminen tritt der Einfluß der Assoziation
jedoch sehr zurück oder macht sich erst bei ungewöhnlich hohen Konzentrationen
bemerkbar.

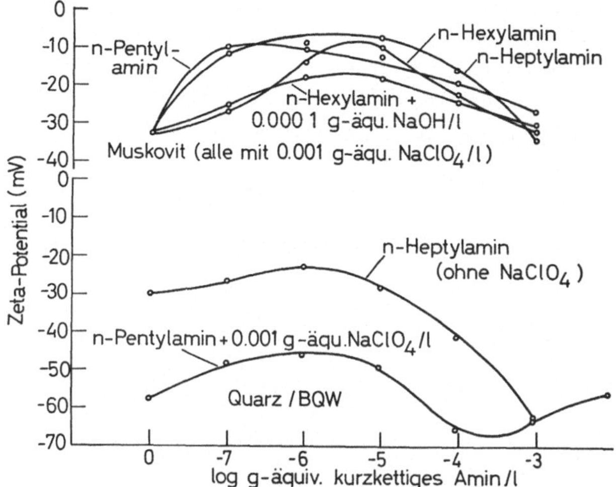

Abb. 69. Zeta-Potentiale von Muskovit/Rostadheia und Quarz/BQW in Abhängigkeit von den
Konzentrationen an kurzkettigen Alkylaminen

Ich halte deshalb folgenden zusätzlichen Reaktionsmechanismus für wahrscheinlich, der auch erklärt, warum die *basische* Reaktion der Lösungen der *freien*
Amine eine so wichtige Rolle spielt:

1. Das freie Amin dissoziiert in Wasser zu Ammonium-Kationen und Oxhydryl-
Ionen (die Werte für die Dissoziationskonstanten liegen bei den kurzkettigen
Alkylaminen recht einheitlich bei etwa 10^{-5})

$$R - NH_2 + H_2O \rightleftharpoons [R - NH_3]^+ + HO^-$$

2. Die Oxhydrylionen *spalten* — in zunächst nur geringem Ausmaß — Siloxan-
Bindungen der Tetraederschichten nach

$$\equiv Si - O - Si \equiv + HO^- \rightarrow \equiv Si - O^- + HO - Si \equiv$$

und erzeugen dadurch *wie* beim Quarz sowohl nach

$$\equiv Si - OH + HO^- \rightleftharpoons \equiv Si - O^- + H_2O$$

$\equiv Si - O^-$-Gruppen, die mit den Alkylammonium-Ionen reagieren können, als auch
durch Abspaltung von Silikat-Anionen — schematisch — nach

$$\begin{array}{l} -O \\ -O \\ -O \end{array} \!\!\!\!\!\Big\rangle Si - O^- + 3\,HO^- \rightarrow \begin{array}{l} -OH \\ -OH \\ -OH \end{array} + SiO_4{}^{4-}$$

stark vermehrt $\equiv Si - OH$-Gruppen. Diese Reaktion verläuft optimal nur im
Bereich von etwa pH 9 bis pH 11; im neutralen oder gar im sauren pH-Gebiet
erfolgt *keine* Hydrophobierung durch kurzkettige Alkylamine!

3. Sowohl die $\equiv$ Si $-$ O$^-$- als auch die $\equiv$ Si $-$ OH-Gruppen reagieren zu *identischen* Reaktionsprodukten

$$\equiv \text{Si} - \text{O}^- + [\text{R} - \text{NH}_3]^+ \rightleftharpoons\ \equiv \text{Si} - \text{O} \cdots \text{H} \cdots \text{NH}_2 - \text{R}$$
$$\equiv \text{Si} - \text{OH} + \text{R} - \text{NH}_2 \rightleftharpoons\ \equiv \text{Si} - \text{O} \cdots \text{H} \cdots \text{NH}_2 - \text{R}$$

Da hierbei *ungeladene* Reaktionsprodukte entstehen, muß das negative Zeta-Potential der Glimmer *abnehmen*. Abb. 69 zeigt, daß dies tatsächlich und auch schon bei recht geringen Aminkonzentrationen der Fall ist. (Bei sehr hohen Aminkonzentrationen nimmt das Zeta-Potential infolge der reichlichen Bildung von noch an der Oberfläche haftenden Silikat-Anionen und der Adsorption von HO$^-$-Ionen wieder zu.)

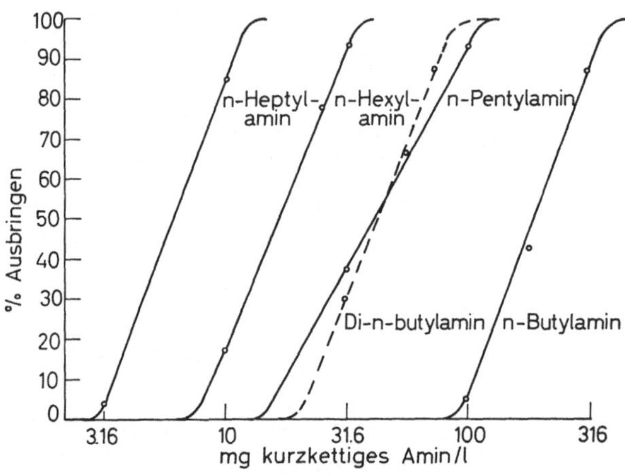

Abb. 70. Ausbringen von *Biotit*/Rostadheia, Korngröße 63—113 µm, in Abhängigkeit von der Konzentration an kurzkettigem Alkylamin. Trübedichte 1:180. Schäumer: Dowfroth-250, 10 mg/l

Durch die genannten Reaktionen werden also *zusätzlich* zu den eingetauschten, auf den „Kalium-Plätzen" befestigten Alkylammonium-Ionen weitere Amin-Moleküle (über Wasserstoffbrücken) an SiO$_4$-Tetraedern der Glimmeroberfläche befestigt, und erst dieser „Filz" von Kohlenwasserstoff-Ketten ermöglicht und begünstigt eine Assoziation, welche eine wesentliche Voraussetzung der Hydrophobierung ist. Aus Abb. 70 ist zu ersehen, daß und wie die zur Flotation notwendige Amin-Konzentration von der Länge der Kohlenwasserstoff-Ketten abhängt.

Es bleibt nun noch zu erklären, warum diese an sich nur auf das Vorhandensein von $\equiv$ Si $-$ O $-$ Si $\equiv$-, $\equiv$ Si $-$ OH- und $\equiv$ Si $-$ O$^-$-Gruppen in der Mineraloberfläche beschränkten Reaktionen nicht auch regelmäßig beim Quarz, den Feldspäten, Chloriten und anderen Silikaten stattfinden. Eigene Versuche haben gezeigt, daß die genannten Minerale *nur* — aber dann ganz ausgezeichnet! — mit kurzkettigen Aminen flotierbar sind, also in gleicher Weise wie die Glimmer reagieren, wenn starke *Komplexbildner*, z. B. Polyphosphate [57, 31, 150] und insbesondere Diäthylentriaminpentaessigsäure (DTPE), zugegeben werden. Offenbar sind also beim Quarz und anderen Silikaten die reaktionsfähigsten Stellen der Oberfläche normalerweise durch Spuren von mehrwertigen Kationen vergiftet, *inaktiviert. Erst* wenn diese Blockierung durch starke Komplexbildner aufgehoben wird, verlaufen auch beim Quarz, den Feldspäten und anderen Silikaten die Reaktionen ebenso wie bei den Glimmern, und zwar wie bei diesen auch *nur* im basischen pH-Bereich bzw. bei Gegenwart der freien Amine. Anscheinend sind die Glimmeroberflächen blockierenden mehrwertigen Kationen gegenüber reaktionsträger. Die Beobachtung zeigt, wie empfindlich Mineraloberflächen reagieren können und wie sehr Schlüsse über das Verhalten von Mineralen bei der Flotation durch winzige Beimengungen verfälscht werden können. Nicht nur alle Quarze bei zahlreichen Flotversuchen an Gesteinen erwiesen sich bisher als durch kurzkettige Amine nicht flotierbar, solange keine Komplexbildner zugegeben wurden, sondern auch die reinsten technischen Quarzsorten wie der Quarz/BQW, der nur 0,001% Eisen enthält.

Für die Durchführung von Flotationen ergibt sich aus diesem Sachverhalt folgendes:

a) Wenn Glimmer durch eine Flotation mit kurzkettigen Alkylaminen von überwiegenden anderen Silikaten oder Quarz abgetrennt werden sollen, darf die Probe vorher unter keinen Umständen mit den genannten oder ähnlichen Komplexbildnern behandelt werden. (Auch Reinigungsmittel wie Pril oder ähnliche enthalten Polyphosphate!)

b) Bei der flotativen Trennung kleiner Anteile von Glimmern (oder anderen Silikaten) von überwiegenden karbonatischen oder oxidischen Mineralen mit Hilfe kurzkettiger Amine kann ihre vorherige Aktivierung mit Natriumhexametaphosphat oder DTPE sehr nützlich sein; ersteres muß übrigens stets *frisch* angesetzt werden, da seine Lösungen sich bereits im Laufe eines Tages verändern.

Als geeignetstes Alkylamin für die Glimmerflotation hat sich *n-Pentylamin* erwiesen; bei n-Butylamin und auch bei t-Butylamin sind zu große Sammlerzugaben erforderlich, mit n-Hexylamin kann bei längerer Einwirkdauer auch bereits etwas Quarz flotieren. Cyclische Amine, wie Cyclopentylamin, m-Toluidin, Hexahydro-m-toluidin oder Pyridin, sind zur Glimmerflotation ungeeignet. Bei Zugabe von DTPE lassen sich Glimmer und Quarz sogar noch, wenn auch nicht vollständig, durch n-Propylamin flotieren. Da die Schäumkraft des n-Pentylamins zur Erzeugung eines guten Schaumes nicht ausreicht, muß ein wasserlöslicher Schäumer zugegeben werden. Wenn mehr als etwa 1% Glimmer in der Probe enthalten ist, z. B. bei Gneisen oder Anatexiten, ist es vorteilhaft, zunächst gerade so viel n-Pentylamin (als 1%ige Lösung) zuzugeben, daß ein gewinnbarer Schaum entsteht und dann portionsweise Amin-Lösung und gelegentlich auch etwas Schäumer. Derartige Flotationen verlaufen zwar lange, führen aber zu reineren Konzentraten. Die Nachflotationen verlaufen wesentlich kürzer, aber auch bei ihnen sollte die Amin-Lösung portionsweise und nicht im Überschuß zugegeben werden.

Die hydrophobierende Wirkung des n-Pentylamins ist, verglichen mit derjenigen langkettiger Alkylamine, recht gering, deshalb liegt (für mehr als 90%iges Ausbringen) die maximal flotierbare Korngröße bei ersterem nur bei etwa 300 µm, während mit letzteren noch Blättchen mit mehr als 1 mm ∅ gut flotierbar sind, soferne die Art der Begleitminerale die Verwendung eines langkettigen Amins überhaupt gestattet. Die Frage, ob sich mit Hilfe freier kurzkettiger Amine Glimmer auch noch bei Korngrößen, die wesentlich *unter* 63 µm liegen, von den begleitenden ebenso feinkörnigen Silikaten trennen lassen, wird Gegenstand weiterer Versuche sein. Die flotative Trennung der Glimmer von den sie oft begleitenden, hinsichtlich der Dichte und den magnetischen Eigenschaften sehr ähnlichen und deshalb nach anderen Methoden meist *nicht* abtrennbaren Mineralen der Chloritgruppe ist bei Korngrößen über 63 µm in vielen Fällen möglich (Ausnahmen sind z. B. Biotit-Chlorit-Verwachsungen); auch hier müssen die Trennmöglichkeiten im Feinstkornbereich noch untersucht werden.

Da Sulfide wie Kupferkies, Zinkblende, Bleiglanz (aber nicht Pyrit) mit kurzkettigen Alkylaminen ebenfalls aufschwimmen, würden sie zu einem mehr oder weniger großen Anteil in das Glimmerkonzentrat gelangen; sie müßten deshalb, falls sie von Interesse sind oder im Glimmerkonzentrat stören, *vor* den Glimmern mit Sulfhydrylsammlern ausgeschwommen werden, deren Konzentrate im allgemeinen nicht merklich durch Glimmer verunreinigt werden. Bestimmte Sulfhydrylsammler *verbessern* die Flotation von Glimmern mit kurzkettigen Alkylaminen; nach [9] ist dies insbesondere durch „Aerofloat-25" möglich. Bei eigenen Versuchen wurde beobachtet, daß die Biotitkonzentrate bei Verwendung von Aerofloat-25 (1 kleiner Tropfen auf 1800 ml, 5 Minuten *nach* dem Amin zugegeben) reiner waren und auch das Ausbringen höher lag; nachteilig ist der unangenehme anhaftende Geruch des Reagens.

Infolge ihres stark negativen Zeta-Potentials sollten Glimmer mit anionaktiven Sammlern nicht reagieren bzw. flotieren; trotzdem sind die Schäume bei Fettsäure- oder Sulfonat-Flotationen anderer Minerale (Eisenoxide, eisenhaltige Silikate) bei Gegenwart von etwa 1 bis 3% Biotit oft merklich durch diesen verunreinigt. Im stark alkalischen *und* im stärker sauren pH-Bereich (im Gebiet positiver oder niedriger negativer Zeta-Potentiale bei den Glimmern) flotiert Biotit, aber auch Muskovit reichlich, wenn auch im allgemeinen *nicht* vollständig, mit Alkylsulfonaten, z. B. mit „Aero-Promoter 801 oder 825". Diese sehr unangenehme Störung läßt sich im allgemeinen nur durch die empfohlene vorherige Flotation der Glimmer mit n-Pentylamin vermeiden. Dagegen werden Flotationen mit Alkylphosphaten, z. B. mit „IOP", nach den bisherigen Beobachtungen nicht durch aufschwimmenden Biotit gestört.

Obwohl Pentyl- oder Hexylamin keineswegs kräftig hydrophobiert und in Wasser gut löslich ist, müssen die Amine aus Rückständen oder Konzentraten, wenn diese erneut und mit *anderen* Sammlern flotiert werden sollen, *sehr gründlich* entfernt werden; sie könnten sonst ganz unerwartete Aktivierungen bewirken [233, 371].

Die pH-Zeta-Potential-Kurven der Glimmer in Abb. 68 lassen erwarten, daß sich diese im stark sauren Gebiet ähnlich wie die Feldspäte verhalten. Tatsächlich schwimmt bei der Flotation der letzteren mit langkettigen Aminen in flußsaurer Trübe insbesondere *Biotit* stets mit auf. *Reine* Feldspatkonzentrate lassen sich deshalb nur erhalten, wenn die Glimmer vorher (mit n-Pentylamin) möglichst vollständig abflotiert wurden. Bei manchen Paragenesen (nicht immer!) ist es möglich, einen relativ kleinen pH-Bereich im sauren Gebiet, in dem die Feldspäte (in schwefelsaurer Trübe) nicht mehr oder nur noch schlecht mit langkettigen Aminen flotieren, für die Flotation der Glimmer mit — sehr kleinen Mengen der letzteren — auszunützen.

Ob sich die Unterschiede im Vorzeichen des Zeta-Potentials bei etwa pH 3 bis pH 1 zwischen Muskovit und den Lithiumglimmern für eine Trennung dieser Minerale (die z. B. in Pegmatiten gemeinsam vorkommen) bzw. eine selektive Flotation der Lithiumglimmer (z. B. aus Greisen) ausnützen lassen, wurde von mir noch nicht untersucht, es ist aber wahrscheinlich.

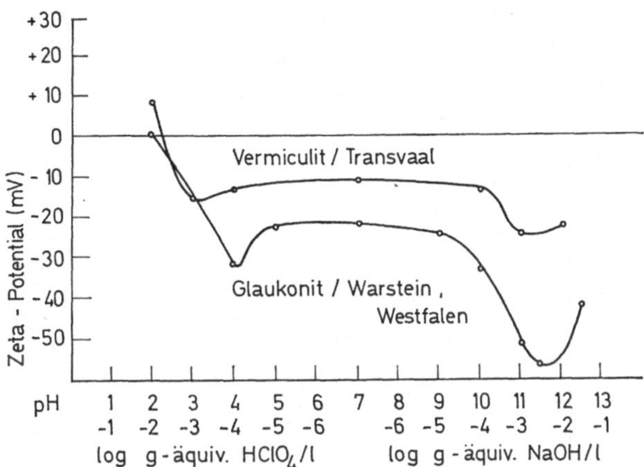

Abb. 71. Zeta-Potentiale von Vermiculit und Glaukonit in Abhängigkeit von der HClO$_4$- bzw. NaOH-Konzentration

In Abb. 71 sind die pH-Zeta-Potential-Kurven der Minerale Glaukonit und Vermiculit dargestellt. Es gelang nicht, Glaukonit zu flotieren. Auch bei großem Überschuß flotieren ihn weder kationaktive Sammler (mit denen er auf Grund seines überwiegenden negativen Zeta-Potentials flotierbar sein sollte) noch anionaktive Sammler (bei denen in Analogie zu ähnlichen eisenhaltigen Blattsilikaten Flotation zu erwarten war). Die Ursache für dieses sonderbare Verhalten liegt vermutlich darin, daß einerseits grobe Glaukonitsuspensionen beim Rühren durch Abrieb sehr rasch außerordentlich feinteilige Suspensionen oder, besser, Sole ergeben, deren enorme spezifische Oberflächen auch stark überschüssige Sammler binden, und Glaukonit andererseits ausgesprochene Ionenaustauscher-Eigenschaften besitzt, die eine Adsorption und Inaktivierung der Sammler noch begünstigen. Glaukonit kann im übrigen aus Sanden leicht mit dem Magnetscheider abgetrennt werden.

Vermiculit flotiert mit *kurzkettigen* Alkylaminen, die er nach JOHNS und SEN GUPTA [205] in starkem Maße eintauscht, *nicht*, wohl aber mit langkettigen.

6.5.4. Chlorite

Die Gewinnung reiner Mineralfraktionen von Chloriten aus Gesteinen ist in vielen Fällen noch ein ungelöstes Problem, obwohl ihre Zusammensetzung sicher Rückschlüsse auf den Stoffhaushalt und die Bildungsbedingungen der betreffenden Gesteinskörper erlaubt und ihre Synthese nicht allzu schwierig ist. Nur primäre Chlorite (in Ultrabasiten) und solche sekundären oder hydrothermalen Chlorite, die größere Körner oder schuppige Aggregate in Gesteinen bilden, besitzen eine die

Abtrennung nach den üblichen Verfahren und auch mittels Flotation ermöglichende Korngröße. Sehr häufig sind jedoch die Chlorite der Sedimente und Metamorphite in diesen sehr fein verteilt und innig verwachsen. Dies ist der Grund, warum für Versuchszwecke in ausreichenden Mengen und der erforderlichen Reinheit im allgemeinen nur spezielle Chlorite, nämlich solche, die als Füllmassen in „alpinen Klüften" auftreten, verfügbar sind. Die durchgeführten Untersuchungen betreffen deshalb zwar nur einen ganz kleinen Ausschnitt aus der Vielfalt der Chlorite, sie gestatten aber trotzdem, auch im Zusammenhang mit strukturellen Überlegungen, eine verallgemeinernde Aussage über deren Flotierbarkeit.

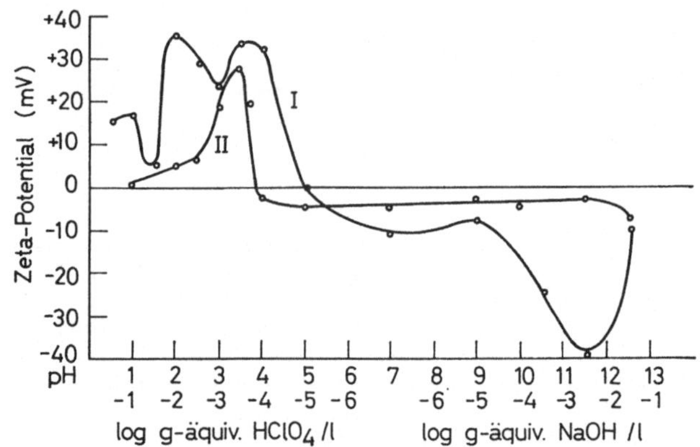

Abb. 72. Zeta-Potentiale von *Chloriten*: Fe-Rhipidolith/Sandbalmhöhe, Göschenen (I), und Klinochlor/Zillertal, Tirol (II), in Abhängigkeit von der $HClO_4$- bzw. NaOH-Konzentration

In Abb. 72 sind die Zeta-Potentiale eines Klinochlors, der den Hauptgemengteil eines Magnetit-Chlorit-Schiefers aus dem Zillertal darstellte, und eines Fe-Rhipidoliths aus der „alpinen Kluft" der Sandbalmhöhle bei Göschenen, Schweiz, in Abhängigkeit von den Konzentrationen an $HClO_4$ bzw. NaOH, dargestellt. Beiden Chloriten gemeinsam sind positive Zeta-Potentiale im stärker sauren und *niedrige* negative Zeta-Potentiale im schwach sauren bis schwach alkalischen pH-Bereich. Diese Form der Kurven legt die auch in Abb. 73 bestätigte Annahme dahe, daß eine Flotation mit anionaktiven Sammlern nicht nur im Bereich des positiven und diejenige mit kationaktiven Sammlern nicht nur im Bereich des negativen Zeta-Potentials möglich sein, sondern sich in beiden Fällen auf einen weiteren Bereich ausdehnen sollte.

Ein solches Verhalten ist aus der Struktur der Chlorite zu erwarten, die man sich als aus abwechselnden „Talk"- und „Brucit"-Schichten aufgebaut denken kann. Die „Talk"-Schichten weisen, wie die pH-Zeta-Potential-Kurve des Talkes in Abb. 16 zeigt, in einem weiten pH-Bereich stark negatives Zeta-Potential auf, die „Brucit"-Schichten dagegen, wie die Abb. 75 (beim Serpentin) zeigt, positives Zeta-Potential. Im sauren pH-Bereich wird wegen der teilweisen bis weitgehenden Entfernung oberflächlicher OH-Gruppen aus den „Brucit"-Schichten (sie reagieren mit Hydronium-Ionen zu Wasser) *und* der Adsorption freigesetzter mehrwertiger Kationen aus der „Brucit"-Schicht auf der „Talk"-Schicht eine „Selbst- Aktivierung" hervorgerufen, welche zum Überwiegen der positiven Ladungen führen; zu diesen tragen auch die Ränder (Seitenflächen) der Chloritblättchen bei. Da dreiwertige Kationen wesentlich fester und auch noch bei niedrigeren pH-Werten adsorbiert werden als zweiwertige Kationen, ferner ihre Neigung zur Ablösung geringer und ihr Beitrag zum positiven Zeta-Potential größer ist, hängt das endgültige Zeta-Potential der Chlorite im sauren pH-Gebiet von der Art und Verteilung der Kationen in der Struktur in einer im einzelnen wohl komplizierten Weise ab. Erst weitere Untersuchungen an analysierten, kristallchemisch definierten Chloriten werden erweisen können, ob die vorläufige Annahme, daß im sauren pH-Gebiet die beiden „Höcker" des Fe-Rhipidoliths jeweils die Beiträge

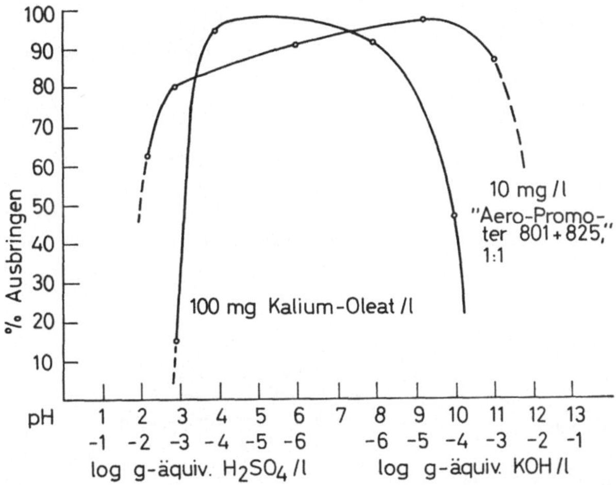

Abb. 73. Ausbringen von Klinochlor, Korngröße 63—113 µm, mit Kalium-Oleat und einem Alkyl-Sulfonat als Sammlern, in Abhängigkeit von der H_2SO_4- bzw. KOH-Konzentration. Trübedichte 1:180. Schäumer: Dowfroth-250, 5 mg/l

der Al^{3+}- und Fe^{2+}-Ionen und deren pH-abhängige Veränderungen repräsentieren und der einzelne „Höcker" des Klinochlors nur den Beitrag der Aluminium-Ionenarten zum Zeta-Potential wiedergibt, den Tatsachen entspricht.

Im alkalischen pH-Gebiet werden „alkaliresistente" Kationen wie Mg^{2+} (im Klinochlor) die Ausbildung stärker negativer Zeta-Potentiale verhindern, während vor allem das alkalilösliche Kation Al^{3+} und zu einem geringeren Maße Fe^{3+} eine gegenteilige Wirkung entfalten dürften.

Für die Flotation ergibt sich aus diesen Sachverhalten folgendes:

a) Das zwangsläufig ständige Vorhandensein sowohl negativer als auch positiver Ladungen bzw. Gitterbereiche auf den Chloritoberflächen fast über die gesamte pH-Skala bedingt, daß es für eine *selektive* Flotation der Chlorite weder spezielle Sammler noch pH-Gebiete gibt.

b) Da Chlorite, von wichtigen, aber selteneren Ausnahmen abgesehen, überwiegend *Eisen*-Minerale sind, *stören* sie häufig die Gewinnung reiner Fraktionen von diesen. Nur in einigen Fällen lassen sich die Störungen durch Flotation der betreffenden anderen Eisenminerale im ganz stark sauren pH-Gebiet (in schwefelsaurer Trübe) mit Alkyl-Sulfonaten oder -Phosphaten umgehen, weil dann das

positive Zeta-Potential der Chlorite, vermutlich infolge ihrer Zersetzung durch
Säure, stark genug abnimmt. In anderen Fällen mag die Flotation der Chlorite mit
sehr kleinen Mengen langkettiger Alkylamine in überchlorsaurer Trübe bei etwa
pH 3 oder, vorteilhafter, mit Alkylsulfonaten bei pH 7 bis 9 zum Erfolg führen.

c) Ist dagegen ein Chlorit als *einziges* Eisenmineral und sind keine säureempfindlichen Minerale vorhanden, so bereitet auch noch bei Korngrößen *unter* 63 μm
seine Abtrennung mit Alkylsulfonaten, insbesondere einer Mischung von ,,Aero-
Promoter" 801 und 825 im Verhältnis 1:1, in schwefelsaurer Trübe (pH etwa 4),
unter eventuellem Zusatz von sehr wenig Kohlenwasserstofföl keinerlei Schwierigkeiten.

Über das Verhalten von Chloriten bei der Flotation liegen fast nur gelegentliche
Bemerkungen in Arbeiten über andere Minerale vor; näher beschäftigte sich mit
dem Thema ABRAMOV [3].

6.5.5. Serpentin-Minerale

Die Minerale Antigorit, Chrysotil und Lizardit als wesentliche Gemengteile der
Serpentinite liegen fast ausschließlich sehr feinkörnig und innig miteinander oder
mit Olivinresten, Chloriten oder Talk verwachsen vor, so daß ihre Gewinnung nur

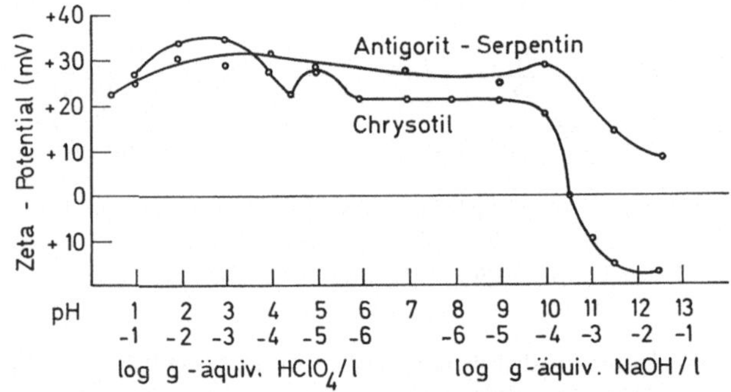

Abb. 74. Zeta-Potentiale von *Antigorit*-Serpentin/Morud, Snarum, Norwegen und *Chrysotil*-Asbest/Black Lake, Ontario, in Abhängigkeit von der $HClO_4$- bzw. NaOH-Konzentration. Beide
mit 0,001 g-äquiv. $NaClO_4$/l

in Ausnahmefällen möglich sein dürfte. Allerdings interessieren bei der Untersuchung von Serpentiniten meist nicht so sehr die Haupt-Gemengteile, sondern
ihre ebenfalls vorwiegend feinkörnigen Übergemengteile wie Chromit, Magnetit,
Sulfide, Nickel- und Platin-Minerale, und deren Gewinnbarkeit durch Flotation
hängt entscheidend von den Unterschieden ihres Flotverhaltens zu dem der
Serpentin-Minerale ab.

Aus der Abb. 74 ist die Abhängigkeit des Zeta-Potentials eines reinen, eisenarmen Antigorits von Morud, Norwegen, des Chrysotilasbestes von Black Lake,
Ontario, und zum Vergleich eines natürlichen Brucites von der $HClO_4$- bzw. NaOH-
Konzentration zu ersehen. Antigorit und Brucit besitzen im *gesamten* pH-Bereich
positives Zeta-Potential, und auch beim Chrysotil ist dies, in Übereinstimmung
mit Befunden von NAUMANN und DRESSER [268] und PUNDSACK [313], bis etwa

pH 10 der Fall, wo das Zeta-Potential rasch umschlägt und auf negative Werte abfällt.

Die Struktur der Serpentin-Minerale unterscheidet sich zwar wesentlich von derjenigen der Chlorite, aber beide Mineralgruppen haben *gemeinsam*, daß auf jedem der im zerkleinerten Material überwiegenden *Spalt*-Blättchen *sowohl* (weit vorherrschende) *positive als auch negative* Ladungen, im allgemeinen auf die verschiedenen Seiten des Schichtpaketes verteilt, auftreten können.

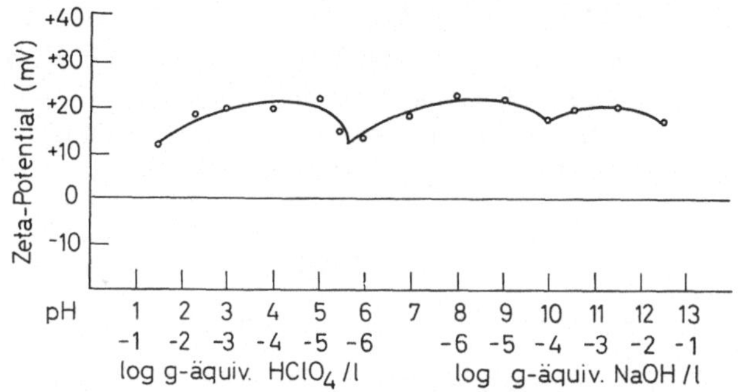

Abb. 75. Zeta-Potentiale von *Brucit* (mit 0,001 g-äquiv. $NaClO_4$/l) in Abhängigkeit von der $HClO_4$- bzw. NaOH-Konzentration

Die positive Ladung im Gebiet von pH 7 wird verursacht durch geringfügigen Ersatz von Fe^{2+} durch Fe^{3+} und/oder von Mg^{2+} durch Al^{3+} innerhalb der Oktaederschichten; Adsorption mehrwertiger Kationen auf der Tetraederschicht oder an den Randflächen; freigelegte Me^{2+}- und Me^{3+}-Ionen auf den unregelmäßigen Randflächen der Schichtpakete, zum Teil auch auf den Oktaederschichten.

Die negative Ladung im Gebiet von pH 7 wird verursacht durch freigelegte Si-Atome auf den Randflächen, welche dissoziierende Silanol-Gruppen bilden; durch geringfügigen Ersatz von Si-Atomen der Tetraederschicht durch Al-Atome.

Im sauren pH-Gebiet wird die positive Ladung bewirkt durch die Freilegung der Kationen in der Oktaederschicht infolge der Reaktion oberflächlicher OH-Gruppen mit Hydronium-Ionen, bis im stark sauren Gebiet merkliche Mengen von Kationen in Lösung gehen und damit das positive ZP absinkt.

Im alkalischen Bereich bleiben die Ladungsverhältnisse zunächst einigermaßen konstant, bis die mit einer starken Zunahme der negativen Ladungen verbundene Ablösung von Silikat-Anionen, zum Teil wohl auch deren Adsorption auf der Oktaederschicht, einsetzt. Auch die Bildung von anionischen Hydroxokomplexen des Fe^{3+} und Al^{3+} trägt zur negativen Ladung bei, während Mg^{2+}-Ionen durch die Bildung von $MgOH^+$-Plätzen die positive Ladung stabilisieren.

Die skizzierten Ladungsverhältnisse bedingen, daß Serpentin-Minerale fast im gesamten pH-Bereich mit anionaktiven Sammlern flotieren, daß sie aber auch gegenüber stärkeren kationaktiven Sammlern nicht indifferent sind, so daß zu erwarten ist, daß *alle* Konzentrate durch sie *verunreinigt* werden.

Dieses Verhalten, das durch die Anwesenheit von Chloriten, Olivinresten, Talk, Sepiolith und anderen noch verschlechtert und kompliziert wird, erschwert die flotative Gewinnung akzessorischer Minerale aus Serpentiniten außerordentlich; insbesondere die technisch wichtige Flotation des Chromits ist davon betroffen. Nur Flotationen mit Sulfhydrylsammlern verlaufen, abgesehen von gelegentlich wesentlich zu erhöhenden Reagenszusätzen, einigermaßen glatt.

Versuche von SAGHEER [328] haben ergeben, daß aus Serpentin durch Säure freigesetzte Kationen bereits in kleinen Konzentrationen stark drückend auf Chromit wirken und daß das gleiche der Fall ist, wenn Komplexbildner zur Bindung dieser Kationen zugesetzt werden. Seine Versuchsergebnisse sind aber insofern nicht ganz schlüssig, als er aus unbegreiflichen Gründen den verwendeten Serpentin zuvor mit 1 n-Natronlauge behandelte; nach dem hier Mitgeteilten muß dadurch das ZP des Serpentins bzw. die Beschaffenheit und Reaktionsfähigkeit seiner Oberfläche weitgehend verändert worden sein.

GÖKSALTIK [430] gelang bei Chromerzen eine selektive Flotation des Serpentins bei pH 12 (eingestellt mit Calciumhydroxid) durch ein $C_8 - C_9$-Amin.

6.5.6. Olivin

Forsterit-Fayalit-Mischkristalle

Olivin als häufigster und verbreitetster Forsterit-Fayalit-Mischkristall selbst ist als Träger von Nickel und Kobalt geochemisch wichtig; oft enthalten überwiegend aus Olivin bestehende Gesteine geochemisch interessante Übergemengteile (Chromit, Platinminerale), bei deren Abtrennung das Verhalten des Olivins bei der Flotation berücksichtigt werden muß.

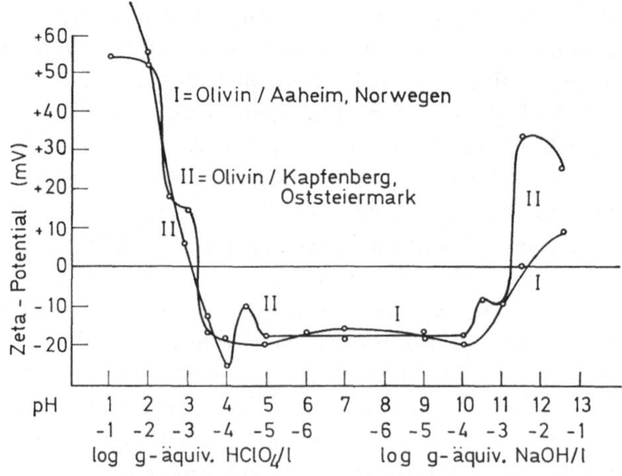

Abb. 76. Zeta-Potentiale von *Olivin* in Abhängigkeit von der $HClO_4$- bzw. NaOH-Konzentration (beide mit 10^{-3} g-äquiv. $NaClO_4$/l)

In Abhängigkeit von den Konzentrationen an $HClO_4$ bzw. NaOH sind in Abb. 76 die Zeta-Potentiale des Olivins von Aaheim/Norwegen und Kapfenberg/Oststeiermark und in Abb. 77 die Zeta-Potentiale eines Forsterits von Gabbs, Nevada, und eines synthetischen Fayalits dargestellt. Im Gegensatz zu anderen Silikaten, deren pH-Zeta-Potential-Kurven im Bereich unterhalb pH 10 ähnlich sind, weisen die Olivine und der Forsterit, nicht jedoch der Fayalit, eine Ladungsumkehr bei etwa pH 11 bis 11,5 und das erneute Auftreten eines Gebietes positiver Zeta-Potentiale im stärker alkalischen Bereich auf. Folgerichtig besteht dort — im Gegensatz zu den meisten anderen Silikaten — die Möglichkeit einer Flotation mit anionaktiven Sammlern, die z. B. ähnlich wie beim Calcit mit Natrium-naphthenat durchgeführt werden kann. Sie eröffnet die vor allem für petro-genetische Untersuchungen wichtige Möglichkeit, Olivine von den sie häufig begleitenden *Pyroxenen* mit ihnen sehr ähnlichem spezifischen Gewicht und magne-tischen Verhalten zu trennen. Auch kann auf diese Weise Olivin als Einsprengling von der Gesteinsgrundmasse getrennt werden, soweit diese nicht ebenfalls über-wiegend aus Olivin besteht.

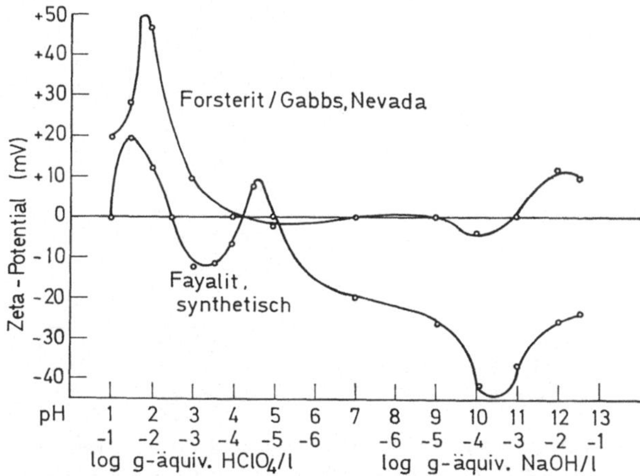

Abb. 77. Zeta-Potentiale von *Forsterit* und *Fayalit* in Abhängigkeit von der $HClO_4$- bzw. NaOH-Konzentration

Die erwähnte Ladungsumkehr ist zweifellos ähnlich wie beim Magnesit (siehe S. 102!) darauf zurückzuführen, daß erhöhtes Angebot von HO^--Ionen zunächst nicht durch Adsorption von HO^--Ionen das negative Zeta-Potential vergrößert, sondern es durch Bildung von $MgOH^+$-Plätzen auf der Olivinoberfläche ver-kleinert oder sogar positives Zeta-Potential erzeugt. Nur angedeutet und ohne die entsprechenden Auswirkungen auf das Verhalten bei der Flotation tritt der-selbe Vorgang bei den Magnesium-Mineralen Anthophyllit, Bronzit und Vesuvian auf, vielleicht auch bei einigen anderen, noch nicht untersuchten.

Der Fayalit bzw. dessen Fe^{2+}-Ionen zeigen ein gänzlich anderes Verhalten. Möglicherweise stehen die eigenartigen Unstetigkeiten der pH-Zeta-Potential-Kurve des Olivins von Kapfenberg im Bereich von pH 4 bis 5 und 10 bis 11 mit den entsprechenden Unstetigkeiten des Fayalits in den gleichen pH-Bereichen, d. h. mit dem besonderen Verhalten von Fe^{2+}-Ionen auf der Olivinoberfläche, in Zusammenhang.

Es sei bei dieser Gelegenheit bemerkt, daß es prinzipiell nicht möglich sein dürfte, pH-Zeta-Potential-Kurven von bestimmten Mischkristallen aus denen der reinen Endglieder zu konstruieren oder zu errechnen. Abgesehen von einer mög-lichen, vielleicht lokal häufigen, nicht statistischen Verteilung der Kationenarten

auf bestimmten Flächen, z. B. auch Spaltflächen, und einer unterschiedlichen
Wechselwirkung der Kationen mit den Gitteranionen, kann ein verschiedenartiges,
jeweils spezifisches, pH-abhängiges Verhalten der Kationenarten bei der Hydratation, Hydrolyse und Oxydation vorliegen. Darüber hinaus besteht die Möglichkeit einer in ihrem Ausmaß ganz unterschiedlichen gegenseitigen Aktivierung oder
Inaktivierung durch die jeweils andere Kationenart, vor allem, wenn diese verschiedene Wertigkeit besitzt oder durch Oxydation erlangen kann.

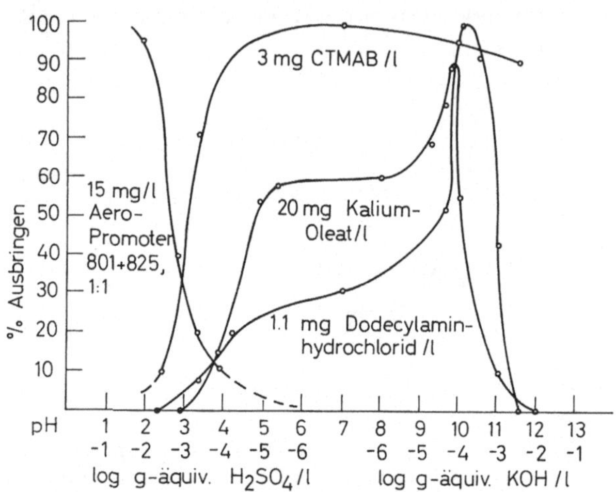

Abb. 78. Ausbringen von *Olivin*/Dreis, Eifel, mit verschiedenen Sammlern in Abhängigkeit
von der H_2SO_4- bzw. KOH-Konzentration. Trübedichte 1:180. Schäumer: 5 mg Dowfroth-
250/l

Abb. 78 zeigt die Ergebnisse von Flotationsversuchen mit einer Olivinfraktion,
die aus Olivinbomben vom Dreiser Weiher, Eifel, durch mehrfach wiederholte
Magnetscheidung erhalten wurde. Die flotative Abtrennung von Olivin oder Forsterit aus Karbonatgesteinen mit Hilfe kationaktiver Sammler ist unschwer zu
erreichen; schwierig und oft undurchführbar ist aber, wenn das Gebiet guter
Flotierbarkeit mit anionaktiven Sammlern im stark alkalischen Bereich aus irgend-
welchen Gründen nicht ausgenützt werden kann, bereits beim Olivin und erst
recht bei eisenreicheren Forsterit-Fayalit-Mischkristallen die flotative Abtrennung
von anderen oxidischen oder silikatischen Eisenmineralen. So haben z. B. KOMLEV
und POL'KIN [217] beobachtet, daß Olivin und Ludwigit (ein Eisenborat) sehr
ähnliches Verhalten bei der Flotation zeigen.

Bei der Flotation olivinhaltiger Gesteine kann eine weitere Schwierigkeit auftreten: Olivin ist sehr anfällig gegenüber einer vom Kornrand oder von Spaltrissen
ausgehenden Umwandlung in wasserhaltige Magnesiumsilikate wie Serpentin,
Chlorit, Talk, „Iddingsit". Offenbar brechen seine Körner bei der Zerkleinerung
großenteils längs solcher oft auch mikroskopisch noch kaum erkennbarer Um-
wandlungszonen und erhalten dadurch eine *artfremde* Oberfläche; so verhielt sich
z. B. frischer Dunit von Aaheim, Norwegen, bei der Flotation hartnäckig wie
Chlorit.

6.5.7. Amphibole

Von der im Hinblick auf ihre Zusammensetzung sehr vielfältigen Gruppe der Amphibole bilden mehrere Vertreter nahezu monomineralische Gesteine, von denen aber nur die Amphibolite und Glaukophanschiefer von größerer Verbreitung und Bedeutung sind. Aber auch die als Nebengemengteile vorkommenden Amphibole sind für die Petrogenese und Geochemie ihrer Wirtsgesteine wichtig. Sie liegen in diesen im allgemeinen in Form hinreichend großer Körner oder sogar Einsprenglinge oder Blasten vor, die allerdings oft sehr inhomogen, von anderen Mineralen feinst durchstäubt, sind. Nicht zu fein zerkleinerte Gesteine enthalten ausreichende Mengen freigelegter Spaltstücke mit frischen Oberflächen. Infolge des unterschiedlichen Eisengehaltes kann das Verhalten der Amphibole bei der Magnetscheidung sehr variieren und ebenfalls ihre Dichte, so daß manchmal Paragenesen vorliegen, in denen Amphibole von Biotiten oder Chloriten mit den üblichen Methoden nicht zu trennen sind. Von BURKSER und KOTLOVSKAYA [49] ist die Verwendung von Amphibolen für geologische Altersbestimmungen vorgeschlagen worden; sie sollen in metamorphen Gesteinen genauere Werte als die Glimmer ergeben.

Abgesehen von Tremolit, Anthophylliten, Pargasiten, Richteriten und einigen Ausnahmen bei den anderen Gliedern, enthält, wie die Analysen bei DEER, HOWIE und ZUSSMAN [82] zeigen, der größte Teil der Amphibole Gehalte an $FeO + Fe_2O_3$, die zwischen 10 bis 30 Gewichts-%, in einigen Fällen sogar darüber, liegen. Für ihre Wechselwirkung mit anionaktiven Sammlern und Flotationsreagenzien spielt der Eisengehalt, worauf BOGDANOV und MIKHAILOVA [36] hinweisen, eine wichtige, vielleicht sogar die wichtigste Rolle; daneben und insbesondere bei eisenarmen Amphibolen dürfte auch der Aluminiumgehalt von Bedeutung sein. Nach DU RIETZ [101] liegen die Werte für pL (die negativen Logarithmen der Löslichkeitsprodukte; pL = − log L) einiger *Oleate* (Salze der Ölsäure) von häufigeren Kationen in der *Größenordnung*, wie sie die folgende kleine Tabelle zeigt:

Kationen	pL-Werte	
	Oleate	Hydroxide
Ba^{2+}	15	1,5
Ca^{2+}	15	5
Mg^{2+}	14	10
Mn^{2+}	15	12
Fe^{2+}	15,4	14,5
Fe^{3+}	34!	37!
Al^{3+}	30	32

Die entsprechenden Werte für die Hydroxide sind zum Vergleich angegeben. Die Löslichkeitsprodukte bzw. pL-Werte von langkettigen Alkyl-*Sulfonaten* der betreffenden Kationen liegen, soweit es aus sehr spärlichen und zerstreuten Literaturangaben hervorgeht — ganz grob —, in der *gleichen* Größenordnung wie die der Oleate. Obwohl diesbezügliche Angaben mit Vorsicht zu betrachten sind, weil bei den Bestimmungen nicht immer darauf geachtet wird, daß es bei mehrwertigen Kationen im allgemeinen *mehrere* salzartige Verbindungen (FRIBERG [120]) und außerdem auch basische oder saure Salze mit in ganz anderen Größenordnungen liegenden Löslichkeiten gibt, sind aus der vorstehenden Tabelle doch folgende, für Flotationen sehr *wichtige Schlüsse* zu ziehen:

a) Die Löslichkeitsprodukte der Oleate von Ba^{2+}, Ca^{2+}, Mg^{2+}, Mn^{2+} und Fe^{2+} einerseits und Fe^{3+} bzw. Al^{3+} andererseits unterscheiden sich um den Faktor 10^{15} bis 10^{19}! Wenn die Hydrophobierung auf die Bildung von sehr schwer löslichen Metallsalzen auf der Mineraloberfläche zurückgeführt wird, was allerdings nicht immer die einzige oder ausschließliche Ursache für sie ist, so müßten diejenigen Kationen, die zur Bildung der am geringsten löslichen Oberflächenverbindungen beitragen, für die Fixierung des Sammlers und die Hydrophobierung ausschlaggebend sein. Nach der Tabelle ist dies in erster Linie das Eisen(III)-Ion, daneben, aber um den Faktor 10^4 kleiner, das Aluminium-Ion, welches erst beim Zurücktreten des Fe^{3+}-Ions dessen Rolle übernimmt.

b) Aus der Tatsache, daß die Löslichkeitsprodukte der Hydroxide des Eisen(III) und Aluminiums *größer* sind als diejenigen der Oberflächenverbindungen mit Oleaten oder, allgemeiner, mit Sammler-Anionen, folgt, daß im Existenzgebiet dieser Hydroxide, also im allgemeinen im alkalischen pH-Bereich, ihre Bildung gegenüber derjenigen der entsprechenden Oleate usw. *bevorzugt* ist, d. h., daß in diesem pH-Bereich *keine* Reaktion mit dem Sammler, keine Hydrophobierung stattfindet. Eine Wechselwirkung mit den Sammler-Anionen erfolgt erst außerhalb des Existenzgebietes der schwer löslichen Hydroxide bzw. bei Abwesenheit der konkurrierenden HO^--Ionen im *sauren* pH-Bereich. Das ist, abgesehen vom Vorzeichen des Zeta-Potentials, der Grund, warum die meisten Minerale, vor allem Silikate, mit *dreiwertigem* Eisen und mit Aluminium mit anionaktiven Sammlern bevorzugt bei pH-Werten unter 7 flotieren! Bei zu niedrigen pH-Werten können allerdings die schwerlöslichen Oberflächenverbindungen wieder durch die Säure zersetzt werden; sie unterliegen dieser Zersetzung — ungefähr! — in der Reihenfolge der Wertigkeit, d. h., die Oberflächenverbindungen zweiwertiger Kationen (Ba, Ca, Mg, Mn^{2+}, Fe^{2+}, UO_2^{2+}) werden bereits im schwächer sauren, diejenigen der dreiwertigen Kationen (Al, Fe^{3+}, seltene Erden) erst im stark sauren Medium und diejenigen vierwertiger Anionen (Ti, Zr, Th, Sn) erst bei sehr niederen, bei Flotationen im allgemeinen nicht üblichen pH-Werten, zersetzt.

Bei den Mineralen mit wesentlichen Gehalten an Ba^{2+}, Ca^{2+}, Mg^{2+} und Mn^{2+} sind auch im Existenzgebiet der betreffenden Hydroxide, also im schwach bis stark alkalischen pH-Bereich, die Löslichkeiten der Oleate oder, allgemeiner, der Oberflächenverbindungen aus anionaktiven Sammlern wesentlich *geringer* als die der Hydroxide, so daß die Bildung der Oleate usw. auch dann noch bevorzugt ist. Das ist, da überdies hier die Zersetzung der Oleate usw. bereits im schwach sauren pH-Bereich erfolgt, neben dem Vorzeichen des Zeta-Potentials der Grund, warum Ba^{2+}-, Ca^{2+}-, Mg^{2+}- und viele Mn^{2+}-Minerale — im Gegensatz zu den Fe^{3+}- oder Al^{3+}-Mineralen — mit anionaktiven Sammlern am besten bei pH-Werten *über* 7 flotierbar sind.

Beim *zwei*wertigen Eisen sind die Unterschiede zwischen den Löslichkeitsprodukten des Hydroxids und Oleats nur gering, so daß es von anderen Faktoren wie

Hydratation, Zeta-Potential, Koordination, Ausmaß der Oxydation zu Fe^{3+} abhängen wird, ob die Flotation besser im sauren oder im alkalischen Bereich durchzuführen ist; auch die Art des Sammler-Anions (ob Fettsäure oder Sulfonat) dürfte hier von wesentlicher Bedeutung sein.

In Abb. 79 sind in Abhängigkeit von den Konzentrationen an $HClO_4$ bzw. NaOH die Zeta-Potentiale einer basaltischen Hornblende vom Räderberg bei Brück, Eifel, eines reinen Tremolits, einer gemeinen (tschermakitischen) Horn-

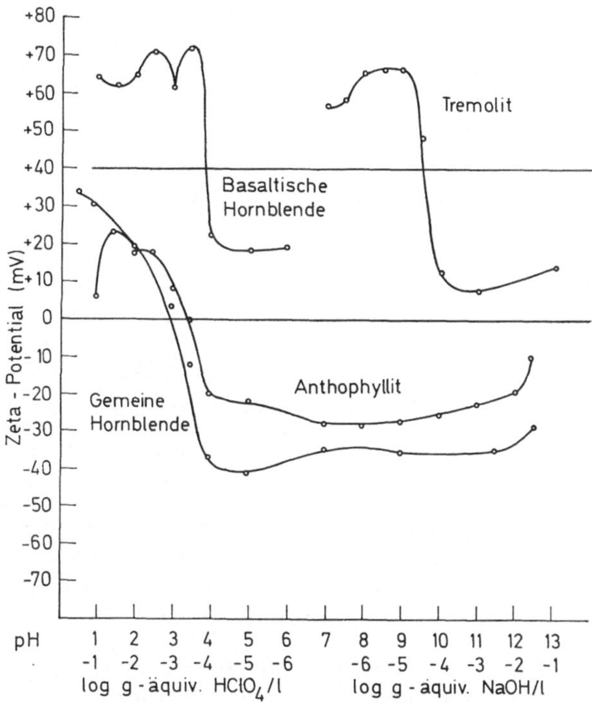

Abb. 79. Zeta-Potentiale von basaltischer Hornblende/Räderberg, Eifel, Tremolit, gemeiner Hornblende/Kragerö und Anthophyllit/Hermannschlag, Böhmen, in Abhängigkeit von der $HClO_4$- bzw. NaOH-Konzentration

blende von Kragerö und des Anthophyllits von Hermannschlag, Böhmen, aufgetragen. Die Ähnlichkeit der pH/ZP-Kurven könnte zu dem Schluß führen, daß sich die Amphibole auch hinsichtlich ihrer Flotierbarkeit nur wenig unterscheiden. Dies ist nach den vorhergehenden Ausführungen über die Rolle der Kationen bei der Hydrophobierung jedoch nicht zu erwarten und wird auch durch eigene und fremde Versuchsergebnisse widerlegt. Nach BOGDANOV und MIKHAILOVA [35] hängt die Flotierbarkeit aller Amphibole im neutralen Medium von der Fettsäure-Konzentration ab. Nach diesen Autoren flotiert reiner Aktinolith im gesamten pH-Gebiet und in beliebigen Fettsäure-Konzentrationen überhaupt nicht, sondern erst, nachdem er durch Fe^{3+}-Ionen aktiviert wurde. Eigene Versuche können dies nicht bestätigen; allerdings ist es schwierig zu entscheiden, ob nicht bereits im Gesteinsverband oder bei der Zerkleinerung durch teilweise Oxydation des Fe^{2+} eine unbeabsichtigte Aktivierung mit Fe^{3+} erfolgt ist.

Leider ist die Beschaffung *reiner* Amphibole außer gemeiner Hornblende in Mengen von 500 bis 2000 g mit großen Schwierigkeiten verbunden, so daß nur ein kleiner Teil der wünschenswerten Untersuchungen bisher durchgeführt werden konnte. Abb. 80 zeigt einige Versuchsergebnisse bei Flotationen. Bei der flotativen Gewinnung von Amphibolfraktionen vor allem aus Graniten, Granodioriten, Gneisen, Syeniten und Nephelinsyeniten ist es fast immer erforderlich, zuerst mit

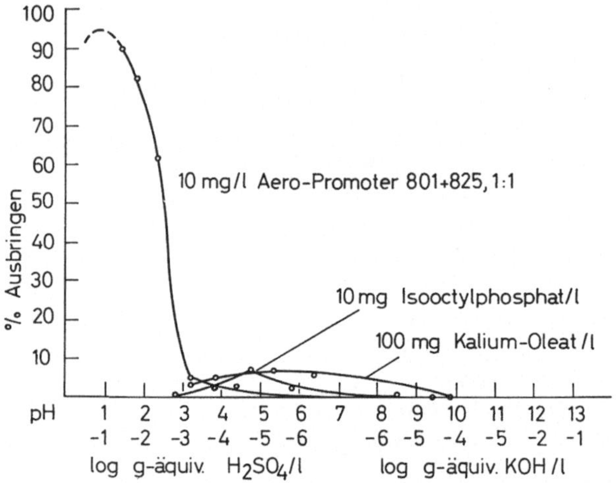

Abb. 80. Ausbringen von gemeiner *Hornblende* mit verschiedenen Sammlern in Abhängigkeit von der H_2SO_4- bzw. KOH-Konzentration. Trübedichte 1:180. Schäumer: 5 mg/l Dowfroth-250

Hilfe von n-Pentylamin den Biotit (und andere Glimmer) möglichst vollständig auszuschwimmen; danach können die Amphibole durch Flotation mit Alkyl-Sulfonaten (z. B. mit „Aero-Promoter" 801; oder 825) bei etwa pH 4,5 bis 1,5 ausgeschwommen werden, wobei an Stelle von Schwefelsäure besser Überchlorsäure oder Salzsäure verwendet wird. Die erhaltenen Amphibolfraktionen sind selbstverständlich nicht rein, sondern enthalten noch Titanit, Eisenoxide, Schörl und andere Minerale; sie müssen also noch weiter aufbereitet werden. Übergemengteile wie Zirkon, Titanit, Rutil sollten aus diesen Gesteinen *vor* den Amphibolen mit Alkylphosphaten („IOP") flotiert werden, da letztere mit diesen kaum aufschwimmen, erstere jedoch mit Alkyl-Sulfonaten wenigstens teilweise.

Auch aus metamorphen Gesteinen mit kompliziertem Mineralbestand können Amphibolfraktionen flotativ gewonnen werden, wenn Minerale, die *im Gegensatz* zu den Amphibolen *im alkalischen* Bereich mit Alkyl-Sulfonaten oder Fettsäuren flotieren, wie Chlorite, Granate, Epidot-Klinozoisit, Eisenoxide, vorher entfernt werden. Die flotative Trennung vom Amphibolen und Pyroxenen ist in Anbetracht der Ähnlichkeit der pH-Zeta-Potential-Kurven und der diesen zugrunde liegenden Verhältnisse auf den Mineraloberflächen nur erfolgversprechend, wenn sich die betreffenden Vertreter im *Kationen*-Bestand *wesentlich* unterscheiden.

6.5.8. Pyroxene

Die allgemeinen Ausführungen bei den Amphibolen und speziell diejenigen über die Bedeutung der Kationen für die Hydrophobierung gelten ganz entsprechend auch für die Pyroxene. In Gesteinen, die Pyroxene relativ reichlich enthalten, wie Basalte, sind, wie aus der Veröffentlichung von HUCKENHOLZ [191] hervorgeht, die üblichen Trennverfahren durchaus leistungsfähig. Die flotative Abtrennung von Pyroxenen wird sich also auf Gesteine beschränken, in denen sie nur in kleinen Mengen vorkommen (z. B. Ägirinaugit in alkalireichen Magmatiten), oder auf Paragenesen, die nach den üblichen Verfahren nicht oder nur mühsam zu trennen sind.

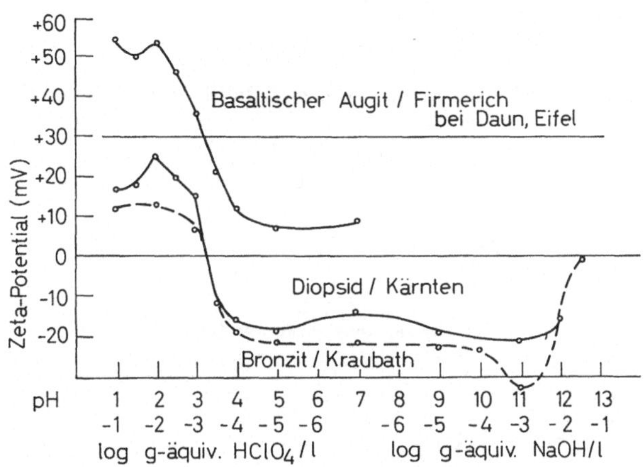

Abb. 81. Zeta-Potentiale von *Pyroxenen* in Abhängigkeit von der $HClO_4$- bzw. NaOH-Konzentration

Abb. 81 zeigt die Zeta-Potentiale eines reinen Diopsides aus Kärnten, des Bronzits von Kraubath, Steiermark, und eines basaltischen Augits vom Firmerich bei Daun, Eifel.

Ein Blick auf Abb. 79 läßt erkennen, daß die pH-Zeta-Potential-Kurven von Tremolit und Diopsid sehr ähnlich sind. Dies ist auch angesichts der fast übereinstimmenden Reaktionen auf ihren Oberflächen zu erwarten. Ähnlich wie beim Quarz dürfte zwischen pH 7 und pH 4,5 das ZP durch die Adsorption von Anionen (ClO_4^-) bestimmt werden. Die Abnahme des negativen Zeta-Potentials von pH 4 bis 3,5 ab und die Ladungsumkehr können auf die Freilegung der Ca^{2+}- und Mg^{2+}-Ionen aus ihrer Hülle von HO^-- und O^{2-}-Ionen und das Wirksamwerden ihrer positiven Ladungen zurückgeführt werden; dazu kommt vermutlich noch die beim Quarz erwähnte bzw. angenommene Bildung fest hydratisierter Silicium-Kationen. Im stark sauren pH-Gebiet, etwa ab pH 2, beginnt jedoch die Herauslösung von Kationen, auch nimmt die Doppelschicht-Dicke immer mehr ab. Diese Abnahme des positiven Zeta-Potentials wirkt sich, wie Abb. 82 erkennen läßt, auch auf das Ausbringen bei der Flotation aus.

Ein gewisses Maß für die Löslichkeit stellt die spezifische Leitfähigkeit, gemessen in 10^{-6} Ohm^{-1} cm^{-1}, einer Suspension des reinen Minerals (50 mg) in reinem Wasser (100 ml) dar.

In der folgenden Tabelle sind einige diesbezügliche Werte für Silikate angegeben:

Zirkon	2,6	Andradit	9,7
Fayalit	3,5	basalt. Augit	14,8
Orthit	4,5	Bronzit	15,2
Klinozoisit	4,5	Anthophyllit	20,5
Pyrop	5,9	Tremolit	27,3
Titanit	6,6	Diopsid	33,5
Cordierit	6,7	Forsterit	34,0
Grossular	7,1		
basalt. Hornblende	7,8		
Melanit	8,3		

Tremolit und Diopsid sind also, wie die Tabelle zeigt, doch relativ löslich.

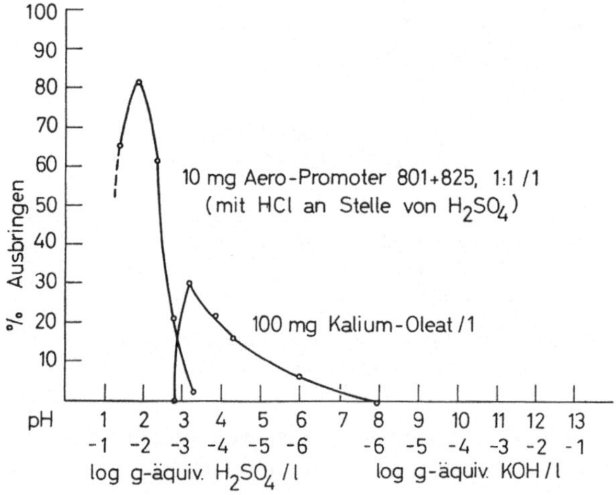

Abb. 82. Ausbringen von *Pyroxen* mit verschiedenen Sammlern. Trübedichte 1:180. Schäumer: Dowfroth-250, 5 mg/l

Abb. 82 zeigt Flotationsergebnisse mit einem grünen Pyroxen (Diopsid-Hedenbergit-Mischkristall) von Risör, Norwegen. Nach den bisherigen Erfahrungen sind Pyroxene im Vergleich zu anderen Silikaten (Granate, Epidot, Chlorite, Olivin, auch Hornblenden) relativ wenig schwimmfreudig.

Literaturverzeichnis

1. Abramov, A. A.: Mechanism of action of xanthate and dixanthate in pyrite flotation. — Chem. Abstr., **66**, 58 011 h (1967).
2. Abramov, A. A.: Sorption of laurylamine during flotation of chalcopyrite. — Chem. Abstr., **67**, 92 960 x (1967).
3. Abramov, A. A.: Hydrophobierung und Flotation von Serizit und Chlorit in Gegenwart von anionischen Sammlern. — Ref.: Erzmetall, **19**, 34—35 (1966).
4. Adamson, A. W.: Physical chemistry of surfaces. — 2nd edit. — New York-London-Sydney: Interscience Publishers, 1967.
5. Ahmed, S. M., and D. Maksimov: Studies of the double layer on cassiterite and rutile. — Journ. Colloid Interface Sci., **29**, 97—104 (1969).
6. Aleinikov, N. A., and T. P. German: Surface properties of apatite in electrolyte solutions. — Chem. Abstr., **69**, 99 743 d (1968).
7. Allen, L. H., and E. Matijevic: Stability of colloidal silica. Part I. Effect of simple electrolytes. — Journ. Colloid Interface Sci., **31**, 287—296 (1969).
8. Allen, L. H., and E. Matijevic: Stability of colloidal silica. Part III. Effect of hydrolyzable cations. — Journ. Colloid Interface Sci., **35**, 66—76 (1971).
9. American Cyanamid Co.: Flotation reagents. — 46 pp. (1960).
10. Anderegg, G. et al.: Komplexone XXX. Diäthylentriaminpentaessigsäure (DTPA). — Helv. Chim. Acta **42**, 827—836 (1959).
11. Andreev, P. I. et al.: Reaction of fatty acid collectors with alunite and quartz. — Chem. Abstr. **67**, 119 312 b (1967).
12. Aplan, F. F., and D. W. Fuerstenau: Principles of nonmetallic mineral flotation. — Froth Flotation 50th Anniversary Vol., A.I.M.M.E., New York, 170—214 (1962).
13. Armistead, C. G. et al.: Surface hydroxylation of silica. — Journ. Phys. Chem., **73**, 3947 bis 3953 (1969).
14. Armour Comp.: Cationic mineral flotation. — 30 pp.
15. Babak, V. K., and M. G. Viduetskii: Use of film-flocculant flotation for finishing large-grained pyrochlor gravity concentrates. — Chem. Abstr., **66**, 58 041 e (1967).
16. Badalov, S. T. et al.: Verteilung von Rhenium in Molybdäniten aus Zentralasien. — Geochemistry, **9**, 934—939 (1962).
17. Bahr, A.: Über Adsorptionsmessungen an Quarz. — Erzmetall, **17**, 467—469 (1964).
18. Bahr, A., M. Clement und H. Luther: Über den Einfluß einiger Elektrolyte auf die Flotation von Flußspat mit Natriumoleat. — Erzmetall, **21**, 1—8, 63—67 (1968).
19. Ball, B.: Adsorption at the rutile-solution interface. I. Thermodynamic and experimental study. — Journ. Colloid Interface Sci., **30**, 424—427 (1969).
20. Bangham, A. D. et al.: An apparatus for microelectrophoresis of small particles. — Nature, **182**, 642—644 (1958).
21. Bekhtle, G. A. et al.: Behaviour of martite during flotation. — Chem. Abstr., **61**, 3978 d (1964).
22. Bell, R. P.: Über die Hydratation von Ionen in wäßrigen Lösungen. — Endeavour (deutsche Ausgabe), XVII, Nr. **65**, 31—35 (1958).

23. BECKWITH, R. S., and R. REEVE: Dissolution and deposition of monosilicic acid in suspensions of ground quartz. — Geochim. Cosmochim. Acta, **33**, 745—750 (1969).

24. BERLIN, T. S., and A. V. KHABAKOV: Differences in the electrokinetic potentials of carbonate sedimentary rocks of different origin and composition. — Geochemistry, **1961**, 217—230.

25. BERLINSKII, I. I.: Electrokinetic analysis of the reaction of flotation reagents with certain minerals of nonsulfide ores. — Chem. Abstr., **59**, 2426 b (1963).

26. BÉRUBÉ, Y. G., and P. L. DE BRUYN: Adsorption at the rutile-solution interface. I. Thermodynamic and experimental study. — Journ. Colloid Interface Sci., **27**, 305—313 (1968).

27. BÉRUBÉ, Y. G., and P. L. DE BRUYN: Adsorption at the rutile-solution interface. II. Model of the electrochemical double layer. — Journ. Colloid Interface Sci., **28**, 92—104 (1968).

28. BHAPPU, R. B., and R. A. DEJU: A modified electrophoresis apparatus. — Trans. AIME., **235**, 88—90 (1966).

29. BIKERMAN, J. J.: Electrokinetic equations and surface conductance. A survey of the diffuse double layer theory of colloid solutions. — Trans. Faraday Soc., **36**, 154—160 (1940).

30. BLAZY, P.: Essai de synthèse sur les modes d'adsorption ionique en flottation. — Mineralium Deposita, **1**, 67—71 (1966).

31. BOBTELSKY, M.: Heterometry. — New York: Elsevier Publ. Comp., 1960.

32. BOCHAROV, V. A., i A. A. GOLIKOV: Ob okisleni sul'fidnykh mineralov pri izmel'cheni. — Tsvet. Met., No. 7, 26—31 (1967).

33. BOEHM, H. P.: Funktionelle Gruppen an Festkörper-Oberflächen. — Angew. Chemie, **78**, 617—628 (1966).

34. BOEHM, H. P., und M. SCHNEIDER: Über die Hydroxylgruppen an der Oberfläche des amorphen Siliciumdioxyds „Aerosil" und ihre Reaktionen. — Z. anorg. allg. Chem. **301**, 326—335 (1959).

35. BOGDANOV, O. S., and N. S. MIKHAILOVA: Behaviour of ferrugineous silicates during iron ore flotation. — Chem. Abstr., **72**, 14 792 h (1970).

36. BOGDANOV, O. S., and N. S. MIKHAILOVA: Effect of crystal structure of anhydrous iron oxides on their floatability. — Chem. Abstr., **66**, 87 700 n (1967).

37. BONDARENKO, O. P. *et al.* : Infrared spectroscopy study of manganese mineral reactions with sodium oleate solutions. — Chem. Abstr., **72**, 46 298 t (1970).

38. BOOTH, F.: Surface conductance and cataphoresis. — Trans. Faraday Soc., **44**, 955—959 (1948).

39. BORISOV, V. V., and B. P. BRYANTSEV: Use of flotation during a determination of low diamond content in fine-grained titanium-zirconium placer deposits. — Chem. Abstr., **75**, 153 417 q (1970).

40. BORODIN, L. S., und R. L. BARINSKII: Seltene Erden in Perowskiten aus ultrabasischen Gesteinen. — Geochimija, 291—297 (1963). — Ref.: Cbl. Min. II, 296 (1960).

41. BRIEN, F. B., and G. KAR: Electrophoresis study of the flotation properties of talc minerals. — Chem. Abstr., **69**, 99 825 g (1968).

42. BROWN, D. J.: Coal flotation. — Froth Flotation 50th Anniversary Vol., A.I.M.M.E., New York, 518—538 (1961).

43. BROWNING, J. S., and R. B. ADAIR: Selective flotation of mica from pegmatites. — Trans. AIME., **234**, 277—280 (1966).

44. BUCKENHAM, M. H., and J. M. W. MAC KENZIE: Fatty acids as flotation collectors for calcite. — Trans. AIME., **220**, 450—454 (1961).

45. BUCKENHAM, M. H., and J. ROGERS: Flotation of quartz and feldspar by dodecyclamine. — Inst. Mining. Met., Trans., **64**, Sect. C, 11—33 (1955).

46. BUCKENHAM, M. H., and J. H. SCHULMAN: Molecular associations in flotation. — Trans. AIME., **226**, 1—6 (1963).

47. BULL, H. B., B. S. ELLEFSON, and N. W. TYLOR: Electrokinetic potentials and mineral flotation. — Journ. Phys. Chem., **38**, 401—406 (1934).
48. BURKIN, A. R., and J. V. BROMLEY: Flotation with insoluble reagents. — Part 1. — J. Appl. Chem., **11**, 300—309 (1961).
49. BURKSER, Y. S., und F. I. KOTLOVSKAYA: Verwendung von Amphibolen für die absolute Altersdatierung geologischer Formationen. — Ref.: Cbl. Min. **1967**, II, 82 (1967).
50. BUSHELL, C. H. G.: Flotation theory and mill control. — Froth Flotation 50th Anniversary Vol., A.I.M.M.E., New York, 574—583 (1962).
51. CAMPBELL, J. A. L., and S. C. SUN: Anthracite coal electrokinetics. — Trans. AIME., **247**, 120—122 (1970).
52. CAMPBELL, J. A. L., and S. C. SUN: Bituminous coal electrokinetics. — Trans. AIME., **247**, 111—114 (1970).
53. CASES, J. M.: Determination of the point of zero charge of orthosilicates in aqueous medium. — Chem. Abstr., **69**, 22 366 a (1968).
54. CASES, J. M.: Physicochemical phenomena at the interface. Application to the flotation process. — Chem. Abstr., **70**, 118 431 q (1969).
55. CASES, J. M.: On the normal interaction between adsorbed species and adsorbing surface. — Trans. AIME., **247**, 123—127 (1970).
56. CARTA, M. *et al.*: The influence of the surface energy structure of minerals on the electric separation and flotation. — Vorträge IX. Internat. Kongr. f. Aufbereit. mineral. Rohstoffe, Prag, 47—57 (1970).
57. CHABEREK, ST., and A. E. MARTELL: Organic sequestering agents. — New York: John Wiley and Sons, Inc., 1959.
58. CHEKANOV, N. S.: Regulation of oxydation in the pulp and directed changes in semiconductor properties of the sulfide surfaces as an important factor in control of flotation. — Chem. Abstr., **66**, 107 122 f. (1967).
59. Chemicals and Phosphates, Ltd., Haifa: Verfahren zur Flotationstrennung natürlicher silikatischer Erze. — Auslegeschrift Nr. 1 229 472 des Deutschen Patentamtes (1966).
60. CHERBULIEZ, E., e R. WEIBEL: Sur l'hydrolyse du soufre par l'eau au-dessus de 100°. — Helv. Chim. Acta, **19**, 796—801 (1936).
61. CHERBULIEZ, E., e A. HERZENSTEIN: Sur la portée géochimique de l'hydrolyse du soufre par l'eau. — Helv. Chim. Acta, **19**, 801—806 (1936).
62. CHIKIN, YU. M.: Flotation properties of magnetite and ilmenite. — Chem. Abstr., **60**, 12 925 f (1964).
63. CHIKIN, YU. M.: Mechanism of depression of magnetite by humic acids in flotation. — Chem. Abstr., **66**, 48 421 c (1967).
64. CHOI, H. S., Y. S. KIM, and Y. H. PAIK: Flotation characteristics of ilmenite. — Chem. Abstr., **67**, 110 724 e (1967).
65. CHIPANIN, I. V., and A. N. KUZHUKHOVSKAYA: Flotation of microlite and columbite-tantalite from topaz. — Chem. Abstr., **66**, 21 195 (1967).
66. CLARK, S. W., and S. R. B. COOKE: Adsorption of Calcium, magnesium and sodium ion by quartz. — Trans. AIME., **241**, 334—341 (1968).
67. CLEARFIELD, A., and S. D. SMITH: The crystal structure of zirconium pnosphate and the mechanism of its ion exchange behaviour. — Journ. Colloid Interface Sci., **28**, 325—330 (1968).
68. CLEMENT, M., und P. AUGE: Untersuchungen über die Flotierbarkeit von feinkörnigem Hämatit. — Erzmetall, **19**, 517—525 (1966).
69. CLEMENT, M., H. SURMATZ und H. HÜTTENHAIN: Beitrag zur Flotation von Schwerspat. — Erzmetall, **20**, 512—522 (1967).
70. COCKBAIN, A. G.: The crystal chemistry of apatites. — Mineral. Mag., **36**, 654—660 (1968).
71. COOK, M. A.: Hydrophobicity control of surfaces by hydrolitic adsorption. — Journ. Colloid Interface Sci., **28**, 547—556 (1968).

72. COOKE, S. R. B.: Flotation of quartz using calcium ion as activator (1948). — Ref.: Erzmetall **3**, 18 (1950).

73. COTTON, F. A., und G. WILKINSON: Anorganische Chemie. — Weinheim/Bergstr.: Verlag Chemie GmbH., 1967.

74. CREMERS, A.: Surface conductivity in sodium clays. — Chem. Abstr., **69**, 69 982 p (1968).

75. CRUFF, E. F.: Minor elements in igneous and metamorphic apatite. — Geochim. Cosmochim. Acta, **30**, 375—398 (1966).

76. CZYGAN, W.: Ein Verfahren zur Trennung von Nephelin und Feldspat mit Hilfe der Flotation. — N. Jb. Miner., Mh., **1967**, 84—89.

77. DAELLENBACH, CH. B., and TH. D. TIEMANN: Chelation of quartz-activating ions in oleic acid flotation. — Trans. AIME., **228**, 59—65 (1964).

78. DAVIES, J. T., and E. K. RIDEAL: Interfacial phenomena. — New York-London: Academic Press, 1961.

79. DE BRUYN, P. L.: Flotation of quartz with cationic collectors. — Trans. AIME., **202**, 291 – 296 (1955).

80. DE BRUYN, P. L., and G. E. AGAR: Surface chemistry of flotation. — Froth Flotation 50th Anniversary Vol., A.I.M.M.E., New York, 91—138 (1962).

81. DEBYE, P., und E. HÜCKEL: Physik. Z., **24**, 185 (1923).

82. DEER, W. A., R. A. HOWIE, and J. ZUSSMAN: Rock forming minerals. Vol. 2. Chain silicates. — London: Longmans, Green and Co. Ltd., 1965.

83. DEITZ, V. R., H. M. ROOTARE, and F. G. CARPENTER: The surface composition of hydroxylapatite derived from solution behaviour of aqueous suspensions. — Journ. Colloid Interface Sci., **19**, 87—101 (1964).

84. DEJU, R. A., and R. B. BHAPPU: A modified electrophoresis apparatus. — Trans. AIME., **234**, 88—91 (1966).

85. DEJU, R. A., and R. B. BHAPPU: A chemical interpretation of surface phenomena in silicate minerals. — Trans. AIME., **235**, 329—332 (1966).

86. DEJU, R. A., and R. B. BHAPPU: Fast method of measuring surface charges. — Engng. Mining Journ., **168**, No. 7, 92—97 (1967).

87. DEJU, R. A., and R. B. BHAPPU: Surface properties of silicate minerals. — Trans. AIME., **234**, 67—70 (1966).

88. DELAHAY, P.: Double layer and electrode kinetics. — Interscience (Wiley) (1965).

89. DEPASSE, J., and A. WATILLON: The stability of amorphous colloidal silica. — Journ. Colloid Interface Sci., **33**, 430—438 (1970).

90. DERYAGIN, B. V., and S. S. DUKHIN: The theory of surface conductance. — Kolloidnyi Zhurnal, **31**, 277—238 (1969).

91. DIMITROVA, ST., and CH. ALEKSANDROV: New methods of using sodium fluosilicate for flotation of lead-zinc-ores. — Chem. Abstr., **72**, 34 473 h (1970).

92. DIXON, K. J. *et al.*: The effect of the structure of cationic polymers in the flocculation and electrophoretic mobility of crystalline silica. — Journ. Colloid Interface Sci., **23**, 465—473 (1967).

93. DOBIAŠ, B.: Flotierbarkeit und elektrokinetische Eigenschaften von Flußspat und Schwerspat. — Erzmetall, **21**, 275—281 (1968).

94. DOBIAŠ, B., J. ZAKONTSKÁ, and J. SPURNÝ: Electrokinetic study of the floatability of nepheline. — Collect. Czech. Chem. Commun., **28**, 131—136. — Chem. Abstr., **58**, 12 241 h (1963).

95. DONNET, J. B.: The chemical reactivity of carbons. — Carbon, **6**, 161—176 (1968).

96. DOROKHINA, S. N.: Effect of oxygen on the collective properties of oleic acid. — Chem. Abstr., **61**, 6865 h (1964).

97. DOUGLAS, H. W., and D. ADAIR: The electrokinetic behaviour of minerals in aqueous electrolyte solutions. — Trans. Faraday Soc., **50**, 1251—1256 (1954).

98. DOUGLAS, H. W., and R. A. WALKER: The electrokinetic behaviour of iceland spar against aqueous electrolyte solutions. — Trans. Faraday Soc., **46**, 559—568 (1950).

99. DUFFAUD, P. *et al.*: Surface concentrations of broken bonds at fresh surfaces of quartz and siliceous materials. — Chem. Abstr., **71**, 105 600 q (1969).

100. DUGGER, D. L. *et al.*: The exchange of twenty metal ions with the weakly acidic silanol groups of silica gel. — Journ. Phys. Chem., **68**, 757—760 (1964).

101. DU RIETZ, C.: Chemisorption of collectors. — Surface Chemistry, Proceed, 2nd Scandinav. Sympos. Surface Activity, 21—37. — Discussion: 38—41. — Copenhagen: Munksgaard. — Chem. Abstr., **60**, 13 076 s (1964).

102. EGGERS, K.: Die Flotation von sulfidierten karbonatischen Mineralien. — Bergbauwissensch., **6**, 390—397 (1959).

103. EVERSOLE, W. G., and W. W. BOARDMAN: The effect of electrostatic forces on electrokinetic potentials. — J. Chem. Phys., **9**, 798—801 (1941).

104. EWALD, H., S. GARBE und P. NEY: Die Isotopen-Zusammensetzung von Strontium aus Meerwasser und aus rubidiumarmen Gesteinen. — Z. Naturforschg., **11a**, H. 6, 521-2 (1956).

105. FARAH, Y., und L. FAYED: Monazitflotation mit schweren Sulfonaten als Sammlern und Kohlehydraten. — Aufbereitungstechnik, **7**, 74—76 (1966).

106. FARAH, Y., and L. FAYED: Oxalate activation in the flotation of monazite sands by heavy sulfonate collectors. — Mineral Processing (ROBERT, A., ed.), 6th Int. Congr. Cannes, 609—616. — Pergamon Press, 1965.

107. FAUCHER, J. A. R.: Concentration of pyrochlor ores. — Ref.: Erzmetall, **18**, 142—143; 307 (Patent) (1965).

108. FAYED, L. A.: Die Aufbereitung von Monazitsanden. Vergleichende Untersuchungen an ägyptischen Monaziten. — Aufbereitungstechnik, **6**, 646—651 (1965).

109. FED'KOVSKII, I. A., and G. A. KHAN: Chemical stability of molybdenite under flotation conditions. — Chem. Abstr., **61**, 5239 g (1964).

110. FEIGL, F.: Spot tests. — New York: Elsevier Publ. Comp., 1954.

111. FERGUS, A. J., and G. V. SULLIVAN: Microflotation studies of some columbium-tantalum minerals. — U. S. Bur. Mines, Rept. Invest. No. 7198, 29 pp. — Ref.: Erzmetall, **22**, 195 (1968).

112. FINKELSTEIN, N. P., and K. G. ASHURTS: Influence of sulfhydryl and cationic flotation reagents on the cyanidation of native gold. — Chem. Abstr., **73**, 17 600 a (1970).

113. FLEISCHER, M.: Some aspects of the geochemistry of yttrium and the lanthanides. — Geochim. Cosmochim Acta., **29**, 755—772 (1965).

114. FLEISCHER, M.: Minor elements in some sulfide minerals. — Econ. Geol., 50th Anniversary Vol. II, 970—1024 (1955).

115. FLEISCHER, M.: The geochemistry of rhenium with special reference to its occurrence in molybdenite. — Econ. Geol., **54**, 1406—1413 (1959).

116. FLEMING, M. G., und J. A. KITCHENER: Fortschritte in der Schwimmaufbereitung von sulfidischen Erzen. — Endeavour (deutsche Ausgabe), **24**, Nr. **92**, 101—105 (1965).

117. FOERSTER, F., und A. HORNIG: Zur Kenntnis der Polythionsäuren. — Z. anorg. allg. Chemie, **125**, 86—146 (1922).

118. FRANK, L.: Aufbereitung eines südafrikanischen Chromerzes mit Hilfe des Flotationsverfahrens. — Erzmetall, **15**, 122—132 (1962).

119. Frantz, S. G., Co. Inc.: Instructions for installing and operating the Frantz Isodynamic Separator. — Trenton, N. J., U.S.A. (1963).

120. FRIBERG, ST.: Aluminium soaps. — Surface Chemistry, Proceed. 2nd Scandinav. Sympos. Surface Activity, 203—209 (1964). — Copenhagen: Munksgaard, 1965.

121. FUERSTENAU, D. W.: Measuring zeta potentials by streaming potential techniques. — Trans. AIME., **205**, 834—836 (1956).

122. Fuerstenau, D. W., T. W. Healy, and O. Somasundaran: The role of the hydrocarbon chain of alkyl collectors in Flotation. — Trans. AIME., **229**, 321—325 (1964).

123. Fuerstenau, D. W., and H. J. Modi: Streaming potentials of corundum in aqueous organic electrolyte solutions. — J. Electrochem. Soc., **106**, 336—341 (1959).

124. Fuerstenau, M. C., and W. F. Cummins: The role of basic aqueous complexes in anionic flotation of quartz. — Trans. AIME., **238**, 196—200 (1967).

125. Fuerstenau, M. C., G. Gutierrez, and D. A. Elgillani: The influence of sodium silicate in nonmetallic flotation systems. — Trans. AIME., **241**, 319—323 (1968).

126. Fuerstenau, M. C., M. C. Kuhn, and D. A. Elgillani: The role of dixanthogen in xanthate flotation of pyrite. — Trans. AIME., **241**, 148—156 (1968).

127. Fuerstenau, M. C., and J. D. Miller: The role of hydrocarbon chain in anionic flotation of calcite. — Trans. AIME., **238**, 153—160; Discussion in: Trans. AIME., **241**, 364—366 (1967).

128. Fuerstenau, M. C., J. D. Miller, and H. Gutierrez: Selective flotation of iron oxide. — Trans. AIME., **238**, 200—203 (1967).

129. Fuerstenau, M. C. *et al.*: Metal ion hydrolysis and surface charge in beryl flotation. — Inst. Mining Met., Trans., **74**, Sect. C, 381—391. — Discussion in: Inst. Mining Met., Trans., **75**, Sect. C, 191—196 (1965).

130. Fuerstenau, M. C. *et al.*: Adsorption mechanisms in non-metallic activation systems. — Trans. AIME., **247**, 11—14 (1970).

131. Funk, H., und R. Frydrych: Über die Konstitution der Monokieselsäure Si(OH)$_4$ in Lösung. — Naturwissenschaften **49**, 419—420 (1962).

132. Garrels, R. M., and C. L. Christ: Solutions, minerals and equilibria. — New York: Harper and Row, Publishers, 1965.

133. Gaudin, A. M.: Flotation. — 2nd edition. — New York-Toronto-London: McGraw-Hill Book Co. Inc., 1957.

134. Gaudin, A. M., and F. W. Bloecher: Concerning the adsorption of dodecylamine on quartz. — Trans. AIME., **187**, 499—506 1950).

135. Gaudin, A. M., P. L. de Bruyn, and O. Mellgren: Adsorption of ethyl xanthate on pyrite. — Trans. AIME., **207**, 65—70 (1956).

136. Gaudin, A. M., and N. P. Finkelstein: Interactions in the system galena — potassium ethylxanthate — oxygen. — Nature, **207**, No. **4995**, 389—391 (1965).

137. Gaudin, A. M., and S. C. Sun: Correlation between mineral behavior in cataphoresis and in flotation. — Trans. AIME., **169**, 347—367 (1946).

138. Gentner, W., und W. Kley: Argonbestimmungen an Kaliummineralen. IV. Die Frage der Argonverluste in Kalifeldspäten und Glimmermineralien. — Geochim. Cosmochim. Acta, **12**, 323—329 (1957).

139. Gerling, E. K., I. M. Morozova, and V. U. Kurbatov: Retention of radiogenic argon in powdered potassium-bearing minerals. — Geochemistry, **1961**, 45—56.

140. Gladkikh, Yu. F., and S. I. Pol'kin: Effect of salts of multivalent metals on floatability of tantalite-columbite, tourmaline and garnet. — Chem. Abstr., **60**, 3760 g (1964).

141. Glembotskii, V. A.: Use of organosilicon compounds as flotation collectors. — Chem. Abstr., **68**, 52 177 m (1968).

142. Glembotskii, V. A., and G. M. Dmitrieva: Effect of geological conditions of galena mineralization on its reaction with collecting agents during flotation. — Chem. Abstr., **60**, 8937 d (1964).

143. Glembotskii, V. A., and V. S. Uvarov: Mechanism of activating action of some water-soluble compounds on the flotation of celestite and anhydrite. — Chem. Abstr., **60**, 2571 c (1964).

144. Goldberg, E. D. *et al.*: Rare earth distribution in the marine environment. — Journ. Geophys. Res., **68**, 4209—4217 (1963).

145. GORLOVSKII, S. *et al.*: Improvement in the beneficiation technology of some rare metal ores based on the use of the special actions of complexing alkylhydroxamic acids. — Chem. Abstr., **72**, 57 915 t (1970).

146. GOTTSCHALK, V. H., and H. A. BUEHLER: Oxydation of sulphides. — Econ. Geol., **7**, 15 bis 34 (1912).

147. GÖTTE, A., und H. HOBERG: Untersuchungen zur Beeinflussung der Sammleradsorption an Mineraloberflächen durch radioaktive Bestrahlung. — Aachener Bl. Aufbereit., **13**, H. 3/4, 178—185 (1963).

148. GÖTTE, A., und F. KOENIG: Verfahren zur Schwimmaufbereitung von Erzen. — Deutsches Patent Nr. 871 132. — Ref.: Erzmetall, **6**, 273 (1953).

149. GÖTTE, A., und W. MENDEN: Anlagerung von Xanthaten an Metallmineralien. — Aachener Bl. Aufbereit., **14**, H. 3/4, 77—114 (1964).

150. GREEN, J.: Reversion of molecularly dehydrated sodium phosphates. — Ind. Engng. Chem., **42**, 1542—1546 (1950).

151. GRÉGOIRE, CH.: Conchiolin remnants in mother-of-pearl from fossil cephalopoda. — Nature, **148**, 1157—1158 (1959).

152. GREGOIRE, CH. *et al.*: Über experimentelle Diagenese der Nautilusschale. — Beitr. zur elektronenmikroskop. Direktabbild. v. Oberfläch., herausgegeb. v. G. PFEFFERKORN, **2**, 223—238 (1969).

153. GRIOT, O., and J. A. KITCHENER: The Role of surface silanol groups in the flocculation of silica suspensions by polyacrylamide. — Trans. Faraday Soc., **61**, 1026—1038 (1965).

154. GRÜNENFELDER, M.: Heterogenität akzessorischer Zirkone und die petrogenetische Deutung ihrer Uran-Blei-Zerfallsalter. — Schweiz. Miner. petr. Mitt., **43**, 235—257 (1963).

155. GUTBIER, A.: Thermische Kolloidsynthesen. I. Kolloider Schwefel. — Z. anorg. allg. Chem., **152**, 163—179 (1926).

156. HAGIHARA, H., T. IKEDA, and T. SAKURAI: Action of xanthate on sulphide mineral surfaces. An interpretation based on the molecular structure of lead and zinc xanthates. — IVᵉ Congrès Internat. de la Détergence, Bruxelles, **B/III**, **12**, 361—373 (1964).

157. HAHN, F. L.: pH und potentiometrische Titrierungen. — Methoden der Analyse in der Chemie, Bd. 3. — Frankfurt/M.: Akademische Verlags-Gesellsch., 1964.

158. HALL, E. S.: The zeta potential of aluminium hydroxide in relation to water treatment coagulation. — J. Appl. Chem., **15**, 197—205 (1965).

159. HALL, W. K., and F. R. DOLLISH: The chemistry of radical ion formation on aluminium silicates. — Journ. Colloid Interface Sci., **26**, 261—265 (1968).

160. HAMICH, M.: Geochemie der Seltenen Erden unter besonderer Berücksichtigung der Minerale Apatit, Perowskit, Titanit und Zirkon. — Unveröffentlichte Literaturarbeit am Mineralog.-Petrogr. Inst. d. Univ. Köln, 1968.

161. HARDING, R. D.: Stability of silica dispersions. — Journ. Colloid Interface Sci., **35**, 172 bis 174 (1971).

162. HARRIS, P. M., C. T. HOLLICK, and R. WRIGHT: Mineral separation for age determination. — Inst. Mining Met., Trans., **76**, Sect. **B**, 181—189 (1967).

163. HEALY, T. W.: Flocculation-Dispersion behaviour of quartz in the presence of polyacrylamide flocculant. — Journ. Colloid Interface Sci., **16**, 609—617 (1961).

164. HEALY, T. W., and D. W. FUERSTENAU: The oxide-water interface. Interrelation of the zero point of charge and the heat of immersion. — Journ. Colloid Interface Sci., **20**, 376 bis 386 (1965).

165. HEGEMANN, F., und F. ALBRECHT: Zur Geochemie oxydischer Eisenerze. — Chemie der Erde, **17**, 81—103 (1954).

166. HEJL, V., and P. SKŘIVAN: Mechanismus uchycení sběrače na minerálních zrnech v systému fluorit-oléat nebo kyselina olejová. — Rudy (Praha), **13**, 365—368 (1965).

167. HEJL, V.: Příspěvek ke flotaci minerálů pomocí anion-aktivních sběračů. — Rudy (Praha), **13**, 294—296 (1965).

168. HEJL, V.: Příspěvek ke flotaci minerálů pomocí kationaktivních sběračů. — Sborník VŠChT Praha, **G 8**, 55—61 (1966).

169. HENCL, V., und J. CIBULKA: Flotation von Schwerspat aus Eisenspaterzen mit Alkylsulfaten. — Freiberger Forschungs-H., **A 255**, 237—246 (1952).

170. HENRY, D. C.: Proc. Roy. Soc. London., **133**, 106 (1931). — Zitiert in (223), S. 208—209.

171. HENRY, D. C.: The electrophoresis of suspended particles. IV. The surface conductivity effect. — Trans. Faraday Soc., **44**, 1021—1026 (1948).

172. HERBER, L. J.: Separation of feldspar from quartz by flotation. — Amer. Mineral., **54**, 1212—1215 (1969).

173. Hercules Powder Comp.: Flotation and Hercules® flotation reagents. — 24 pp. (1961).

174. HERRMANN, M., und H. P. BOEHM: Über die Chemie der Oberfläche des Titandioxids. I. Bestimmung des aktiven Wasserstoffs, thermische Entwässerung und Rehydroxylierung. — Z. anorg. allg. Chem., **352**, 156 – 167 (1967).

175. HERRMANN, M., und H. P. BOEHM: Über die Chemie der Oberfläche des Titanoxyds. II. Saure Hydroxylgruppen auf der Oberfläche. — Z. anorg. allg. Chem., **368**, 73—86 (1969).

176. HERTEL, L.: Die Fremdelementführung der Bleiglanze als Hilfe zur Bestimmung der Bildungstemperatur. — Erzmetall, **19**, 632—635 (1966).

177. HERZOG, L. F.: Age determination by X-ray fluorescence rubidium-strontium ratio measurement in lepidolite. — Science, **132**, 293—295 (1960).

178. HINGSTON, F. J. et al.: Specific adsorption of anions on goethite. — Chem. Abstr., **71**, 129 081 x (1969).

179. HINTENBERGER, H.: Die Rubidium-Strontium-Methode. — Geol. Rundschau, **49**, 197–224 (1960).

180. HIRT, B., W. HERR, and W. HOFFMEISTER: Age determinations by the rhenium-osmium method. — Radioactive dating, Proceedings of a symposium, Athens 19.—23. Nov. (1962). International Atomic Energy Agency, Vienna 35—44 (1963).

181. HOBERG, H.: Untersuchungen zur Deutung der Änderung der Flotierbarkeit halbleitender Erzmineralien durch Bestrahlung im Kernreaktor. — Aachener Blätt. f. Aufbereiten-Verkoken-Brikettieren, **17**, H. 1/2, 1—77 (1967).

182. HÖLL, R.: Scheelitprospektion und Scheelitvorkommen im Bundesland Salzburg/Österreich. — Chemie der Erde, **28**, 185—203 (1969).

183. HOFMANN, U.: Die Chemie der Oberfläche des SiO_2 und die Silikose. — Ber. Dt. Keram. Ges., **39**, 272—279 (1962).

184. HONIG, E. P., and J. H. TH. HENGST: Points of zero charge of inorganic precipitates. — Journ. Colloid Interface Sci., **29**, 510 – 520 (1969).

185. HOPPE, G.: Über die Verwendbarkeit der akzessorischen Zirkone zu Altersbestimmungen. — N. Jb. Miner., Abh. **93**, 45—66 (1959).

186. HOPPE, G.: Petrogenetisch auswertbare morphologische Erscheinungen an akzessorischen Zirkonen. — N. Jb. Miner., Abh. **98**, 35—50 (1962).

187. HOPPE, G.: Morphologische Untersuchungen als Beiträge zu Zirkon-Altersbestimmungen. — N. Jb. Miner., Abh. **103**, 273—285 (1965).

188. HOPSTOCK, D. M., and G. E. AGAR: The effect of cations on the amine flotation of quartz. — Trans. AIME., **241**, 466—470 (1968).

189. HOUTERMANS, F. G.: Die Blei-Methoden der geologischen Altersbestimmung. — Geol. Rundschau, **49**, 168—196 (1960).

190. HOWARD, D. C.: Depressant flotation reagent for sulfide minerals other than molybdenite. — U.S. Patent 3 329 266. — Chem. Abstr., **67**, 84 100 b (1967).

191. HUCKENHOLZ, H. G.: Der petrogenetische Werdegang der Klinopyroxene in den tertiären Vulkaniten der Hocheifel. I. Die Klinopyroxene der Alkaliolivinbasalt-Trachyt-Assoziation. — Beitr. Mineral. u. Petrogr., **11**, 138—195 (1965).

192. HUNT, E. C.: The interaction of alkyl phosphate monolayers with metal ions. — Journ. Colloid Interface Sci., **29**, 105—114 (1969).

193. Hunter, R. J.: The dielectric constant in the equation of electrokinetics. — Journ. Colloid Sci., **19**, 190—192 (1964).

194. Hunter, R. J.: The interpretation of electrokinetic potentials. — Journ. Colloid Interface Sci., **22**, 231—239 (1966).

195. Hunter, R. J., and A. E. Alexander: The measurement of electrokinetic potential. — Journ. Colloid Sci., **17**, 781—788 (1962).

196. Iler, R. K.: The colloid chemistry of silica and silicates. — Ithaca, New York: Cornell University Press, 1955.

197. Ishihara, T., and Y. Kagami: Influence of aeration and oxydation of pyrrhotite on its flotation. — Chem. Abstr., **67**, 24 091 q (1967).

198. Iwasaki, I., S. R. B. Cooke, and H. S. Choi: Flotation characteristics of hematite, goethite and activated quartz with 18-carbon aliphatic acids and related compounds. — Trans. AIME., **217**, 237—244 (1960).

199. Iwasaki, I., S. R. B. Cooke, and A. F. Colombo: Flotation characteristics of goethite (1961). — Erzmetall, **14**, 239.

200. Iwasaki, I., S. R. B. Cooke, and Y. S. Kim: Some surface properties and flotation characteristics of magnetite (1962). — Erzmetall, **15**, 649.

201. Iwasaki, I. *et al.*: Iron ore wash slimes — some mineralogical and flotation characteristics. — Trans. AIME., **221**, 97—108 (1962).

202. Jacobs, Th.: Adsorption of phosphate anions to the surface of hematite (α-Fe_2O_3). — Chem. Abstr., **70**, 81 217 w (1969).

203. Jaycock, M. J., and R. H. Ottewil: Adsorption of ionic surface active agents by charged solids. — Inst. Mining Met., Trans., **72**, Sect. **C**, 497—506 (1962).

204. Johns, W. D., and P. K. Sen Gupta: Hydrogen and bonding site distribution on layer silicate surfaces. — Mineral. Soc. of India, IMA Vol., 182—188 (1966).

205. Johns, W. D., and P. K. Sen Gupta: Vermiculite — alkyl-ammonium complexes. — Amer. Mineral., **52**, 1706—1724 (1967).

206. Joy, A. S., and D. Watson: Adsorption of collector and potential-determining ions in flotation of hematite with dodecylamine. — Bull. Inst. Mining Met., No. **687**, 323—334. — Chem. Abstr., **60**, 12 926 o (1964).

207. Joy, A. S., D. Watson, Y. Azim, and R. M. Manser: Flotation of silicates. 1. Proposals for classification according to their flotation response. — Inst. Mining Met., Trans., **75**, Sect. **C**, 75—80 (1966).

208. Joy, A. S., R. M. Manser, K. Lloyd, and D. Watson: Flotation of silicates. 2. Adsorption of ions on feldspar in relation to flotation response. — Inst. Mining Met., Trans., **75**, Sect. **C**, 81—86 (1966).

209. Kane, J. C., V. K. la Mer, and H. B. Linford: Filtration and electrophoretic mobility studies of flocculated silica suspensions. — J. Amer. Chem. Soc, **86**, 3450—3453 (1964).

210. Khazhinskaya, G. N., and V. D. Maksimov: The floatability of pyrrhotite and sphalerite. — Chem. Abstr., **60**, 15 480 a (1964).

211. Kellogg, H. H., and H. Vasquez-Rosas: Amine flotation of sphalerite-galena ores. — Trans. AIME., **169**, 476—504 (1946).

212. Kirchheimer, F.: Über das Rheingold. — Jahresh. d. geol. Landes-A. Baden-Württemberg, **7**, 55—85 (1965).

213. Kind, A.: Der magmatische Apatit, seine Zusammensetzung und seine physikalischen Eigenschaften. — Chemie der Erde, **12**, 50—81 (1939/40).

214. Klassen, V. I., and V. A. Mokrousov: An introduction to the theory of flotation. — London: Butterworths, 1963.

215. Klassen, V. I., and P. A. Usachev: Selection of optimum conditions for magnetite flotation. — Chem. Abstr., **67**, 46 110 x (1967).

216. Kloubek, J.: Entwicklung einer Methode zum Studium der Hydrophobierung von Mineraloberflächen durch Reagentien. — Freiberger Forschungs-H., **A 401**, 93—105 (1966).

217. KOMLEV, A. M., and S. I. POL'KIN: The floatability of ludwigite and olivine with different collectors. — Chem. Abstr., **61**, 11 567 e (1964).

218. KONEV, V. A.: Separation of sphalerite from copper and lead sulfides performed by a newly developped flotation method. — Chem. Abstr., **67**, 84 084 z (1967).

219. KORTÜM, G.: Lehrbuch der Elektrochemie. — 4. Aufl. — Weinheim/Bergstr.: Verlag Chemie GmbH., 1966.

220. KRAEBER, L., und A. BOPPEL: Über die Wirkung von Metallsalzen bei der Schwimmaufbereitung oxydischer Mineralien. — Metall und Erz, **31**, 417—422 (1934).

221. KREBS, H.: Grundzüge der anorganischen Kristallchemie. — Stuttgart: Ferdinand Enke Verlag, 1968.

222. KRIVELEVA, E. D. *et al.*: Aktivierende Wirkung von Flußsäure bei der anionischen und kationischen Flotation von Alumosilikaten. — Chem. Abstr., **72**, 92 445 m (1970).

223. KRUYT, H. R. (ed.): Colloid Science I. Irreversible systems. Hydrophobic colloids. — 5th reprint. — Amsterdam-London-New York: Elsevier Publishing Comp., 1969.

224. KUSNEZOW, W. D.: Einfluß der Oberflächenenergie auf das Verhalten fester Körper. — Berlin: Akademie-Verlag, 1961.

225. KUZ'KIN, S. F., and Y. CHENG: The separation of apatite from calcite by flotation with cationic collectors. — Chem. Abstr., **59**, 2426 a (1963).

226. LA MER, V. K.: The solubility behavior of hydroxyl-apatite. — Journ. Phys. Chem., **66**, 973—978 (1962).

227. LASKOWSKI, J., and SL. SOBIERAJ: Zero points of charge of spinel minerals. — Inst. Mining Met., Trans., **78**, Sect. **C**, 161—162 (1969).

228. LEITMEIER, H., und F. FEIGL: Eine einfache Reaktion zur Unterscheidung von Calcit und Aragonit. — Tscherm. Min. Petr. Mitt., **45**, 447—457 (1934).

229. LEUCHS, O.: Geochemische Untersuchungen von Magnetiten mit Hilfe der Spektralanalyse. — Dissert. Univ. München, 1949.

230. LEWIS, K. E., and G. D. PARFITT: Infra-red study of the surface of rutile. — Trans. Faraday Soc., **62**, 204—214 (1966).

231. LI, H. C., and P. L. DE BRUYN: Electrokinetic and adsorption studies on quartz. — Surf. Sci., **5**, 203—220 (1966).

232. LIDSTRÖM, L.: Bonding of amines to silicates. — Surface Chemistry, Proceed. 2nd Scandinav. Sympos. Surface Activity, 45—53 (1964). — Copenhagen: Munksgaard, 1965.

233. LIDSTRÖM, L.: Amine flotation of ore minerals and silicates. — Acta Polytechn. Scandinav., Chem. Met. Ser., No. **66**., 112 pp. (1967).

234. LIDSTRÖM, L.: Surface and bond-forming properties of quartz and silicate minerals and their application in mineral processing techniques. — Acta Polytechn. Scandinav., Chem. Met. Ser., No. **75**, 149 pp. (1968).

235 LINHOLM, A. A. L.: Occurrence, mining and recovery of diamonds. — De Beers Consolidated Mines Ltd., 1970.

236. LONG, R. P., and S. ROSS: The effects of the overlap of double layers on electrophoretic mobilities of polydisperse suspensions. — Journ. Colloid Interface Sci., **26**, 434—445 (1968).

237. LORENZ, PH. B.: Surface conductance and electrokinetic properties of kaolinite beds. — Clays and Clay Minerals, **17**, 223—231 (1969).

238. LOW, M. J. D., and M. HASEGAWA: An infrared method for studying adsorption in situ at the liquid-solid interface. — Journ. Colloid Interface Sci., **26**, 96—101 (1968).

239. LYKLEMA, J.: Structure of the electrical double layer on porous surfaces. — J. Electroanal. Chem., **18**, 341—348. — Chem. Abstr., **69**, 46 310 d (1968).

240. LYKLEMA, J., and J. TH. G. OVERBEEK: On the interpretation of electrokinetic potentials. — Journ. Colloid Sci., **16**, 501—512 (1961).

241. MACKENZIE, J. M. W.: Zeta potential of quartz in the presence of ferric iron. — Trans. AIME., **234**, 82—88 (1966).

242. MacKenzie, J. M. W.: Interactions between oil drops and mineral particles. — Trans. AIME., **247**, 202—208 (1970).

243. MacKenzie, J. M. W.: Zeta-potential studies in mineral processing: measurement, techniques and applications. — Minerals Sci. Engng., **3**, No. **3**, 25—43 (1971).

244. MacKenzie, J. M. W., and R. T. O'Brien: Zeta potential of quartz in the presence of nickel(II) and cobalt(II). — Trans. AIME., **244**, 168—173 (1969).

245. MacGregor, I. D., and Ch. H. Smith: The use of chrome spinels in petrographic studies of ultramafic intrusions. — Canad. Min., **7**, 403—412 (1963).

246. Majima, H.: How oxydation effects flotation of complex sulfide ores. — Chem. Abstr., **72**, 102 796 t (1969).

247. Majima, H., and M. Takeda: Electrochemical studies of the xanthate-dixanthogen system on pyrite. — Trans. AIME., **241**, 431—436 (1968).

248. Malati, A., and S. F. Estefan: Activation of quartz by alkaline earth cations in oleate flotation. — London: J. Appl. Chem., **17**, 209—212 (1967).

249. Manojloviv-Gifling, M.: Influence of impurities in galena on its floatability. — Chem. Abstr., **66**, 117 934 m (1967).

250. Marković, S., and F. Šer: Selective flotation of magnetite and chromite. — Inst. Mining Met., Trans., **76**, Sect. **C**, 108—113 (1967). — Discussion in: Inst. Mining Met., Trans., **77**, 41—42 (1968).

251. Marshall, C. E., and L. L. McDowell: The surface reactivity of micas. — Soil Sci., **99**, 115—131 (1965).

252. Matijevic, E., and L. J. Stryker: Coagulation and reversal of change of lyophobic colloids by hydrolyzed metal ions. III. Aluminium sulphate. — Journ. Colloid Interface Sci., **22**, 68—77 (1966).

253. Maucher, A.: Die Antimon-Quecksilber-Wolfram-Formation und ihre Beziehungen zu Magmatismus und Geotektonik. — Freiberger Forschungs-H., **C 186**, 173—188 (1965).

254. Meyer, Kl.: Physikalisch-chemische Kristallographie. — Leipzig: VEB Deutscher Verlag für Grundstoffindustrie, 1968.

255. Michel, E., und A. Weiss: Kationenaustausch und eindimensionales innerkristallines Quellungsvermögen bei den isotypen Verbindungen $H_2 M^{4+} (X^{5+}O_4)_2 \cdot H_2O$, (M=P, As; X=Ti, Zr, Sn). — Z. Naturforschg. (1966).

256. Michel, E., und A. Weiss: Kristallines Zirkonphosphat, ein Kationenaustauscher mit Schichtstruktur und innerkristallinem Quellungsvermögen. — Z. Naturforschg., **20 b**, 1307—1308 (1965).

257. Michell, F.: Electrokinetic phenomena and their effect on gravity concentration. — Chem. Abstr., **72**, 46 331 y (1970).

258. Mineev, D. A., und N. I. Stupnikov: Über die Natur der Radioaktivität der Orthite und über Verhältnisse zwischen Uran, Thorium und Seltenen Erden (1959). — Ref.: Cbl. Min. **1961, II**, 413.

259. Modi, H. J., and D. W. Fuerstenau: Streaming potential studies on corundum in aqueous solutions of inorganic electrolytes. — Journ. Phys. Chem., **61**, 640—643 (1957).

260. Moir, D. N., and J. R. Stevens: Studies relating to the flotation of beryl. — Trans. Instn. Min. Metall., **73**, 373—391 (1964).

261. Morawietz, H. J.: Ein Beitrag zur Lösung des Problems der Chromit-Flotation. — Erzmetall, **12**, 309—321, 388—393 (1959).

262. Morrison, F. A.: Electrophoresis of a particle of arbitrary shape. — Journ. Colloid Interface Sci., **34**, 210—214 (1970).

263. Moscow University Press: Chemical surface compounds and their role in Adsorption phenomena. — Proceed. of a Confer. on adsorpt. commemorating the 2nd centenary of the Moscow State University (1755—1955). — 368 pp. (1957).

264. Mular, A. L., and R. B. A. Roberts: A simplified method of determine isoelectric points of oxides. — Trans. Can. Inst. Min. Metall., **69**, 438—439 (1966).

265. NAIFONOV, T. B.: Reaction of cationic collectors with tantalite and some associated minerals. — Chem. Abstr., **67**, 46 099 a (1967).

266. NAIFONOV, T. B. *et al.*: Improving the flotation technology of perovskite ores. — Chem. Abstr., **66**, 97 603 x (1966).

267. NAIFONOV, T. B., and A. M. KLYUCHNIKOVA: Study of the production of selective high-grade perovskite concentrates from the AFRICAND deposit. — Chem. Abstr., **68**, 5076 t (1968).

268. NAUMANN, A. W., and W. H. DRESHER: Colloidal suspensions of chrysotile asbestos: Surface charge enhancement. — Journ. Colloid Interface Sci., **27**, 133—140 (1968).

269. NEWHOUSE, W. H.: Opaque oxides and sulfides in common igneous rocks. — Bull. Geol. Soc. America, **47**, 1—52 (1936).

270. NOBLITT, H. L.: Development of a process for the concentration of Oka pyrochlore. — Mineral Processing (A. ROBERTS, ed.), Proceed. 6th Internat. Congr. Cannes, 669 bis 678. — Pergamon Press, 1965.

271. NOLL, W.: Über die geochemische Rolle der Sorption. — Chemie der Erde, **6**, 552—577 (1931).

272. NOLL, W.: Chemie und Technologie der Silicone. — 2. Aufl. — Weinheim/Bergstr.: Verlag Chemie GmbH., 1968.

273. Numec Instruments and Controls Corp.: The electrophoretic Mass-Transfer Analyzer.

274. NUTT, C. W., and K. BROMLEY: Conditions for the flotation of beryl. I. Flotation by fatty acids. — Bull. Inst. Mining Met., No. **682**, 793—806. — Chem. Abstr., **60**, 1364 e (1963).

275. NUTT, C. W., and M. KEMP: II. Flotation by petroleum sulfonate. — Bull. Inst. Mining Met., No. **682**, 806—816. — Chem. Abstr., **60**, 1364 g (1963).

276. O'CONNOR, D. J.: Electrokinetic properties and surface reactions of scheelite. — Internat. Congress on Surface Activity, 2nd, London, 319 – 331. — London: Butterworths, 1957.

277. OEL, H.-J.: Zur Theorie der elektrokinetischen Erscheinungen. — Z. physik. Chem., N. F. **5**, 32—51 (1955).

278. OLDRIGHT, G. L., and R. E. HEAD: Microscopic investigation of the influence of milling on the floatability of gold. — Engng. Mining J., **134**, 228—229 (1933).

279. OLIVIER, J. P., and P. SENNETT: Electrokinetic effects in kaolin-water systems. I. The measurement of electrokinetic mobility. — Clays and Clay Minerals, **27**, 345—346 (1967).

280. ONODA, G. Y., and P. L. DE BRUYN: Proton adsorption at the ferric oxyde / aqueous solution interface. Part. 1. — Surf. Sci., **4**, 48—63 (1966).

281. OTTEWIL, R. H., and A. WATANABE: Studies of the mechanism of coagulation. — Part 1: Kolloid-Ztschr., **170**, 33—48. — Part 2: Kolloid-Ztschr., **170**, 132—139 (1960).

282. OVERBEEK, J. TH. G.: IV. Electrochemistry of the double layer. — V. Electrokinetic phenomena. — In: Colloid Science. Vol. I. Irreversible systems — 5th reprint. — 115 bis 193 und 194—244. — New York: Elsevier Publ. Co., 1969.

283. OVERBEEK, J. TH. G.: Theorie of electrophoresis — the relaxation effect. — Kolloid-Beihefte, **54**, 287—364 (1943).

284. PACKHAM, R. F.: The coagulation process, Part II. — J. Appl. Chem., **12**, 564—568 (1962).

285. PANKEY, T., and F. SENFTLE: Magnetic susceptibility of natural rutile, anatase and brookite. — Amer. Mineral., **44**, 1307—1311 (1959).

286. PARKS, G. A.: The isoelectric points of solid oxides, solid hydroxides and aqueous hydroxo complex systems. — Chemical Review, **65**, 177—198 (1965).

287. PARKS, G. A.: Aqueous surface chemistry of oxides and complex oxide minerals. — Equilibrium concepts in natural water systems. — Advances in Chemistry Series, No. **67**, 121—160. — Washington: American Chemical Soc. (1967).

288. PARKS, G. A., and P. L. DE BRUYN: The zero point of charge of oxides. — Journ. Phys. Chem., **66**, 967—973 (1962).

289. PARREIRA, H. C.: Automatic recording apparatus for measurement of streaming potentials. — Journ. Colloid Sci., **20**, 1—6 (1965).

290. Paterson, J. G.: Adsorption of sodium oleate on metal hydroxides. — Dissert. McGill University, Montreal, Canada, 1969.

291. Pauling, L.: Die Natur der chemischen Bindung. — 2. Aufl. — Weinheim/Bergstr.: Verlag Chemie GmbH., 1964.

292. Peck, A. S., and M. F. Wadsworth: An infrared study of the flotation of phenacite with oleic acid. — Trans. AIME., **238**, 245—248 (1967).

293. Peck, A. S., and M. F. Wadsworth: An infrerad study of the activation and flotation of beryl with hydrofluoric and oleic acids. — Trans. AIME., **238**, 264—268 (1967).

294. Pethica, B. A.: Micelle formation. — III. Internat. Kongr. f. Grenzflächenaktive Stoffe, Köln, Vorträge in Originalfassg., Bd. **I**, 212—226 (1960).

295. Pilkington, E. S., and W. Wilson: The influence of polynuclear zirconium species on direct titration of zirconium with EDTA. — Anal. Chim. Acta, **33**, 577—585 (1965).

296. Plaksin, I. N., (ed.): Flotation properties of rare metal minerals. 91 pp. — New York: Primary Sources, 1967.

297. Plaksin, I. N.: Study of superficial layers of flotation reagents on minerals and the influence of the structure of minerals on their interaction with reagents. — Internat. Minerals Process. Congr., London. — Proceedings, 253—270 (1960).

298. Plaksin, I. N., and K. V. Barysheva: Floatability of orthite. — Chem. Abstr., **66**, 67 937 a (1965).

299. Plaksin, I. N. et al.: Depressing effect of humate ions on flotation of magnetite with a cationic collector. — Chem. Abstr., **61**, 15 705 e, f (1964).

300. Plaksin, I. N.: The relation of sphalerite semiconductor properties to its response to flotation treatment. — Chem. Abstr., **67**, 66 687 u (1967).

301. Plaksin, I. N.: Relation between energy structure of mineral crystals and their flotation properties. — VIII. Intern. Min. Proc. Congr. Leningrad — Paper S-3 (1968).

302. Plaksin, I. N., and L. G. Mchedlishvili: Photochemical improvement of flotation of minerals possessing semiconductor properties. — Chem. Abstr., **66**, 107 120 d (1967).

303. Plaksin, I. N., and R. Sh. Shafeev: A study of the influence of some surface semiconductivity properties on the interaction between potassium butylxanthate and sulfide minerals. — III. Internat. Kongr. f. Grenzflächenaktive Stoffe, Köln, Vorträge in Originalfassg., Bd. **II**, 104—109 (1960).

304. Plaksin, I. N., and S. P. Zaitseva: Microautoradiographic study of the regulating action of oxygen on the asdorption and distribution of carbon-14-containing sodium tridecoate over the surface of some rare earth minerals. — Chem. Abstr., **57**, 8186 a (1962).

305. Poldervaart, A.: Zircons in rocks. — 1. Sedimentary rocks. — Amer. Journ. Sci., **253** 433—461 (1955).

306. Poldervaart, A.: Zircons in rocks. 2. Igneous rocks. — Amer. Journ. Sci., **254**, 521—554 (1956).

307. Pol'kin, S. I., and P. I. Andreev: Effect od sulfuric acid treatment of pyrochlor, zircon and ilmenorutile on the floatability with sodium cetylsulfate. — Chem. Abstr., **61**, 2765 f (1964).

308. Pol'kin, S. I., and V .I. Kolmogorova: Mechanism of reaction of collector reagents with rutile, garnet and glaucophane. — Chem. Abstr., **66**, 67 969 d (1966).

309. Predali, J. J.: The dolomite — aqueous sodium oleate equilibrium. — C. R. Acad. Sc. Paris, **265**, Ser. D, 477—480 (1967).

310. Predali, J. J.: Flotation of carbonates with salts of fatty acids: Role of pH and the alkyl chain. — Inst. Mining Met., Trans., **78**, Sect. **C**, 140—147 (1969).

311. Predali, J. J.: Étude théoretique et experimentale de la flottation d'un melange binaire Dolomie-Magnesite de Kosiše (Tchecoslovaquie). — IXth Internation. Min. Process. Congr., Praha, 241—250 (1971).

312. Pryor, E. J.: Mineral Processing. 3rd Edit. — Amsterdam-London-New York: Elsevier Publishing Comp. Ltd., 1965.

313. Pundsack, F. L.: The properties of asbestos. I. The colloidal and surface chemistry of chrysotile. — Journ. Phys. Chem., **59**, 892—895 (1955).
314. Pusch, G.: Vergleichende Untersuchung zur Flotation von Quarz und sulfidischen Mineralen mit kationaktiven Sammlern. — Freiberger Forschungs-H., **A 355**, 33—50 (1965).
315. Ragosti, M. C., and O. N. Srivastava: The stability of hydrophobic solutions in the presence of surface active agents. — Part I. — Kolloid-Ztschr., **232**, 804—811 (1969).
316. Ramdohr, P.: Die Erzmineralien in gewöhnlichen magmatischen Gesteinen. — Abh. Preuß. Akad. Wissenschaft., Math.-naturw. Kl., Nr. 2, 43 pp. (1940).
317. Ramdohr, P.: Die Erzmineralien und ihre Verwachsungen. — 3. Aufl., 1089 pp. — Berlin: Akademie-Verlag, 1960.
318. Rao, B. V. P., H. L. Lovell, and G. Simkovich: The flotation of fluorite as a function of ionic point imperfections. — Trans. AIME., **241**, 328—331 (1968).
319. Razvozzhaev, Yu. I.: Mechanism of the activation of pyrochlore and its recovery from chemical beneficiation filter cakes. — Chem. Abstr., **72**, 34 467 j (1970).
320. Remy, H.: Lehrbuch der anorganischen Chemie. Bd. II., 11. Aufl., S. 633. — Leipzig: Akademische Verlagsges. Geest u. Portig KG., 1961.
321. Reuter, B., und R. Stein: Die Oxydation von Bleisulfid bei niederen Temperaturen. 1. Chemische und röntgenographische Untersuchungen. — Z. Elektrochemie, **61**, 440—449 (1957).
322. Riddick, Th. M.: Control of colloid stability through zeta potential. — Vol. I. — Wynnewood, Pa.: Livingstone Publ. Co., 1968.
323. Riddick, Th. M.: Electrophoresis cell. — U.S. Patent 3 454 487 (Cl. 204—299; B 01 Kd). — 12 pp. Appl. 01 Dec. 1960 (1960).
324. Rogers, J.: Principles of sulfide mineral flotation. — Froth Flotation 50th Anniversary Vol., 139—169, A.I.M.M.E., New York, 1969.
325. Ross, S., and R. P. Long: Electrophoresis as method of investigating the electrical double layer. — Ind. Engng. Chem., **61**, 58—71 (1969).
326. Rootare, H. M., V. R. Deitz, and F. G. Carpenter: Solubility product phenomena in hydroxylapatite-water systems. — Journ. Colloid Sci., **17**, 179—206 (1962).
327. Runolinna, U.: Vergleichende Flotationsversuche mit Aminen und Xanthaten bei Sulfiderzen. — Erzmetall, **11**, 199 – 209 (1958).
328. Sagheer, M.: Flotation characteristics of chromite and serpentine. — Trans. AIME., **234**, 60—67 (1966).
329. Salatić, D. V.: Floatability of monazite and zircon related to electrochemical changes on their surfaces. — Inst. Mining Met., Trans., **76**, Sect. **C**, 231—237 (1967).
330. Sappok, R., und H. P. Boehm: Chemie der Oberfläche des Diamanten. I. Benetzungswärmen, Elektronenspinresonanz und Infrarotspektren der Oberflächen-Hydride, -Halogenide und -oxide. II. Bildung, Eigenschaften und Struktur der Oberflächenoxide. — Carbon, **6**, 283—295 bzw. 573—588. — Pergamon Press, 1968.
331. Seiler, H.: Abbildung von Oberflächen mit Elektronen, Ionen und Röntgenstrahlen. — B. I. Hochschultaschenbuch 428/428a. — Mannheim: Bibliograph. Institut AG., 1968.
332. Sennett, P., and J. P. Olivier: Method and means for measuring electrokinetic potential. — U.S. Patent 3 208 919 (1965).
333. Sennett, P., and J. P. Olivier: Colloidal dispersions, electrokinetic effects and the concept of zeta potential. — Ind. Engng. Chem., **57**, No. **8**, 32—50 (1965).
334. Šer, F. *et al.*: Anionic flotation of chromite in an alkaline medium without preliminary desliming. — Chem. Abstr., **72**, 57 921 s (1970).
335. Shafeev, R. Sh.: Relation between semiconductor properties of minerals and effect of flotation reagents. — Chem. Abstr., **66**, 107 124 h (1967).
336. Shaw, D. J.: Electrophoresis. — London-New York: Academic Press, 1969.
337. Shergold, H. L. *et al.*: Demountable electrophoretic cell for mineral particles. — Inst. Mining. Met., Trans., **75**, Sect. **C**, 331—333 (1966).

338. Shergold, H. L. *et al.*: New region of floatability in the hematite — dodecylamine system. — Inst. Mining Met., Trans. **77**, Sect **C**, 166 (1968).

339. Siedler. Ph.: Der Goniograph. — In: Freund's Handbuch der Mikroskopie in der Technik, Bd. II, Teil 2, 437—458. — Frankfurt/M.: Umschau-Verlag, 1954.

340. Simpson, D. R.: Partitioning of fluoride between solution and apatite. — Amer. Mineral. **54**, 1711—1719 (1969).

341. Skřivan, P.: Elektroosmotická měření na minerálních diafragmách (I). — Sborník VŠChT v Praze, Mineralogie, **7**, 253—262 (1965).

342. Skřivan, P.: Zlepšený přistroj pro měření elektroosmotického převodu kapaliny na minerálních diafragmách. — Chem. Listy, **59**, 1236—1240 (1965).

343. Skřivan, P., V. Hejl und B. Preiningerová: Jednoduchý přistroj pro měření potenciálu proudění. — Chem. Listy, **60**, 1100—1104 (1966).

344. Slater, R. W. *et al.*: Chemical factors in the flocculation of slurries with polymeric flocculants. — Proc. Brit. Ceram. Soc., (June), 1—12 (1960).

345. Slater, R. W., and J. A. Kitchener: Characteristics of flocculation of mineral suspensions by polymers. — Discuss. Faraday Soc., No. **42**, 267—275 (1966).

346. Smith, R. W.: Activation of beryl and feldspars by fluorides in cationic collector systems. — Trans. AIME., **232**, 160—168 (1965).

347. Smolik, T. J., Harman und D. W. Fuerstenau: Surface characteristics and flotation behavior of aluminosilicates. — Trans. AIME., **235**, 367—375 (1966).

348. Soerensen, E., and D. Th. Lundgaard: Selective flotation of steenstrupine and monazite from Kvanefeld lujaurite. — Chem. Abstr., **68**, 14 974 m (1968).

349. Somasundaran, P.: Zeta potential of apatite in aqueous solutions and its change during equilibration. — Journ. Colloid Interface Sci., **27**, 659—666 (1968).

350. Somasundaran, P.: Adsorption of starch and oleate and interaction between them on calcite in aqueous solutions. — Journ. Colloid Interface Sci., **31**, 557—565 (1969).

351. Somasundaran, P., and G. E. Agar: The zero point of charge of calcite. — Journ. Colloid Interface Sci., **24**, 433—440 (1967).

352. Somasundaran, P., and D. W. Fuerstenau: Mechanisms of alkyl sulfonate adsorption at the alumina-water interface. — Journ. Phys. Chem., **70**, 90—96 (1966).

353. Somnay, J. Y., and D. E. Light: Collectors for flotation of brannerite and uranothorite. — Ref.: Erzmetall, **17**, 147 (1963).

354. Spaarney, M. J.: Semiconductor surfaces and the electrical double layer. — Advances Colloid Interface Sci., **1**, 279—333 (1967).

355. Suliin, D. B., and R. W. Smith: Hallimond tube investigation of fluoride activation of beryl and feldspars in cationic collector systems. — Inst. Mining Met., Trans., **75**, Sect **C**, 333—336 (1966).

356. Suskikov, G. V.: Depressing action of sodium fluorosilicate in the flotation of nepheline ore. — Chem. Abstr., **66**, 13 068 r (1967).

357. Sutherland, K. L., and I. W. Wark: Principles of flotation. — Australasian Inst. Min. Metall., Melbourne, 1955.

358. Sykes, P.: Reaktionsmechanismen der organischen Chemie. — Weinheim/Bergstr.: Verlag Chemie GmbH., 1964.

359. Szeglowski, Z.: Electrical potential of local galvanic elements on the galena surface and their influence upon the adsorption of potassium ethyl xanthate. III. Internation. Kongr. f. Grenzflächenaktive Stoffe, Köln, Vorträge in Originalfassg., Bd. **II**, 110—111 (1960).

360. Scholder, R., und C. Keller: Über Hydroxomagnesate. — Z. anorg. allg. Chem., **317**, 113—122 (1962).

361. Schrader, R., R. Wissing und H. Kubsch: Zur Oberflächenchemie von mechanisch aktiviertem Quarz. — Z. anorg. allg. Chem., **365**, 191—198 (1969).

362. Schreyer, W.: Synthetische und natürliche Cordierite. — II. — N. Jb. Miner., Abh., **103**, 35—79 (1965).

363. Schubert, H.: Aufbereitung fester mineralischer Rohstoffe. Bd. II. Sortierverfahren. — Leipzig: VEB Deutscher Verlag für Grundstoffindustrie, 1967.

364. Schubert, H.: Flotierbarkeit und Strukturbeziehungen bei kationaktiver Flotation. — Freiberger Forschungs-H., A 77, 1—74 (1957).

365. Schubert, H.: Einfluß der Sammlerstruktur und der Hydratation auf das Flotationsverhalten oxidischer Minerale. — Freiberger Forschungs-H., A 401, 149—164 (1966).

366. Schubert, H.: Zu einigen allgemeinen Grundlagen der Sammleradsorption bei der Flotation. — Bergakademie, 19, 531—535 (1967).

367. Schubert, H.: Über das Flotationsverhalten von Quarz mit primären, sekundären, tertiären und quaternären Aminen. — Freiberger Forschungs-H., A 335, 51—61 (1965).

368. Schubert, H.: Die Rolle unpolarer Zusatzstoffe bei der Schaumflotation. — Aufbereitungstechnik, 8, No. 7, 365—368 (1967).

369. Schubert, H., und A. M. Abido: Über die Aktivierung von Orthoklas mit HF bei der Flotation mit kationaktiven Sammlern. — Bergakademie, 19, 601—605 (1967).

370. Schubert, H., und W. Schneider: Über die Wirkungsweise unpolarer und nichtionogener polar-unpolarer Zusatzstoffe bei der Flotation. — IX. Internat. Kongr. für Aufbereitung mineralischer Rohstoffe, Prag, 189—196 (1971).

371. Schulman, J. H.: Oppositely charged mixed collectors in Flotation. — Surface Chemistry, Proceed. 2nd Scandinav. Sympos. Surface Activity, 9—20 (1964). — Copenhagen: Munksgaard, 1965.

372. Schwarzenbach, G., und K. Schwarzenbach: Hydroxamatkomplexe I. Die Stabilität der Eisen(III)-Komplexe einfacher Hydroxamsäuren und des Ferrioxamins B. — Helv. Chim. Acta, 46, 1390—1422 (1963).

373. Stachurski, J.: Zjawiska elektrokinetyczne zachodzaçe na granicach faz ciało stałeciecz i ich wpływ na proces flotacji. — Akademia Górniczo-Hutnicza w Krakowie, Zeszyty Naukowe Nr. 159, Rozprawy 79, 1—94. — Chem. Abstr., 66, 21 199 z (1966).

374. Stein, H. N.: Surface charges on calcium silicates and calcium silicate hydrates. — Journ. Colloid Interface Sci., 28, 203—213 (1968).

375. Steiner, H. J.: Untersuchungen zur selektiven Flotation von Magnesit und Dolomit. — Erzmetall, 17, 461—466 (1964).

376. Steiner, H. J.: Elektrokinetische Messungen im Rahmen der Flotationsforschung. Ein Beitrag zur Klärung von Grenzflächenvorgängen in der Flotation. — Radex-Rundschau, H. 6, 733—758 (1965).

377. Steiner, H. J.: Grenzflächenpotentiale als Einflußgrößen der Flotation und Ansatzpunkte für Flotationsforschung. — Erzmetall, 21, 275—283 (1966).

378. Steininger, J.: Collector ionization in sphalerite flotation with sulfhydryl compounds. — Trans. AIME., 238, 251—257. — Chem. Abstr., 67, 119 304 a (1967).

379. Stern, O.: Zur Theorie der elektrischen Doppelschicht. — Z. Elektrochemie, 30, 508 bis 516 (1924).

380. Stern, W. B.: Zur Mineralchemie von Glimmern aus Tessiner Pegmatiten. — Schweiz. Min. Petr. Mitt., 46, 137—188 (1966).

381. Stevens, R. E., and M. K. Carron: Simple field test for distinguishing minerals by abrasion pH. — Amer. Mineral., 33, 32—49 (1948).

382. Stöber, W.: Adsorptionseigenschaften und Oberflächenstruktur von Quarzpulvern. — Kolloid-Ztschr., 145, 17—40 (1956).

383. Stone, R. L.: Relation between the zeta potential of bentonite and the strength of unfired pellets. — Trans. AIME., 238, 284—292 (1967).

384. Strunz, H.: Mineralogische Tabellen. 4. Aufl. — Leipzig: Akademische Verlagsges. Geest und Portig K.-G., 1966.

385. Taborszky, F. K.: Geochemie des Apatits in Tiefengesteinen am Beispiel des Odenwaldes. — Beitr. Miner. Petr., 8, 354—392 (1962).

386. Tadros, Th. F., and J. Lyklema: The electrical double layer on silica in the presence of bivalent counter ions. — J. Electroanal. Chem., 22, 1—7 (1969).

387. Takugawa, T., and Takamori: "Phase inversion method" for flotation study. — Mineral Processing, A. Roberts, edit. — Proceed. 6th Internat. Congr. Cannes, 1—10, Pergamon Press, 1965.

388. Thiessen, P. A., Kl. Meyer und G. Heinicke: Grundlagen der Tribochemie. — Berlin: Akademie-Verlag, 1967.

389. Tolun, R., and J. A. Kitchener: Electrochemical Study of the galena — oxygen flotation system. — Bull. Inst. Mining Met., No. 687, 313—322 (1964).

390. Tröger, W. E.: Optische Bestimmung der Gesteinsbildenden Minerale. Teil 2. Textband. — Herausgegeben von Prof. Dr. Otto Braitsch. — Stuttgart: E. Schweizerbart'sche Verlagsbuchhdlg., 1967.

391. Tröndle, H. M.: Untersuchungen zur Flotation von Kaolinit und Feldspat unter besonderer Berücksichtigung der Sammlerart, sowie der Kornfeinheit und der kristallographischen Eigenschaften der Minerale. — Dissertat. Techn. Univers. Clausthal, 82 S. und 15 Anl. (1968).

392. Tsailas, D. P. et al.: Role and mechanism of action of water glass during barite flotation. — Chem. Abstr., 72, 57 914 s (1970).

393. Vainshenker, I. A. et al.: Effect of the electrical double layer on the adsorption of flotation reagents. — Chem. Abstr., 69, 110 145 h (1968).

394. van der Plas, L.: The identification of detrital feldspars. — Developments in Sedimentology 6. — Amsterdam-London-New York: Elsevier Publishing Comp., 66—74, 1966.

395. van Olphen, H.: An introduction to clay colloid chemistry. — New York-London-Sydney: Interscience Publishers, 1963.

396. Venkatachalam, S. et al.: Depression of quartz with ascorbic acid. — Chem. Abstr., 66, 67 983 d (1966).

397. Viswanathan, K. V. et al.: Selective flotation of beach sand monazite. — Ref.: Erzmetall, 19, 251 (1965).

398. von der Gathen, R.: Die Eignung einiger Fettsäurekondensationsprodukte als Sammler für feinstkörnigen Wolframit und feinstkörnigen Scheelit. — Bergbauwiss., 7, 352—363 (1960).

399. Walton, G., and G. H. Walden jr.: The nature of the variable hydration of precipitated barium sulphate. — Journ. Amer. Chem. Soc., 68, 1750—1755 (1946).

400. Watson, D., and R. M. Manser: Some factors affecting the limiting conditions in cationic flotation of silicates. — Inst. Mining Met., Trans., 77, Sect. C, 57—60 (1968).

401. Weawind, R. G., and A. A. Linari-Linholm: The recovery of diamonds from prospection samples. — Journ. South Afr. Inst. Min. Met., 635 (1958).

402. Weawind, R. G., I. Wolf, and R. S. Young: Flotation of diamonds. — Min. Engng., 3, 596 (1951).

403. Weiss A.: Modellversuche zur Hydrophobierung hydrophiler Grenzflächen an Schichtsilikaten. — IVe Congrès Internat. de la Détergence, Bruxelles, B/III. 7, 375—381 (1964).

404. Weiss, A., A. Mehler und U. Hofmann: Kationenaustausch und innerkristallines Quellungsvermögen bei den Mineralen der Glimmergruppe. — Z. Naturforschg., 11 b, 435—438 (1956).

405. Wenk, E., H. Schwander, J. Hunziker und W. Stern: Zur Mineralchemie von Biotit in den Tessineralpen. — Schweiz. Min. Petr. Mitt., 43, 435—463 (1963).

406. Wenz, L.: Verfahren zur Aufbereitung von Phosphaten. — Erzmetall, 20, 459—466 (1967).

407. Wever, F., W. Koch und H. Malissa: Über die Anwendung disubstituierter Dithiocarbamate in der analytischen Chemie. — Forschungsber. d. Wirtsch.- u. Verkehrsminist. Nordrhein-Westfalen Nr. 229, 30 S. (1955).

408. WIERSEMA, P. H. *et al.*: Calculation of the electrophoretic mobility of a spherical colloid particle. — Journ. Colloid Interface Sci., **22**, 78—99 (1966).

409. WINKLER, H. G. F.: Die Genese der metamorphen Gesteine. — 2. Aufl. — S. 67. — Berlin-Heidelberg-New York: Springer-Verlag, 1967.

410. WOLF, K. L.: Physik und Chemie der Grenzflächen. 2. Bd. Die Phänomene im Besonderen. — Berlin-Göttingen-Heidelberg: Springer-Verlag, 1959.

411. WOLKENSTEIN, TH.: Elektronentheorie der Katalyse an Halbleitern. — Berlin: VEB Deutscher Verlag der Wissenschaften, 1964.

412. WÜRZ, K.: Chemikalien für die Aufbereitung von Mineralien und sonstigen Stoffen. — Berlin: Akademie-Verlag, 1962.

413. YARAR, B., B. C. HAYDON, and J. A. KITCHENER: Electrochemistry of the galena-diethyl-dithiocarbamate-oxygen flotation system. — Inst. Mining Met., Trans., **78**, Sect. **C**, 181—184 (1969).

414. YOPPS, J. A., and D. W. FUERSTENAU: The zero point of charge of alpha-alumina. — Journ. Colloid Sci., **19**, 61—71 (1964).

415. YOUNG, P.: Die Anwendung von Mischungen oberflächenaktiver Stoffe zur Flotation oxydischer Eisenerze. — Bergbauwissensch., **7**, 363—378 (1960).

416. ZÄHRINGER, J.: Altersbestimmungen nach der K-Ar-Methode. — Geol. Rundschau, **49**, 224—237 (1960).

417. ZAITSEV, L. M. *et al.*: Complexes of zirconium with the anions of various acids. — Chem. Abstr., **69**, 40 872 s (1968).

418. ZAKRAJSEK, J.: Flotation of Yugoslav chromites. — Erzmetall, **22**, 328 (1966).

419. Zeta-Meter Inc., New York: Zeta-Meter Manual.

420. HAUL, R., und G. DÜMBGEN: Vereinfachte Methode zur Messung von Oberflächengrößen durch Gasadsorption. — Chemie-Ing.-Technik, **32**, 349—354 (1960).

421. HAUL, R., und G. DÜMBGEN: Ein vereinfachtes Verfahren zur Messung der spezifischen Oberfläche. — Chemie-Ing.-Technik, **35**, 589—598 (1963).

422. BLACK, A. P., *et al.*: The effect of polymer adsorption on the electrokinetic stability of dilute clay suspension. — Journ. Colloid Interface Sci., **21**, 626—648 (1966).

423. SCHWARTZ, G. M.: The host minerals of gold. — Econ. Geol., **39**, 371—411 (1944).

424. NAGIRNYAK, F. I.: Fundamentals of systematics in flotation properties of minerals. — Sverdlovsk: Trudy Nauchn. Issled. Proekt. Inst. Obogashch. Mekh. Obrab. Polez. Iskop. „Uralmekhanobr", No. 14, 182—226 (1968). — Chem. Abstr. **72**, 57 910 n (1970).

425. ALEKSEEVA, R. K.: Floatability of pyrrhotite from copper nickel ore deposits. — Chem. Abstr., **59**, 2424 h (1963).

426. MELLGREN, O., and S. R. RAO: The heat of adsorption and surface reactions of diethyl-dithiocarbamate on galena. — Inst. Mining Met., Trans., **77**, Sect. C., C 65—C 72 (1968).

427. SIMPSON, D. R.: Effect of pH and solution concentration on the composition of carbonate apatite. — Amer. Mineral., **52**, 896—902 (1967).

428. DENISOV, A. P. *et al.*: Dependence of the physical properties of apatite on the admixture of rare earths and strontium. — Geochemistry, **8**, 718—730 (1961).

429. BERGMANN, A.: Die Flotation von Brauneisenerzschlämmen. — Bergbauwissenschaften, **14**, 343—351 (1960).

430. GÖKSALTIK, S.: Die selektive Flotation der Kefdag-Chromerze. — Dissertat. TH Clausthal 1956. — Erzmetall, **IX**, 542 (1956).

431. WEYL, A.: Research, **3**, 230 (1950).

432. COLLINS, D. N., and A. D. READ: The treatment of slimes. — Minerals Sci. Engng., **3**, No. 2, 19—31 (1971).

Sachverzeichnis